여행은 꿈꾸는 순간, 시작된다

여행 준비
체크리스트

기간	항목	체크리스트
D-120	**여행 정보 수집 & 여권 만들기**	☐ 가이드북, 블로그, 유튜브 등에서 여행 정보 수집하기 ☐ 여권 발급 or 유효기간 확인하기
D-100	**항공권 예약하기**	☐ 항공사 or 여행 플랫폼 가격 비교하기 * 저렴한 항공권을 찾아보고 싶다면 미리 항공사나 여행 플랫폼 앱 다운받아 가격 알림 신청해두기
D-90	**숙소 예약하기**	☐ 교통 편의성과 여행 테마를 고려해 숙박 지역 먼저 선택하기 ☐ 숙소 가격 비교 후 예약하기
D-60	**여행 일정 및 예산 짜기**	☐ 여행 기간과 테마에 맞춰 일정 계획하기 ☐ 일정을 고려해 상세 예산 짜보기 ☐ 교통편 및 사전 예약이 필요한 여행지나 일정 확인 후 티켓 확보하기
D-30	**여행자 보험 및 필요 서류 준비하기**	☐ 내 일정에 필요한 주요 입장권 및 패스 사전 예약하기 ☐ 전자여행허가 ETA, 여행자 보험, 국제운전면허증 등 신청하기
D-10	**예산 고려하여 환전하기**	☐ 환율 우대, 쿠폰 등 주거래 은행 및 각종 앱에서 받을 수 있는 혜택 알아보기 ☐ 해외에서 사용할 수 있는 여행용 체크(신용)카드 준비하기
D-7	**데이터 서비스 선택하기**	☐ 여행 스타일에 맞춰 로밍, 포켓 와이파이, 유심, 이심 결정하기 * 여러 명이 함께 사용한다면 포켓 와이파이, 장기 여행이라면 유심이나 이심, 가장 간편한 방법을 찾는다면 로밍
D-3	**짐 꾸리기 & 최종 점검**	☐ 짐을 싼 후 빠진 것은 없는지 여행 준비물 체크리스트 보고 확인하기 ☐ 기내 반입할 수 없는 물품을 다시 확인해 위탁수하물용 캐리어에 넣기
D-DAY	**출국하기**	☐ 여권, 비자, 항공권, 숙소 바우처, 여행자 보험 증서 등 필수 준비물 확인하기 ☐ 공항 터미널 확인 후 출발 시각 3시간 전에 도착하기 ☐ 공항에서 포켓 와이파이 등 필요 물품 수령하기

여행 준비물 체크리스트

필수 준비물

- ☐ 여권(유효기간 6개월 이상)
- ☐ 여권 사본, 사진
- ☐ 항공권(E-Ticket)
- ☐ 바우처(호텔, 현지 투어 등)
- ☐ 현금
- ☐ 해외여행용 체크(신용)카드
- ☐ 각종 증명서 (국제학생증, 여행자 보험, 국제운전면허증 등)

기내 용품

- ☐ 볼펜(입국신고서 작성용)
- ☐ 수면 안대
- ☐ 목베개
- ☐ 귀마개
- ☐ 가이드북, 영화, 드라마 등 볼거리
- ☐ 수분 크림, 립밤
- ☐ 얇은 외투

전자 기기

- ☐ 노트북 등 전자 기기
- ☐ 휴대폰 등 각종 충전기
- ☐ 보조 배터리
- ☐ 멀티탭
- ☐ 카메라, 셀카봉
- ☐ 포켓 와이파이, 유심칩
- ☐ 멀티어댑터

의류 & 신발

- ☐ 현지 날씨 상황에 맞는 옷
- ☐ 속옷
- ☐ 잠옷
- ☐ 수영복, 비치웨어
- ☐ 양말
- ☐ 여벌 신발
- ☐ 슬리퍼

세면도구 & 화장품

- ☐ 치약 & 칫솔
- ☐ 면도기
- ☐ 샴푸 & 린스
- ☐ 바디워시
- ☐ 선크림
- ☐ 화장품
- ☐ 클렌징 제품

기타 용품

- ☐ 지퍼백, 비닐 봉투
- ☐ 보조 가방
- ☐ 선글라스
- ☐ 간식
- ☐ 벌레 퇴치제
- ☐ 비상약, 상비약
- ☐ 우산
- ☐ 휴지, 물티슈

출국 전 최종 점검 사항

① 여권 확인
② 항공권의 출국 공항 터미널 확인
③ 위탁수하물 캐리어 크기 및 무게 측정
(항공사별로 다르므로 홈페이지에서 미리 확인)
④ 기내 반입 불가 품목 확인
⑤ 유심, 포켓 와이파이 등 수령 장소 확인

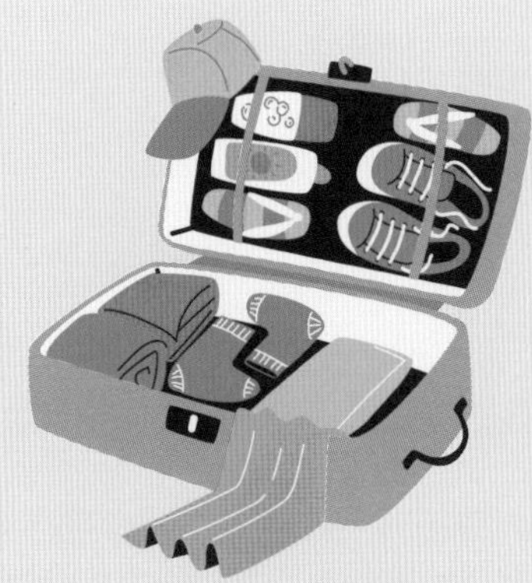

리얼
런던

여행 정보 기준

이 책은 2025년 5월까지 취재한 정보를 바탕으로 만들었습니다.
정확한 정보를 싣고자 노력했지만, 여행 가이드북의 특성상
책에서 소개한 정보는 현지 사정에 따라 수시로 변경될 수 있습니다.
변경된 정보는 개정판에 반영해 더욱 실용적인 가이드북을 만들겠습니다.

한빛라이프 여행팀 ask_life@hanbit.co.kr

리얼 런던

초판 발행 2025년 6월 11일

지은이 장은정 / **펴낸이** 김태헌
총괄 임규근 / **팀장** 고현진 / **기획** 김윤화 / **외주편집** 전설 / **디자인** 천승훈 / **지도·일러스트** 디자인릿
영업 문윤식, 신희용, 조유미 / **마케팅** 신우섭, 손희정, 박수미, 송수현 / **제작** 박성우, 김정우 / **전자책** 김선아

펴낸곳 한빛라이프 / **주소** 서울시 서대문구 연희로 2길 62 한빛빌딩
전화 02-336-7129 / **팩스** 02-325-6300
등록 2013년 11월 14일 제25100-2017-000059호
ISBN 979-11-94725-12-1 14980, 979-11-85933-52-8 14980(세트)

한빛라이프는 한빛미디어(주)의 실용 브랜드로 우리의 일상을 환히 비추는 책을 펴냅니다.

이 책에 대한 의견이나 오탈자 및 잘못된 내용은 출판사 홈페이지나 아래 이메일로 알려주십시오.
파본은 구매처에서 교환하실 수 있습니다. 책값은 뒤표지에 표시되어 있습니다.
한빛미디어 홈페이지 www.hanbit.co.kr / 이메일 ask_life@hanbit.co.kr
블로그 blog.naver.com/real_guide_ / 인스타그램 @real_guide_

Published by HANBIT Media, Inc. Printed in Korea
Copyright © 2025 장은정 & HANBIT Media, Inc.
이 책의 저작권은 장은정과 한빛미디어(주)에 있습니다.
저작권법에 의해 보호를 받는 저작물이므로 무단 복제 및 무단 전재를 금합니다.

지금 하지 않으면 할 수 없는 일이 있습니다.
책으로 펴내고 싶은 아이디어나 원고를 메일(writer@hanbit.co.kr)로 보내주세요.
한빛라이프는 여러분의 소중한 경험과 지식을 기다리고 있습니다.

런던을 가장 멋지게 여행하는 방법

리얼 런던

장은정

HB 한빛라이프

작가의 말

EXHIBITION
ROAD S.W.7
Brown&Rosie
COFFEE·CUISINE·CONVERSATION
Brown&Rosie

처음 만난 세계, 처음 느낀 설렘

대학 시절, 스물셋. 인생 처음으로 떠난 해외여행에서 처음 런던을 만났다.
자유여행이 두려워 선택한 것은 패키지 배낭여행. 20일 동안 런던, 파리, 프랑크푸르트, 로마, 취리히를 돌아보는 여정이었다.
그리고 그 여정의 첫 번째 도시가 바로 런던이었다.
런던은 내게 생애 처음 만난 '외국'이었다. 낯선 풍경, 뒤바뀐 시간, 익숙하지 않은 언어. 모든 것이 새롭고 특별했다. 런던에서 주어진 4일이라는 짧은 시간은 설렘과 긴장이 교차하며 순식간에 지나버렸고, 영국식 영어 발음에 익숙해질 무렵 다음 도시로 떠나야 했다.
런던을 떠나며 마음속으로 조용히 다짐했다.
"다음에는, 반드시 더 오래 머물러야지."
몇 년 뒤, 회사 생활을 정리하고 떠난 석 달간의 배낭여행. 자유여행이 익숙해진 나는 조금 더 성숙한 여행자가 되어 다시 런던을 찾았다. 이번에는 런던의 거리와 골목을, 사람들의 일상을, 시간을 천천히 걸었고, 그제야 알았다. 그때의 나는 런던을 100분의 1도 제대로 알지 못한 채 떠났다는 것을 말이다. 거대한 역사와 다양한 문화를 품은 런던의 깊은 매력은, 짧은 패키지여행으로는 결코 다 담을 수 없었다.
런던을 여덟 번째 찾았을 때였을까, 마음속에 작은 소망이 생겼다.
"이 도시의 진짜 매력을, 더 많은 사람들에게 전하고 싶다."
런던을 향한 애정에 작은 사명감을 더해 런던의 구석구석을 걷고, 카메라에 담았다.
열한 번의 런던 여행과 수많은 기억과 경험을 모아, 《리얼 런던》을 만들었다.
이 책을 읽는 사람들이 몰랐던 런던의 매력을 발견하고, 런던에 한 걸음 더 가까워진다면, 더 바랄 것이 없겠다.
이 책을 함께 만들어준 꼼꼼한 편집자님, 따뜻하게 다듬어주신 교정자님, 아름다운 디자인과 일러스트로 빛을 더해주신 모든 분들께 감사드린다.
그리고 언제나 묵묵히 응원해준 남편과 가족, 친구들, 지치지 않는 에너지와 여행에 대한 꿈을 심어주신 부모님께 마음 깊은 사랑과 감사를 전하며 이 글을 마친다.

모두, 진심으로 사랑하고 감사합니다.

장은정 한 곳을 천천히, 깊이 둘러보는 것을 좋아하는 15년 차 여행 작가. 직장인 시절, 큰맘 먹고 떠난 세계 여행 중 내가 좋아하는 곳을 더 많은 사람들에게 친절하게 소개하고 싶다는 마음 하나로 여행 작가가 되었다. 일상에 찌들어 힘들 때마다 여행으로 위로받고 여행으로 치유하며 오랫동안 여행하고 싶다. 《팔로우 타이베이》, 《하루쯤 나 혼자 어디라도 가야겠다》, 《제주 여행 참견》, 《여행자의 밤》, 《두근두근 타이완》, 《나 홀로 제주》, 《언젠가는 터키》 등을 썼다.

인스타그램 @sage_eunjung **이메일** sageisland@naver.com

일러두기

- 이 책은 2025년 5월까지 취재한 정보를 바탕으로 만들었습니다. 정확한 정보를 싣고자 노력했지만, 여행 가이드북의 특성상 책에서 소개한 정보는 현지 사정에 따라 수시로 변경될 수 있습니다. 여행을 떠나기 직전에 한 번 더 확인하시기 바라며 변경된 정보는 개정판에 반영해 더욱 실용적인 가이드북을 만들겠습니다.
- 영어의 한글 표기는 국립국어원의 외래어 표기법을 최대한 따랐습니다. 다만, 우리에게 익숙하거나 그 표현이 굳어진 지명과 인명, 관광지명 등은 관용적인 표현을 사용했습니다.
- 대중교통 및 도보 이동 시의 소요 시간은 대략적으로 적었으며 현지 사정에 따라 달라질 수 있으니 참고용으로 확인해주시기 바랍니다.
- 이 책에 수록된 지도는 기본적으로 북쪽이 위를 향하는 정방향으로 되어 있습니다. 정방향이 아닌 경우 별도의 방위 표시가 있습니다.

주요 기호

가는 방법	주소	운영 시간	휴무일	요금
전화번호	홈페이지	명소	상점	맛집
지하철	Central	Circle	District	Victoria
	Picadilly			

구글 맵스 QR코드

각 지도에 담긴 QR코드를 스캔하면 소개된 장소들의 위치가 표시된 구글 맵을 스마트폰에서 볼 수 있습니다. '지도 앱으로 보기'를 선택하고 구글 맵 앱으로 연결하면 거리 탐색, 경로 찾기 등을 더욱 편하게 이용할 수 있습니다. 앱을 닫은 후 지도를 다시 보려면 구글맵 앱 하단의 '저장됨'-'지도'로 이동해 원하는 지도명을 선택합니다.

리얼 시리즈 100% 활용법

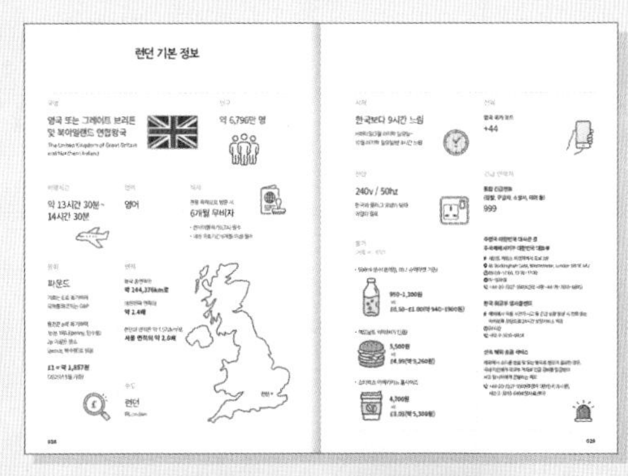

PART 1
여행지 개념 정보 파악하기

런던에서 꼭 가봐야 할 장소부터 여행 시 알아두면 도움이 되는 국가 및 지역 특성에 대한 정보를 소개합니다. 여행지에 대한 개념 정보를 수록하고 있어 여행을 미리 그려볼 수 있습니다.

PART 2
테마별 여행 정보 살펴보기

런던을 가장 멋지게 여행할 수 있는 각종 테마 정보를 보여줍니다. 자신의 취향에 맞는 키워드를 찾아 내용을 확인하세요. 어떤 곳을 가야 할지, 무엇을 먹고 사면 좋을지 미리 생각해보면 여행이 더욱 즐거워집니다.

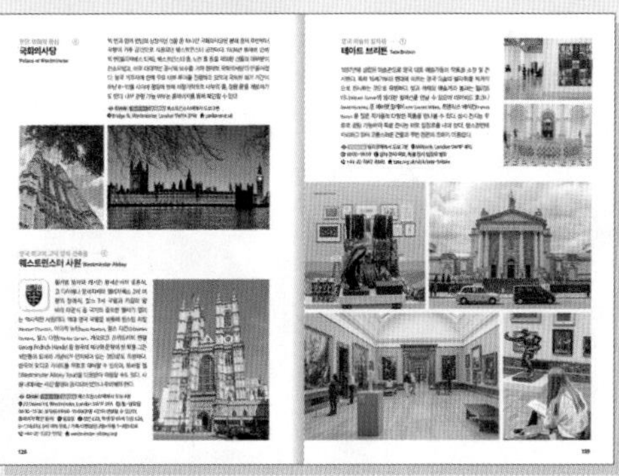

PART 3·4
지역별 정보 확인하기

런던에서 가보면 좋은 장소들을 알기 쉽게 지역별로 소개하고, 각 지역을 효율적으로 둘러볼 수 있는 방법을 핵심만 뽑아 알기 쉽게 설명합니다. 볼거리부터 쇼핑 플레이스, 맛집, 카페 등 꼭 가봐야 하는 인기 명소부터 저자가 발굴해낸 숨은 장소까지 런던의 진짜 모습을 속속들이 소개합니다.

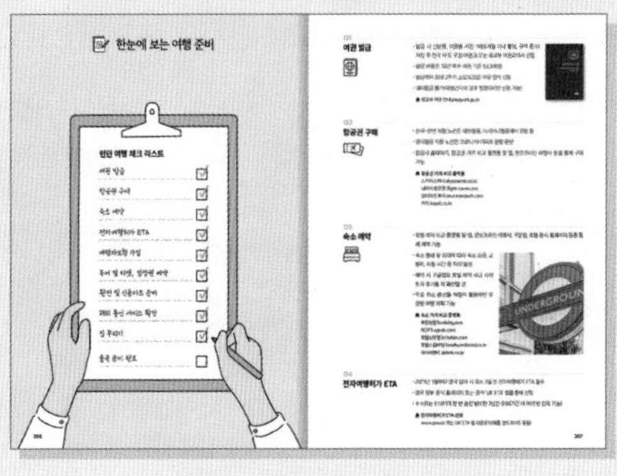

PART 5
실전 여행 준비하기

여행을 떠나기 전에 꼭 준비해야 할 사항들을 순서대로 안내합니다. 여권 발급, 항공권 구매부터 마지막으로 짐 꾸리기까지 차근차근 따라 하며 빠트린 것은 없는지 잘 확인합니다. 처음 런던 여행을 떠나는 사람들을 위해 꼭 필요한 꿀팁도 알뜰살뜰 담았습니다.

차례

Contents

PART 1

미리 보는 런던 여행

PART 2

가장 멋진 런던 테마 여행

PART 3

진짜 런던을 만나는 시간

리얼 가이드

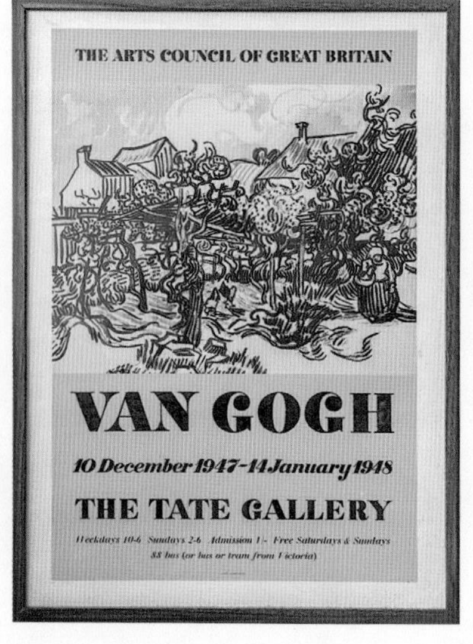

PART 4

런던 근교 여행

PART 5

실전에 강한 여행 준비

PART 1

미리 보는 런던 여행

완벽한 런던 여행을 위한 10가지 키워드

1 빅 벤 Big Ben

런던의 상징 빅 벤 배경으로 사진 찍기 P.127

2 런던 아이 London Eye

다양한 각도에서 런던 아이 감상하기 P.204

3

미술관 & 박물관 Museum & Gallery

런던에서 꼭 해야 할 일!
세계적인 유물과 명화 만나기

4 **영화** London in Movie

영화 속 명소를 찾아 주인공이 되어보는 시간

5 리젠트 스트리트 Regent Street

런더너들과 함께 쇼핑의 성지 리젠트 스트리트 걷기 P.131

6 템스강 River Thames

템스강을 따라 걸으며 로맨틱한 런던 풍경 감상하기

7 타워 브리지 Tower Bridge

타워 브리지 배경으로 사진도 남기고 다리 위 직접 걸어보기 P.196

8 뮤지컬 나이트 Musical Night

뮤지컬의 본고장에서 뮤지컬 감상하기

9 **공원** City Park

런더너처럼 공원에서 망중한 즐기기

10

마켓 Market

각기 다른 매력을 가진
런던의 마켓 탐방하기

지도로 보는 런던 탐구

AREA ① 웨스트민스터, 메이페어

버킹엄 궁전, 빅 벤, 웨스트민스터 사원, 그린 파크, 세인트 제임스 파크, 테이트 브리튼, 리젠트 스트리트, 리버티 백화점 등 핵심 스폿이 모여 있는 **런던의 심장부**

AREA ② 소호, 코벤트 가든, 홀본

영국박물관, 내셔널 갤러리, 피커딜리 서커스, 코벤트 가든 등 **예술과 문화 명소를 한눈에**

AREA ⑥ 메릴본, 피츠로비아

애비 로드 횡단보도, 더 월리스 컬렉션,
셜록 홈스 박물관, 던트 북스, 메릴본 하이스트리트 등
런던 상류층이 즐겨 찾는 동네

AREA ⑦ 킹스크로스, 캠든 타운, 프림로즈 힐

킹스크로스역 9와 ¾ 플랫폼, 영국 도서관, 캠든 타운,
프림로즈 힐 등의 **개성 넘치는 명소 집합소**

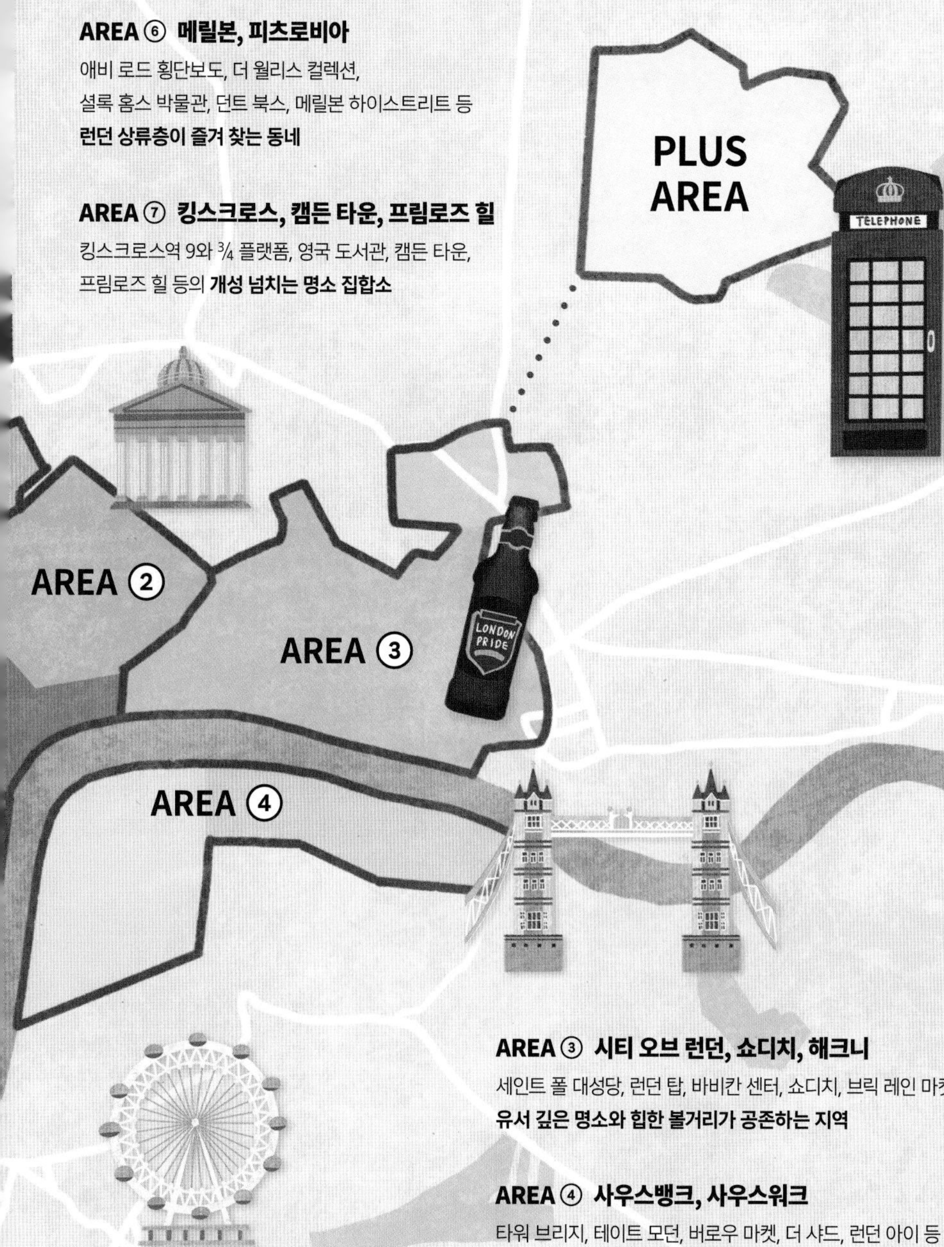

AREA ③ 시티 오브 런던, 쇼디치, 해크니

세인트 폴 대성당, 런던 탑, 바비칸 센터, 쇼디치, 브릭 레인 마켓 등
유서 깊은 명소와 힙한 볼거리가 공존하는 지역

AREA ④ 사우스뱅크, 사우스워크

타워 브리지, 테이트 모던, 버로우 마켓, 더 샤드, 런던 아이 등
랜드마크가 모여 있는 **트렌디한 산업지구**

AREA ⑤ 노팅힐, 켄싱턴, 나이츠브리지, 첼시

노팅힐, 빅토리아 앤 알버트 미술관, 국립 자연사 박물관,
하이드 파크, 해롯 백화점 등
로맨틱한 명소가 가득한 우아한 여행지

취향 맞춤 런던 탐구

AREA ① 웨스트민스터, 메이페어

여행지에서 대표 명소를 하나하나 정복하는 타입이라면 런던의 심장부를 공략하자. 버킹엄 궁전, 빅 벤, 웨스트민스터 사원 등이 모여 있어 런던을 찾는 여행자라면 꼭 한 번쯤 찾게 되는 지역이다.

AREA ② 소호, 코벤트 가든, 홀본

문화예술 감수성이 높은 여행자에게 추천. 연극과 뮤지컬의 메카이자 본고장 런던 웨스트엔드와 영국박물관, 내셔널 갤러리, 국립 초상화 미술관 등 영국을 대표하는 박물관과 미술관이 모여 있다.

AREA ③ 시티 오브 런던, 쇼디치

런던의 여러 얼굴을 만나고 싶다면 여기로. 세인트 폴 대성당 등 유서 깊은 명소와 현대적인 건축물이 공존해 다채로운 볼거리를 선사하며 지금 가장 '힙한 동네' 쇼디치와 해크니를 묶어서 여행할 수 있다.

AREA ④ 사우스뱅크, 사우스워크

런던의 과거와 현재를 동시에 경험하고 싶은 여행자에게 맞춤. 타워 브리지, 샤드, 런던 아이 등 현대적인 랜드마크가 모여 있으며 템스강변을 따라 빅 벤, 웨스트민스터 사원 등 역사적 명소를 한눈에 담을 수 있다.

AREA ⑤ 노팅힐, 켄싱턴, 나이츠브리지, 첼시

품격 있는 런던 여행을 경험하고 싶은 사람에게 추천한다. 주로 상류층이 거주하는 부유한 지역으로 영화 〈노팅힐〉 속 명소를 비롯해 백화점, 박물관, 미술관 등 볼거리가 빼곡하다.

AREA ⑥ 메릴본, 피츠로비아

귀족처럼 런더너처럼 여유롭고 우아한 일상을 경험하고 싶다면 여기. 노천카페와 고급 레스토랑, 백화점 등이 모여 있는 세련된 동네로 고급스럽고 한적한 분위기를 느낄 수 있다.

AREA ⑦ 킹스크로스, 캠든, 프림로즈힐

색다른 분위기를 원한다면 런던 시내에서 조금만 북쪽으로 올라가자. 영화 〈해리 포터〉에 등장한 킹스크로스역 9와 ¾ 플랫폼, 런던에서 가장 독특한 분위기의 캠든 타운을 여행할 수 있다.

런던 근교 도시의 매력

AREA 1
브라이튼, 세븐 시스터즈

런던에서 기차로 약 1시간 거리에 있는 남쪽 바닷가의 휴양 도시 브라이튼과 대자연의 웅장함을 간직한 세븐 시스터즈는 함께 묶어서 둘러보기 좋은 당일치기 근교 여행지다. 문화와 예술, 자연 등 다양한 매력을 갖고 있어 여행자뿐 아니라 런던너들이 주말 여행지로 즐겨 찾는다.

AREA 2
옥스퍼드, 코츠월즈

유구한 전통의 건축물들이 고풍스러운 분위기를 자아내는 세계 최고의 학문 도시 옥스퍼드, 그림처럼 아름다운 시골 마을 코츠월즈는 서로 멀지 않은 곳에 자리해 하나로 묶어서 여행하는 사람이 많다. 학자들이 거닐던 학문의 도시를 둘러보고 아름다운 전원마을 코츠월즈에서 인생 사진도 남겨 보자.

AREA 3
케임브리지

수십개의 칼리지가 모여 거대한 캠퍼스를 이루고 있는 학문 도시로 화려한 건축물과 대학생들의 에너지가 넘쳐나는 매력적인 여행지다. 아이작 뉴턴, 스티븐 호킹, 프란시스 베이컨 등 세계적인 명사들의 모교를 방문해 보고, 나무 보트 위에서 캠브리지의 여러 건축물과 경치를 즐길 수 있는 펀팅 투어도 참여해 보자.

AREA 4
바스, 스톤헨지

영국에 남아 있는 로마 제국의 흔적을 만나볼 수 있는 바스는 런던에서 기차로 약 1시간 20분 거리에 떨어져 있다. 로마인들이 목욕과 휴식, 사교, 치료 등을 목적으로 사용했던 공중목욕탕을 비롯해 사원과 갤러리 등 볼거리가 꽤 많다. 인근의 스톤헨지와 묶어서 여행하는 사람이 많다.

AREA 5
해리 포터 스튜디오

영화 〈해리 포터〉 시리즈의 팬이 아니더라도 추천하고 싶은 특별한 여행지다. 실제 영화를 촬영했던 스튜디오와 세트장을 비롯해 영화 속 장면을 재현한 세트 등 다양하고 알찬 볼거리가 넘쳐난다. 남녀노소 누구나 영화 속 세상에 빠져 특별한 하루를 보낼 수 있다. 단, 예약하기 무척 어려운 세계적인 명소이니 서둘러 예약할 것을 추천한다.

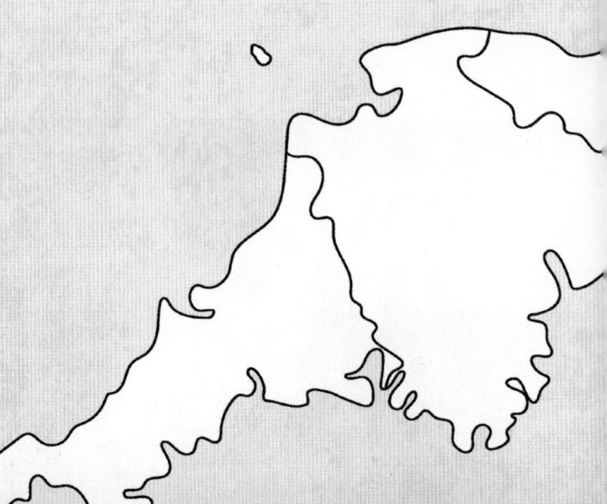

런던 근교 여행 경비 절약하기

영국은 기차 요금이 매우 비싼 국가다. 때문에 왕복 기차 요금과 현지 교통비, 입장료 등을 모두 합산한 금액이 여행사의 투어 상품 가격보다 비싼 경우가 종종 있다. 옥스퍼드와 코츠월즈, 바스와 스톤헨지 등 기차를 여러 번 이용하는 일정의 경우 개별 여행보다 투어 상품이 더 저렴한 경우가 많으니 꼼꼼히 비교해 보고 선택하자.

런던 기본 정보

국명

영국 또는 그레이트 브리튼 및 북아일랜드 연합왕국

The United Kingdom of Great Britain and Northern Ireland

인구

약 6,796만 명

비행시간

약 13시간 30분~ 14시간 30분

언어

영어

비자

관광 목적으로 방문 시

6개월 무비자

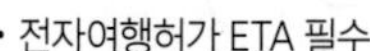

- 전자여행허가 ETA 필수
- 여권 유효기간 6개월 이상 필수

통화

파운드

기호는 £로 표기하며
국제통화코드는 GBP

동전은 p로 표기하며
1p는 1페니(penny, 단수형)
2p 이상은 펜스
(pence, 복수형)로 읽음

£1 = 약 1,857원
(2025년 5월 기준)

면적

영국 총면적은
약 244,376km로

대한민국 면적의
약 2.4배

런던의 면적은 약 1,572km^2로
서울 면적의 약 2.6배

수도

런던
RLondon

시차

한국보다 9시간 느림

서머타임(3월 마지막 일요일~
10월 마지막 일요일)엔 8시간 느림

전압

240v / 50hz

한국과 플러그 모양이 달라
어댑터 필요

물가
(서울 vs. 런던)

• 500ml 생수(편의점, 미니 슈퍼마켓 기준)

950~1,100원
vs
£0.50~£1.00(약 940~1900원)

• 맥도날드 빅맥(버거 단품)

5,500원
vs
£4.99(약 9,260원)

• 스타벅스 아메리카노 톨사이즈

4,700원
vs
£3.03(약 5,300원)

전화

영국 국가 코드

+44

긴급 연락처

통합 긴급전화
(경찰, 구급차, 소방서, 테러 등)

999

주영국 대한민국 대사관 겸
주국제해사기구 대한민국 대표부

세인트 제임스 파크역에서 도보 3분
60 Buckingham Gate, Westminster, London SW1E 6AJ
09:00~12:00, 13:30~17:30
토~일요일
+44-20-7227-5500(긴급 사항 +44-78-7650-6895)

한국 외교부 영사콜센터

해외에서 각종 사건과 사고 등 긴급 상황 발생 시 전화 또는 카카오톡 상담으로 24시간 상담서비스 제공
24시간
+82-2-3210-0404

신속 해외 송금 서비스

해외에서 소지품 분실 및 도난 등으로 현금이 필요한 경우,
국내 지인에게 외교부 계좌로 긴급 경비를 입금받아
사고 당사자에게 전달하는 제도

+44-20-7227-5500(주영국 대한민국 대사관),
+82-2-3210-0404(영사콜센터)

적기를 찾는 런던 여행 캘린더

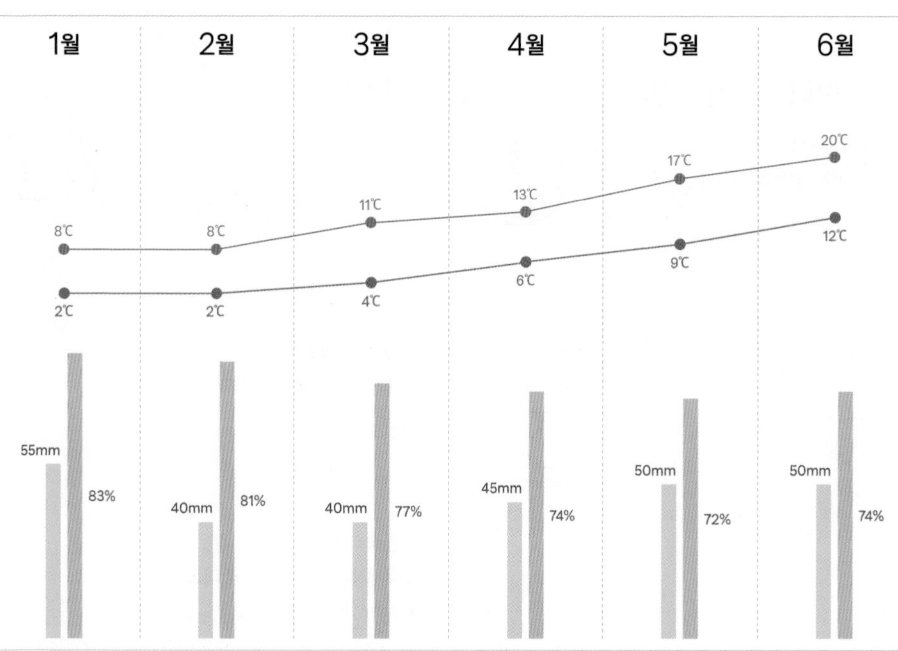

평균 기온
4°C~17°C

날이 풀리면서 일조량이 증가해 여행하기 좋은 시즌이다. 여기저기 꽃이 피기 시작하지만 여전히 비 오는 날이 많다. 3~4월까지는 아침저녁으로 쌀쌀하니 따뜻한 점퍼나 경량 패딩 등 외투를 챙겨야 한다. 4~5월에도 추위를 막아줄 가벼운 재킷이나 바람막이 등을 준비하는 것이 좋다.

평균 기온
12°C~22°C

우리나라 한여름에 비해 기온이 낮고 습하지 않아 여행하기 좋다. 기온은 높지 않지만 햇볕이 강해 뜨겁게 느껴질 수 있다. 서머타임이 시작되면 밤 10시까지 해가 지지 않을 정도로 낮이 길어진다. 갑작스럽게 소나기가 내릴 수 있으니 외출 시 우산, 우비, 방수재킷은 필수다.

런던은 1년 내내 비가 오고 흐린 날도 많아 파란 하늘과 보송보송한 햇볕이 귀하게 여겨진다. 때문에 맑은 날이면 시내의 공원과 거리는 햇볕을 쬐러 나온 런더너들로 북적북적하다. 일교차가 크고 변덕이 심해 비가 내리다 갑자기 개거나 흐렸던 하늘에 구름이 걷히고 햇볕이 쨍쨍 쏟아지기도 한다.

최고기온 평균 최저기온 평균 강수량 습도

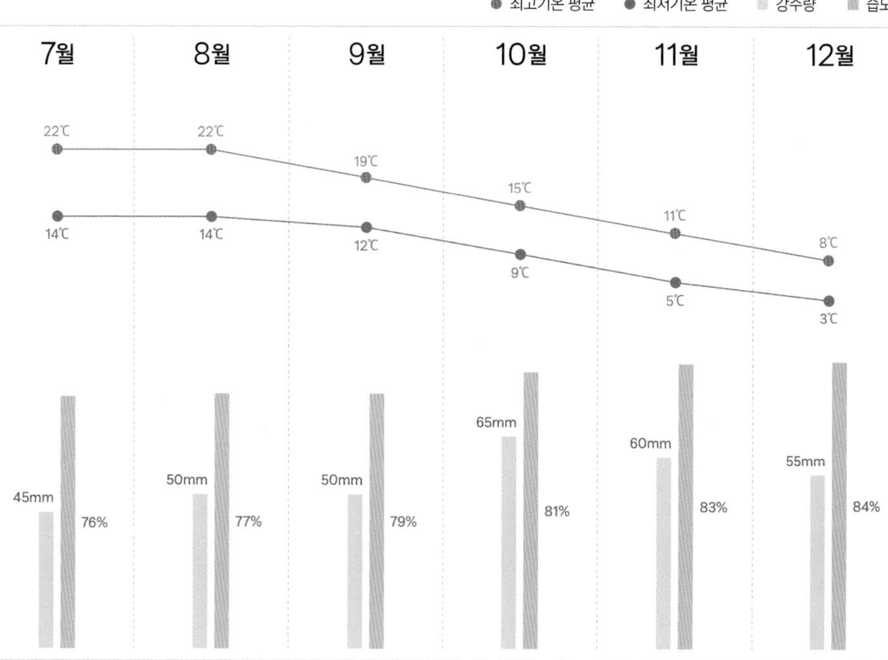

평균 기온
9°C~19°C

선선하고 쾌청한 날씨가 계속되지만, 비 오는 날이 많고 아침저녁으로 일교차가 크다. 습도가 높은 편이라 더 축축하고 으슬으슬하게 느껴질 수 있다. 가벼운 스웨터, 맨투맨 티셔츠, 재킷, 점퍼 등 추위를 막아줄 긴 옷을 종류별로 준비하는 것을 추천한다.

평균 기온
2°C~8°C

날씨가 춥고 비나 눈이 내리는 날이 많다. 오후 4시부터 해가 지고 날이 어두워지기 시작해 여행하기 좋은 계절은 아니다. 두꺼운 코트나 패딩 점퍼, 머플러, 모자 등의 방한 의류를 준비해야 한다. 수면 시에도 추위에 대비해 수면 양말과 두툼한 잠옷 등을 챙길 것을 권한다.

꼭 알아야 할 런던 여행 상식

2025년부터 필수 전자여행허가 ETA

2025년 1월 8일부터 대한민국을 포함한 비자 면제 국가의 국민은 영국 입국 전에 반드시 전자여행허가 ETAElectronic Travel Authorisation를 신청해야 한다. 미국의 ESTA, 캐나다의 eTA와 같은 개념으로, 6개월 이하 체류 단기 방문객에게 적용된다. 비행기뿐 아니라 선박, 버스 등을 이용해 다른 유럽 국가에서 입국하는 경우에도 반드시 발급해야 하며, 일행 모두 각각 개별적으로 발급받아야 한다.

ETA 개요

UK ETA 앱

항목	내용
적용 대상	비자 면제 국가 국민 중 관광·출장·단기 학업 등을 이유로 영국에 6개월 이하 체류하는 자
유효 기간	2년 (여권 만료일이 2년 미만일 경우, 여권 만료일까지)
입국 횟수	유효 기간 내 여러 번 입국 가능 (Multiple entries)
체류 가능 기간	최대 6개월
수수료	£16
승인 소요 기간	수 시간~최대 3일 (영업일 기준)
수정 및 환불 여부	신청 후 수정 및 환불 불가

신청 방법

ETA 신청 페이지 QR코드

① 신청 전 준비물

- 여권
- 얼굴이 잘 나온 디지털 사진(증명사진이 아니더라도 뒷배경이 깨끗한 곳에서 찍은 디지털 사진이면 모두 가능)
- 결제 수단(신용카드, Apple Pay, Google Pay 등)

② 신청 절차

- 영국 정부 공식 ETA 앱 또는 홈페이지 접속 https://www.gov.uk/get-electronic-travel-authorisation
- 여권 정보, 사진, 연락처 등 입력
- 수수료 결제 후 신청 완료

* 앱으로 신청할 경우 여권 스캔 과정에서 오류가 많으므로 홈페이지 신청 권장

③ 승인 소요 시간

- 일반적으로 수 시간~최대 3일 이내 승인
- 이메일 또는 앱을 통해 결과 통보

④ ETA 승인 확인

- 이메일로 전송된 승인서 확인 후 저장 또는 출력
- 비행기 탑승 및 입국 심사 시 제시를 요구할 수 있으므로 출력 인쇄본 지참 권장

만일을 대비해 챙겨두면 좋은 서류

흔한 경우는 아니지만, 입국 시 정보 확인을 위해 추가 서류를 요구받을 수 있으므로 준비하는 것이 좋다.

- 왕복 항공권 또는 제3국으로의 여행 증빙 : 체류 기간 종료 후 출국 일정이 있음을 증빙
- 숙박 예약 확인서

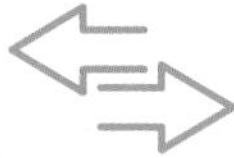

런던은 **좌측통행**

영국은 한국과 반대로 좌측통행으로 차량이 움직인다. 운전석과 조수석의 위치도 반대로 되어 있다. 버스나 택시 승하차 시에는 차량 왼쪽으로 이동해야 하며, 횡단보도를 건널 때에는 우측을 먼저 살펴야 한다.

보편적인 **팁 문화**

레스토랑에서 결제 시 10~15%의 팁을 지불하는 것이 일반적이다. 일부 레스토랑에서는 서비스 요금이 계산서에 이미 포함되어 청구되기도 한다. 만약 식사나 서비스가 마음에 들지 않았을 경우에는 팁을 빼달라고 요구할 수 있다.

식당에서 **무료로 제공되는 물은 수돗물**

레스토랑에서 기본으로 제공되는 물은 대부분 수돗물Tap Water이다. 영국의 수돗물은 엄격한 수질 관리와 정화 시스템을 통해 제공되므로 안심하고 마셔도 된다. 하지만 칼슘과 마그네슘 등의 미네랄 성분이 많고 염소 냄새 등 특유의 맛과 냄새가 거북할 수도 있다. 수돗물이 싫다면 생수Still Water나 탄산수Sparkling Water를 주문할 수 있다.

현금보다 **신용카드**

거의 대부분의 상점에서 신용카드 사용이 가능하다. 소액을 결제할 때도 불편함 없이 신용카드를 사용할 수 있으며 대부분의 노점이 신용카드 단말기를 갖추고 있다. 버스는 현금 결제가 불가하며 현금을 받지 않은 상점이 많아지고 있어 현금 사용이 오히려 불편하게 느껴질 수 있다.

화장실은 **무료 or 유료**

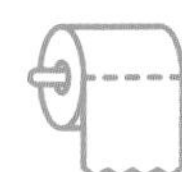

런던은 다른 유럽 국가에 비해 무료 화장실이 많은 편이다. 백화점, 기차역, 대형 쇼핑몰, 관광 명소 등의 화장실을 무료로 이용할 수 있다. 지하철역이나 일부 관광지의 화장실은 유료로 이용해야 하는 곳이 많으니 참고하자.

런더너는 **우산을 쓰지 않는다**

런던에는 비가 내리는 날에도 우산 없이 비를 맞고 다니는 사람이 많다. 종잡을 수 없이 오락가락하는 날씨에 익숙해서 그런지 웬만한 비는 맞고 다닌다. 방수 재킷이나 후드가 달린 옷을 습관처럼 착용해 우산 쓰기가 귀찮다고 생각하는 사람도 많다.

우리와 다른 **날짜 표기법**

영국의 날짜는 일/월/연도 순으로 표기한다. 예를 들어 2024년 12월 1일이라면, 01/12/2024로 표기하는 식이다. 기차 티켓, 뮤지컬 등을 예매하거나 레스토랑 등을 예약할 때 혼동하지 않도록 기억해 두자.

에스컬레이터 **좌측 비워두기**

지하철 에스컬레이터에서 오른쪽은 서 있는 사람, 왼쪽은 빨리 지나가기 위한 공간으로 사용한다. 서 있는 경우에는 왼쪽 공간을 비워두어야 한다. 따로 안내 표시가 되어있지는 않지만, 암묵적으로 지키는 에티켓이니 기억해 두자.

여행지로 읽는 런던의 역사

43~410년

켈트족과 로마 제국의 브리튼섬 점령기

북유럽 등지에서 건너와 현재의 영국 영토인 브리튼섬에 정착한 켈트족은 기원후 43년 로마 제국의 침략을 받기 전까지 고유한 언어와 문화를 형성하고 부족 사회를 이루고 살았다. 켈트족을 무찌른 로마 제국은 약 400년 동안 브리튼섬을 점령하고 런던(런던디니움)을 세웠으며 도로와 방어시설을 구축했다. 기독교도 로마 제국을 통해 전파되었다. 하지만 서고트족 침입 등으로 내부 혼란을 겪으며 410년 브리튼섬에서 철수하게 되었다. 런던에서 서쪽으로 약 156km 떨어진 바스Bath에 가면 로만 바스 등 영국에 남은 로마 제국의 흔적을 확인할 수 있다.

▶ **바스 P.290**

410~1066년

앵글로색슨족과 바이킹의 시대

로마 제국이 철수한 후 독일과 덴마크에서 기원한 앵글로색슨족이 브리튼섬에 정착했으며 독자적인 문화를 형성하며 영국의 주요 민족으로 자리 잡았다. 8세기 후반, 스칸디나비아 바이킹들이 영국을 침략해 동부와 북부 일부 지역을 지배하며 강력한 세력을 형성했다. 바이킹족과 싸워 영국을 지켜낸 알프레드 대왕이 앵글로색슨족의 첫 번째 왕으로 즉위했다.

현존하는 앵글로색슨 왕국의 예술과 공예품 그리고 바이킹 시대의 유물을 관람하고 싶다면 영국 최대의 국립 공공박물관인 영국박물관으로 가자.

▶ **영국박물관 P.144**

1066~1485년
노르만 정복

노르망디의 공작 윌리엄William of Normandy이 앵글로색슨 왕국을 침략해 승리한다. 이후 윌리엄 1세가 영국 왕으로 즉위하고, 영국의 법과 제도가 프랑스와 융합된 새로운 통치 방식으로 바뀌었다. 이 시기에 형성된 영국의 문화와 언어가 현재까지도 많은 영향을 미치고 있다.
윌리엄 1세가 물러나고 헨리 2세가 즉위하면서 플랜태저넷 왕조가 시작된다. 영국과 더불어 프랑스의 여러 지역을 통치하며 영토를 확장했지만, 백년전쟁(1337~1453)에서 패하며 프랑스의 영토를 다시 되돌려주게 된다.
백년전쟁이 끝난 직후 영국의 왕위 계승을 놓고 랭커스터 가문과 요크 가문이 전쟁을 벌인다. 랭커스터 가문의 상징이 붉은 장미, 요크 가문의 상징이 흰 장미인 것에서 비롯해 '장미전쟁(1455~1487)'이라고 이름 붙었다. 이 전쟁을 통해 랭커스터 가문이 승리하며 튜더 왕조가 시작된다.
런던 탑은 '정복왕'이라 불리는 윌리엄 1세가 자신의 권력을 과시하고 런던을 방어하고자 건축한 요새로 현재는 박물관으로 운영 중이다.

➤ 런던 탑 P.172

1485~1688년

르네상스와 절대왕정

이후 헨리 8세, 에드워드 6세, 메리 1세 등이 집권을 이어가다가 1558년 엘리자베스 1세가 즉위하면서 스튜어드 왕조가 시작된다. 엘리자베스 1세는 영국을 황금기로 이끌었으며, 1588년 스페인 무적함대를 격파하는 등의 큰 업적을 남겼다.

엘리자베스 1세에게 왕권을 넘겨받은 제임스 1세, 찰스 1세, 찰스 2세 등이 이어서 집권하다가 명예혁명(1688)을 통해 윌리엄 3세에게 평화롭게 권력이 이양되며 입헌군주제가 확립된다.

영국 왕실의 대관식과 장례식이 열리는 웨스트민스터 사원에 엘리자베스 1세를 비롯한 역대 국왕과 총리 그리고 아이작 뉴턴를 비롯한 위인들의 무덤이 안치되어 있다.

▶ **웨스트민스터 사원** P.128

1714~1901년

하노버 왕조와 빅토리아 여왕

제임스 1세의 손자인 조지 1세가 윌리엄 3세에 이어 왕위에 오르며 하노버 왕조가 시작되었다. 1837년 조지 3세의 손녀인 빅토리아 여왕이 즉위하며 인도, 북미, 아프리카, 오세아니아 등으로 제국을 확장하며 세계 영토의 ⅓에 이르는 식민지를 개척한다. 전 세계에 식민지를 거느린 영국을 '해가 지지 않는 나라'라고 부르기 시작한 것도 이 무렵이다.

빅토리아 여왕 시대에 만들어진 공예품, 장신구, 의상 등이 세계 최대 규모의 장식·디자인 전문 미술관 빅토리아 앤 알버트 박물관에 전시돼 있다.

▶ **빅토리아 앤 알버트 박물관** P.216

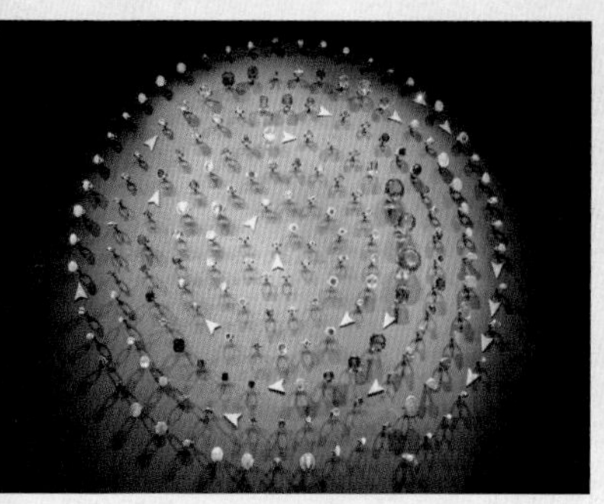

1914~1999년
산업혁명과 세계대전

영국은 18세기 후반부터 시작된 산업혁명으로 세계 최초의 공업국이 되었고, 사회 구조와 경제가 크게 변화하기 시작했다. 농업사회에서 산업 중심 사회로 전환되었고, 경제적 변화뿐만 아니라 사회, 문화, 정치 등 여러 측면에서 급변하기 시작한다. 영국에서 시작된 산업혁명이 주변 국가들로 퍼지면서 세계적으로도 큰 영향을 미쳤다.

영국은 1차 세계대전(1914~1918) 연합국 중 하나로 참전했으며, 1차 세계대전 이후 일부 식민지가 독립을 위해 항쟁하기 시작했다. 이후 2차 세계대전(1939~1945)에서 윈스턴 처칠이 이끈 영국군이 나치가 이끈 독일군과의 전투에서 승리했다. 세인트 폴 대성당은 전란 중 수차례 공습을 받았음에도 대성당의 돔이 무너지지 않아 시민들에게 희망의 상징이 되었다.

전쟁 후 복구 과정에서 사회적 복지를 강화하고 국민 보건 서비스 NHS를 설립했다. 2차 세계대전 이후 식민지들이 독립하며 대영제국이 해체되었다.

▶ **세인트 폴 대성당 P.170**

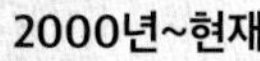

2000년~현재
브렉시트와 엘리자베스 2세 서거

브렉시트Brexit는 영국이 유럽 연합을 탈퇴한다는 의미로, 영국Britain과 탈퇴Exit가 합쳐진 말이다.

2016년 6월 23일에 실시된 국민 투표에서 영국의 EU 탈퇴가 확정되었다. 영국의 가장 큰 사건으로 꼽히며 정치, 경제, 사회, 문화 등 모든 분야에 큰 변화를 가져왔다.

2022년 9월 8일에는 영국 역사상 가장 오랜 기간(약 70년) 재위한 군주인 엘리자베스 2세가 96세의 나이로 서거했다. 엘리자베스 2세의 서거 이후 찰스 3세가 왕위를 이어받았다.

영국 왕실의 공식적인 거주지로 엘리자베스 2세가 일상과 공식 업무를 보았던 버킹엄 궁전에는 초상화와 조각상과 더불어 여왕이 사용했던 책상, 의자 등 가구와 유품 등이 보존되어 있다.

▶ **버킹엄 궁전 P.124**

PART 2

가장 멋진 런던 테마 여행

인생샷 찍기 좋은

런던 포토 스폿

런던 아이 London Eye P.204

런던의 상징 런던 아이는 낮이나 저녁 언제든 예쁜 사진을 촬영할 수 있는 피사체다. 규모가 매우 커서 템스강 건너편에서도 촬영할 수 있다. 웨스트민스터역 근처의 템스강변은 런던 아이를 정면으로 바라보며 사진을 남길 수 있는 장소로 인기가 좋다. 워털루역에 내려서 런던 아이로 가는 길에도 예쁜 사진을 담을 수 있다.

웨스트민스터역 근처 템스강변, 워털루역에서 런던 아이로 가는 길에 찍기

빅 벤 Big Ben P.127

빅 벤은 그 자체만으로도 멋있고 웅장해 어디에서 찍어도 멋진 사진을 남길 수 있다. 런던의 랜드마크인 빅 벤과 런던의 마스코트인 빨간색 공중전화 부스를 한 컷에 담을 수 있어 여행자들이 줄을 서서 사진을 찍는 장소가 있으니, 바로 웨스트민스터역 근처의 K2 공중전화박스K2 Telephone Box다. 15~20분 정도 줄을 서서 기다려야 사진을 찍을 수 있을 만큼 인기가 높다. 밤에는 차량의 불빛이 너무 강해서 낮에 찍는 것을 추천한다.

K2 공중전화박스 앞에서 빅 벤 배경으로 찍기

타워 브리지 Tower Bridge P.196

타워 브리지는 템스강변 어디서나 예쁘게 담긴다. 타워 브리지 자체가 아이코닉한 이미지를 갖고 있어 사진을 멋지게 만드는 힘이 있기 때문. 하지만 개인적으로 추천하고 싶은 장소는 타워 브리지 옆 런던 브리지다. 런던 브리지 위에서 타워 브리지의 정면을 배경으로 사진을 남겨보자.

런던 브리지 위에서 찍기

닐스 야드 Neal's Yard P.157

코벤트 가든 근처의 골목 안쪽에 숨어 있는 보석 같은 인생샷 명소다. 파란색, 주황색, 노란색, 분홍색 등 다양한 색상으로 채색되어 화려하고 다채로운 분위기를 느낄 수 있다. 규모는 크지 않지만, 아기자기한 분위기의 카페, 상점 등이 모여 있어 늘 사람이 많다.

📷 알록달록한 건물을 배경으로 찍기

리젠트 스트리트 Regent Street P.131

런던의 대표적인 쇼핑 거리 리젠트 스트리트는 곡선형의 길을 따라 건물들이 이어져 있어 독특한 뷰를 만들어낸다. 특히 이층버스가 지나가는 타이밍에 맞추면 런던만의 고유한 분위기가 담긴 멋진 사진을 얻을 수 있다.

곡선형 건물이 잘 보이는 포인트(33 Regent st.)에서 찍기

쇼디치 Shoreditch P.178

독창적인 거리 예술과 생동감 있는 문화가 매력적인 동네다. 개성 넘치는 상점, 카페, 갤러리 등을 구경하며 사진을 남기기에도 좋다. 거리 곳곳을 채운 화려한 그래피티 아트를 배경으로 쇼디치에서만 남길 수 있는 인생 사진을 남겨보자.

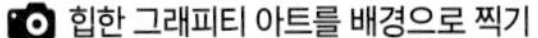

힙한 그래피티 아트를 배경으로 찍기

도시의 상징이 된
런던 대표 건축물

런던은 고풍스러운 건축 양식과 모던하고 혁신적인 현대 건축물이 어우러져 독특한 스카이라인을 형성하는 도시다. 에너지 효율을 높이고 환경친화적인 기술을 접목한 건물이 많고, 비정형적이고 독창적인 형태의 건물도 많다. 고풍스러운 건물들 사이로 삐쭉 얼굴을 내밀고 있는 독특한 형태의 건축물이 재미있는 스카이라인을 완성한다.

렌조 피아노 Renzo Piano • 2012

더 샤드 The Shard P.202

런던에서 가장 높은 건물로 총 95층, 310m에 이른다. 초고층 빌딩이 많지 않은 유럽에서 4번째로 높은 건물이다. 외관은 모두 유리로 덮여 있으며, 위쪽으로 갈수록 좁아지는 피라미드 형태의 구조로 되어 있다. 68층부터 72층에는 전망대가 있다.

노먼 포스터
Norman Foster • 2002

시티홀 London City Hall

비대칭적인 구형 디자인이 인상적인 건축물이다. 자연광을 많이 받을 수 있게 설계되어 에너지 효율성을 높인 디자인으로 평가받는다. 2002년부터 2021년까지 런던 시청으로 사용되었으나 현재는 시청의 주요 기능을 다른 곳으로 이전해 행정적 용도로 사용하지 않는다. 공공 행사나 방문객을 위한 상징적인 장소로 남아있다.

노먼 포스터 Norman Foster • 2004

30 세인트 메리 엑스

30 St. Mary Axe(The Gherkin)

런던의 금융지구에 자리한 상징적인 빌딩으로 작은 오이를 닮아 '거킨빌딩The Gherkin'이라는 별명이 붙었다. 노먼 포스터의 건축 양식이 잘 드러난 건축물로 시티홀과 더불어 에너지 효율성을 높인 친환경 디자인으로 주목받았다. 현재 금융, 무역 등을 담당하는 회사의 건물로 사용되고 있다.

노먼 포스터 Norman Foster • 2000

밀레니엄 브리지 Millennium Bridge P.203

템스강을 가로지르는 보행자 전용 다리로, 세인트 폴 대성당과 테이트 모던 미술관을 연결한다. 2000년 밀레니엄을 맞아 진행된 밀레니엄 프로젝트 중 하나로 '밀레니엄 브리지'라는 이름이 붙었다. 템스강의 다리 중에서 가장 모던한 디자인의 다리다.

라파엘 비놀리 Rafael Viñoly • 2014

펜처치 빌딩

The Fenchurcj Building(Walkie-Talkie)

건물 상층부로 갈수록 더 넓어지는 독특한 형태의 건물로 '워키토키Walkie-Talkie'라는 별명으로 불린다. 초기에는 기이한 형태의 건물과 심한 열 반사 탓에 논란이 되었지만, 35층의 전망대 '스카이 가든'을 누구나 이용할 수 있도록 무료 개방하면서부터 논란이 수그러들었다.

미술관의 도시를 걷는 법

런던 미술관 산책

고전 미술의 성지

내셔널 갤러리 National Gallery P.148

13세기부터 20세기 초까지의 유럽 미술 작품을 소장하고 있는 미술관으로, 반 고흐, 모네, 레오나르도 다빈치, 미켈란젤로 등 세계적인 거장의 명화들을 한자리에서 만날 수 있다. 학창 시절 미술 교과서에서 봤던 작품을 실제로 마주하는 감동을 경험할 수 있다.

런던은 세계적인 명성을 자랑하는 미술관이 밀집해 있는 '미술관의 도시'다.
내셔널 갤러리, 테이트 모던, 테이트 브리튼, 서펜타인 갤러리, 국립 초상화 미술관 등 유명한 미술관이
시내 곳곳에 포진해 있어 전 세계의 미술 애호가들의 발길이 끊이지 않는다.
고전부터 현대까지 다양한 시대와 장르의 작품을 전시하며, 대부분 무료로 입장할 수 있는 것도 큰 장점이다.

가장 현대적인 미술관

테이트 모던 Tate Modern P.198

1947년부터 1981년까지 화력발전소로 사용되었던 뱅크사이드 발전소Bankside Power Station를 개조해 만든 미술관으로 미술관 이상의 의미와 상징성을 갖고 있는 곳이다. 현대미술에 중점을 두고 국제적인 현대미술 컬렉션을 소장 및 전시하고 있다. 건물 중앙의 거대한 터바인 홀Turbine Hall은 발전소의 터바인이 있던 자리를 활용해 대형 설치 미술을 전시하는 공간으로 유명하다.

영국 작가들의 작품이 한자리에

테이트 브리튼 Tate Britain P.129

16세기부터 현대에 이르는 영국 미술 작품을 소장 및 전시하고 있는 미술관이다. 내셔널 갤러리의 소장품을 나누어 전시하기 위한 분관으로 운영하기 시작해서 1955년 독립된 미술관으로 분리되었다. 윌리엄 터너, 데이비드 호크니, 프란시스 베이컨 등 대표적인 영국 화가들의 작품을 체계적으로 전시하고 있다.

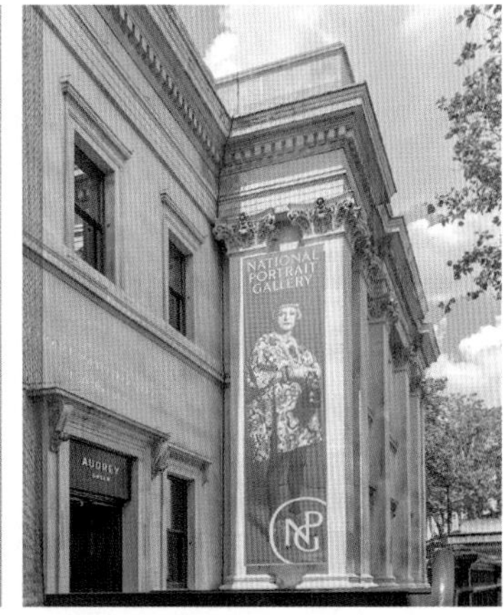

전세계 유명 인사들을 만날 수 있는 곳

국립 초상화 미술관 National Portrait Gallery P.152

1856년에 문을 연 미술관으로 세계 최초로 인물의 초상화만을 전시하는 곳이다. 영국의 왕족, 정치가, 작가, 과학자, 예술가 등 다양한 분야에서 역사적 영향을 끼친 인물들을 한자리에서 볼 수 있다. 그림뿐만 아니라 사진, 조각 등 다양한 방식으로 표현된 인물을 전시한다. 엘리자베스 1세, 윌리엄 셰익스피어, 윈스턴 처칠 등과 같은 역사적 인물부터 현대의 유명 인사들의 초상화까지, 시대를 아우르는 폭넓은 컬렉션이 특징이다.

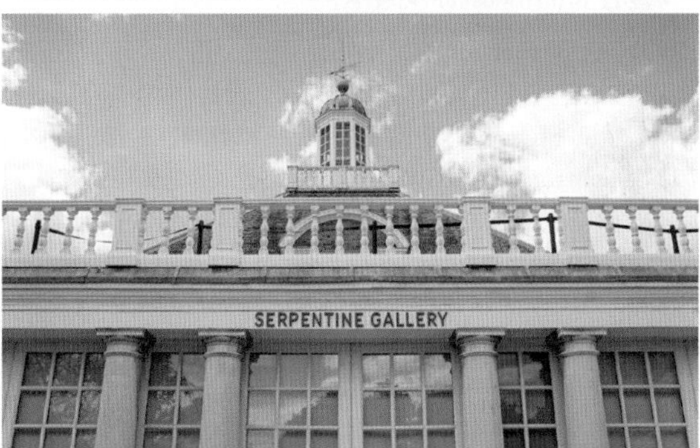

하이드 파크의 현대 미술관

서펜타인 갤러리
Serpentine Gallery P.221

하이드 파크의 서펜타인 호수 앞에 자리한 미술관으로 영국을 비롯한 세계적인 아티스트들의 전시를 다양하게 개최한다. 눈여겨 볼 것은 유명 건축가들이 참여하는 '서펜타인 파빌리온Serpentine Pavilion'이다. 자하 하디드, 프랭크 게리, 헤르조그 & 드 뫼롱 등 세계적인 건축가들이 참여해 건축과 예술의 경계를 허물어 독창적인 공간을 만든다. 매년 여름 시즌에 맞춰 개방되며, 여름이 지나면 철거되고 다음 해에 새로운 건축가의 파빌리온이 설치된다.

빼놓을 수 없는 즐거움

런던 박물관 여행

런던 여행의 즐거움 중 하나는 다양한 분야의 박물관을 방문하는 것이다. 역사, 유물, 과학, 자연사, 패션, 디자인 등 다양한 주제를 다루는 박물관들이 밀집해 있어 방대한 역사, 문화, 예술, 과학 등에 대한 깊이 있는 경험이 가능하다. 대부분의 박물관은 무료 입장이 가능해 누구나 쉽게 이용할 수 있다.

꼭 방문해야 할 박물관

영국박물관 British Museum P.144

세계 5대 박물관 중 하나로 꼽히는 박물관으로 런던을 처음 방문하는 여행자라면 거의 모두가 찾는 필수적인 곳이다. 대영제국이 가장 번성했던 18세기, 전 세계에서 수집한 고대 유물과 역사를 집대성한 곳으로 '대영박물관'이라 불리기도 한다. 이집트 미라, 로제타 스톤, 그리스 파르테논 신전 조각 등이 대표적인 소장품으로 꼽히며, 전 세계의 고고학자, 인류학자, 역사학자 등 수많은 학자들이 연구를 목적으로 방문하는 것으로도 유명하다. 정문을 들어서자마자 만나는 중앙홀 '그레이트 코트'는 기존의 중앙홀을 현대적으로 재구성한 것으로, 영국을 대표하는 건축가 노먼 포스터가 설계했다.

런던에서 만나는 작은 지구

국립 자연사 박물관

Natural History Museum P.219

공룡 화석, 고대 생물과 광물, 곤충, 동식물 등 지구의 자연사를 중심으로 한 박물관으로 1881년에 문을 열었다. 실제 크기로 만들어진 동물 모형과 거대한 공룡 모형 등이 유명하다. 빅토리아 시대에 지어진 로마네스크 건축 양식의 웅장한 건물은 건물 자체만으로도 역사적 의의가 있다. 겨울에는 박물관 앞뜰에 아이스링크를 설치해 고풍스러운 건물 앞에서 로맨틱한 스케이팅을 즐길 수 있다.

세상의 모든 아름다움

빅토리아 앤 알버트 박물관

Victoria and Albert Museum(V&A) P.216

미술과 디자인 전반을 아우르는 박물관으로 전 세계의 장식 미술품, 패션, 섬유, 조각 등을 소장하고 전시한다. 5,000년 이상의 역사적 범위를 아우르며 유럽, 아시아, 북미, 이슬람 등 세계 여러 나라의 다양한 작품을 둘러볼 수 있다. 고딕 부흥 건축 양식의 웅장한 건물과 아름다운 안뜰, 화려한 카페 등도 박물관의 매력 중 하나다. 샤넬, 크리스찬 디올 등 명품 패션 브랜드의 역사를 다룬 특별전이 열리는 것으로도 유명하다.

즐거운 과학 놀이터

과학 박물관

Science Museum P.220

1857년에 설립된 과학, 기술, 의학 분야를 다루는 박물관이다. 약 300,000점 이상의 소장품을 보유하고 있으며 과학적 발견과 기술 혁신의 역사를 체계적으로 전시하고 있다. 특히 제임스 와트의 증기기관과 아폴로 10호 갭슐, 항공우주 섹션 등이 주요 볼거리로 꼽히며 방문객들에게 과학 혁신의 역사를 생생하게 전달한다. 인터랙티브 전시와 체험형 전시가 많아 아이들과 어른 모두 과학을 쉽게 이해하고 즐길 수 있다.

디자이너라면 꼭 가봐야 할 곳

디자인 박물관

Design Museum P.218

제품, 그래픽, 패션, 건축 등 다양한 디자인 분야를 망라한 디자인 전문 박물관이다. 현대 디자인의 발전과 디자인의 사회적, 문화적 영향을 탐구하는 박물관이라 할 수 있다. 혁신적인 제품 디자인, 산업 디자인, 디지털 디자인의 역사적 작품과 미래지향적인 작품들이 포함되어 있으며 애플, 구글, 페라리 등 글로벌 기업의 디자인 혁신을 감상할 수 있다. 관람객이 디자인을 직접 체험할 수 있는 다양한 인터랙티브 전시도 마련되어 있다.

무료 vs. 유료

런던 스카이뷰 명소

고풍스러운 건물과 현대적인 건축물이 어우러진 스카이라인,
도시를 가로지르는 템스강, 도시 곳곳에서 존재감을 뽐내는 랜드마크 등
런던은 높은 곳에서 바라보면 더 아름다운 도시다.
더 샤드나 런던 아이 등 유명한 스카이뷰 명소도 많지만, 런던의 비싼 물가 때문에
입장을 망설이는 여행자들을 위하여 런던의 아름다운 전망을
공짜로 감상할 수 있는 무료 전망대도 다섯 곳이나 있다.

무료

스카이 가든

Sky Garden

P.174

런던 시내를 360도로 조망할 수 있는 공간으로, 독특한 형태를 가진 펜처치 빌딩(워키토키 빌딩) 35층에 자리한다. 세인트 폴 대성당, 타워 브리지, 런던 아이, 빅 벤 등의 랜드마크를 한자리에서 감상할 수 있어 1년 내내 방문객이 끊이지 않는 인기 명소다. 실내에는 다양한 열대 식물과 지중해 식물을 심어 '스카이 가든'을 만들었으며, 계절마다 식물에 변화를 주어 건물 내에서도 계절의 변화를 느낄 수 있도록 섬세하게 연출했다. 런던 시내에 노을이 내리는 일몰 시간에는 훨씬 더 황홀하고 아름다운 런던을 만날 수 있다. 입장료는 무료지만, 홈페이지를 통해 사전 예약을 해야만 입장할 수 있다. 예약 대기자가 많아 2~3개월 전부터 서둘러 예약할 것을 추천한다.

무료

테이트 모던 전망대

Tate Modern Viewing Level

P.198

템스강변의 테이트 모던 미술관 10층에 자리한 전망대. 미술관 관람 후 런던의 풍경까지 덤으로 즐길 수 있는 선물 같은 전망대다. 템스강 북쪽의 화려한 스카이라인과 템스강, 세인트 폴 대성당, 밀레니엄 브리지 등을 조망할 수 있다. 일몰 시간에 맞춰 방문하면 황금빛으로 물든 런던의 경치를 감상할 수 있다.

무료

호라이즌 22

Horizon 22

2023년 9월에 문을 연 전망대로 스카이 가든 근처의 더 스케일펠The Scapel 빌딩 58층에 자리하고 있다. 런던의 무료 전망대 중에서는 가장 높은 곳에 자리 잡고 있어 어느 곳보다 시원한 전망을 자랑한다. 입장료는 무료지만, 홈페이지를 통해 사전 예약을 한 사람에 한해 입장이 가능하다. 주말이나 공휴일에 방문할 계획이라면 예약을 서둘러야 한다.

무료

프림로즈 힐

Primrose Hill

P.256

런던 북부에 위치한 나지막한 언덕이다. 런던 중심부에서 조금 떨어져 있기 때문에 높은 언덕이 아님에도 런던 시내를 조망하기에 부족함이 없다. 특히 일몰 시간이 되면 노을빛으로 물드는 런던을 감상할 수 있어 로맨틱한 분위기를 느낄 수 있다. 건물 위의 전망대가 아니라 사방이 탁 트인 언덕 위의 잔디밭에 앉아 런던을 바라보는 것만으로도 특별하고 낭만적인 시간을 보낼 수 있다. 간식과 음료 등을 가져와 피크닉을 즐기는 사람도 많다.

유료

런던 아이

London Eye

P.204

런던을 대표하는 랜드마크이자 스카이뷰 명소 중 하나. 높이 135m, 32칸의 캡슐로 이루어져 있으며 한 캡슐에 최대 25명이 탑승할 수 있다. 한 바퀴를 도는 데에는 25~30분 정도 소요된다. 샴페인을 마시며 런던의 전경을 감상할 수 있는 샴페인 패키지, 대기 없이 바로 탑승할 수 있는 패스트 트랙 티켓, 캡슐 1칸을 프라이빗하게 이용할 수 있는 프라이빗 티켓 등도 판매하며 홈페이지를 통해 최소 하루 전 예약할 경우 약 15~20% 할인을 받을 수 있다.

유료

더 뷰 프롬 더 샤드

The View from The Shard

P.202

더 샤드 68~72층에 런던에서 가장 높은 전망대가 있다. 런던 시내를 360도로 조망하며 런던 아이, 타워 브리지, 세인트 폴 대성당, 빅 벤 등의 주요 랜드마크를 한눈에 담을 수 있는 더 뷰 프롬 더 샤드The View from The Shard다. 전망대 입장권은 일반권과 올인클루시브 두 종류로 나뉜다. 올인클루시브 티켓에는 샴페인 또는 음료 1잔, 더 샤드 내에서 사용할 수 있는 £5 크레딧이 포함된다. 두 종류의 입장권 모두 뷰 개런티 서비스(날씨가 좋지 않아 런던의 전경을 제대로 보지 못했을 경우, 맑은 날 다시 방문해 전경을 감상할 수 있도록 바우처를 지급하는 서비스)가 포함되어 있다. 입장권에 인쇄된 시간으로부터 최대 30분 이내에 입장해야 하며, 전망대에서는 시간제한 없이 런던의 전경을 즐길 수 있다.

볼수록 빠져드는 아기자기한 매력

런던 동네 탐방

런던은 각기 다른 매력을 가진 동네들이 동서남북 곳곳에 자리하고 있어 매일매일 새로운 분위기를 느끼며 여행할 수 있는 다채로운 도시다. 아름답고 우아한 매력의 동네부터 트렌디하고 힙한 분위기의 동네까지. 다양한 매력을 가진 런던의 동네 속으로 떠나본다.

④

⑤

① 소호 Soho P.140

런던 중심부의 활기차고 다채로운 동네. 예술과 문화가 모이는 문화적 중심지 역할을 담당하는 곳으로 특히 '웨스트엔드'라 불리는 뮤지컬의 본고장으로 꼽힌다. 수많은 공연장과 극장, 라이브 바, 레스토랑들이 밀집해 런던너와 여행자들로 늘 붐빈다.

② 쇼디치 Shoreditch P.166

런던 동부의 창의적이고 힙한 분위기의 동네다. 과거 산업 지대였던 낙후된 동네에 젊은 예술가, 디자이너, 스타트업 등이 모여들면서 런던에서 가장 핫한 동네로 탈바꿈했다. 벽마다 화려한 그래피티와 거리 예술 작품이 가득하고, 빈티지 상점, 독립 서점, 독특한 분위기의 바와 카페들이 쇼디치를 더욱 힙하게 만든다.

③ 메릴본 Marylebone P.230

런던 중심부에 위치한 고급스럽고 우아한 동네로 고풍스러운 주택과 트렌디한 상점, 고급 레스토랑 등이 모여 있는 곳이다. 베이커 스트리트에 자리한 셜록 홈스 박물관 덕분에 여행자들의 발길이 끊이지 않는 곳이며, 독립 서점, 부티크, 디자이너 브랜드 등이 모여 있는 메릴본 하이스트리트에서 쇼핑을 하기에도 좋다.

④ 노팅힐 Notting Hill P.210

'우아하다'라는 표현이 잘 어울리는 런던 서부의 동네. 빅토리아 시대에 지어진 유서 깊은 건축물과 알록달록한 색상으로 채색된 예쁜 주택들이 특징이다. 영화 〈노팅힐〉을 통해 세계적으로 유명해졌으며, '노팅힐 북숍', '포토벨로 마켓' 등 영화 속에 등장한 곳들이 모두 명소가 되었다. 주중에는 우아한 노팅힐을, 포토벨로 마켓이 열리는 주말에는 활기찬 노팅힐을 만날 수 있다.

⑤ 사우스워크 Southwark P.192

템스강 남쪽에 위치한 역사적인 지역으로 현대적인 분위기와 전통이 조화를 이루는 곳이다. 오랫동안 런던의 주요 상업 및 항구 지역으로 발전해 왔으며, 오늘날에는 더 샤드, 타워 브리지, 테이트 모던 등과 같은 상징적인 랜드마크를 방문하려는 사람들로 언제나 활기찬 동네다.

도심 속 힐링 포인트

런던 공원 즐기기

런던을 걷다 보면 느끼는 점 중 하나는, 땅값 비싼 도시 곳곳에 크고 작은 공원들이 참 많다는 것이다. 런던 내에 크고 작은 공원이 3,000개 이상 있으며, 이는 전체 면적의 약 38.4%를 차지한다. 런던이 스스로를 '그린 시티green city'라고 부르는 이유다. 공원에서 운동, 산책, 피크닉, 휴식을 즐기는 런더너들처럼 다양한 방법으로 공원을 즐겨보자.

런던에 공원이 많은 이유는?

런던은 19세기와 20세기 초반, 빠른 산업화와 도시화로 인해 심각한 대기 오염 문제를 겪었다. 무분별한 석탄 사용으로 발생한 1952년 '대스모그 사건(Great Smog)'으로 수천 명이 사망하는 등 대기 오염이 심각한 수준에 이르렀다. 이러한 환경 문제를 해결하기 위해 영국 정부는 공공 보건과 환경 개선을 위한 정책을 추진하게 되었고, 그중 하나가 도시 내 녹지 공간을 확대하는 것이었다. 공원으로 조성된 녹지가 공기질을 개선하고 도시 환경을 정화하는 데 바람직한 효과를 가져오면서 왕실의 사냥터나 귀족의 정원으로 쓰이던 곳들까지 공공 공원으로 개방되었다. 다양한 공원들이 도시와 조화를 이루며 공존하는 이유다.

하이드 파크 Hyde Park P.221

런던에서 두 번째로 큰 규모의 공원으로 약 142헥타르에 달하는 면적을 갖고 있다. 공원 한가운데에는 보트를 탈 수 있는 서펜타인 호수가 자리하고 있으며, 이곳에서 수영, 조정, 보트, 피크닉 등을 즐기는 런더너들을 쉽게 만날 수 있다. 서펜타인 호수 앞의 서펜타인 갤러리와 서펜타인 파빌리온 등의 문화, 예술 공간도 놓치면 섭섭한 볼거리다.

세인트 제임스 파크

St. James's Park P.126

버킹엄 궁전 앞에 자리한 우아하고 고풍스러운 공원이다. 런던의 중심부에 자리해 버킹엄 궁전과 웨스트민스터 사원을 연결하는 중요한 녹지 역할을 하고 있다. 공원 안의 커다란 호수 위로 백조, 오리, 펠리컨 등 다양한 새들을 관찰할 수 있다. 런던의 왕실 및 정치적 중심지와 가깝고 역사적으로도 중요한 의미를 갖고 있으며, 사계절 내내 꽃과 나무가 잘 관리되고 있어 도심 속에서 아름다운 자연을 느끼며 힐링하기에 좋은 공원이다.

그린 파크 The Green Park P.126

하이드 파크와 세인트 제임스 파크 사이에 자리한 평화롭고 조용한 공원으로, 상대적으로 소박하게 꾸며진 공원이다. 다른 공원들과 달리 커다란 호수나 화려한 정원과 꽃 대신 잔디밭과 무성한 나무로 공원을 채워 그린 파크라는 이름으로 불린다. 여유롭고 한적한 휴식을 원하는 런더너들이 사랑하는 공원으로 넓고 평온한 분위기가 가득하다. 17세기 왕실의 사냥터로 사용되었던 곳으로 이따금 왕실 행사가 열리기도 한다.

리젠트 파크 Regent's Park P.252

런던 북서쪽의 넓고 아름다운 공원으로 런던에서 가장 큰 규모(약 166헥타르)를 자랑한다. 특히 런던 동물원이 공원 안에 자리하고 있어 가족 단위의 방문객이 특히 많은 것이 특징이다. 조용한 산책로와 다양한 산책로, 장미 정원 등이 마련되어 있어 휴식과 레저 활동을 동시에 즐길 수 있는 공원이다.

뮤지컬의 본고장에서 꼭 감상해야 할

런던 뮤지컬 베스트 5

런던 소호 웨스트엔드West End는 뉴욕 브로드웨이와 더불어 세계 공연 예술의 중심지로 손꼽힌다. 때문에 런던 여행길에 뮤지컬 한 편 감상하기를 버킷리스트로 꼽는 여행자가 많다. 엄청난 스케일의 무대 장치, 온몸을 파고드는 것만 같은 음악과 연기, 독창적이고 화려한 퍼포먼스 등 오랜 시간이 지나도 잊혀지지 않는 진한 여운을 남긴다. 단, 모든 공연이 자막 없이 영어로만 진행되므로, 관람 전 대략적인 줄거리와 대표 넘버 등을 예습하고 가는 것을 추천한다.

Since 1986

오페라의 유령 The Phantom of the Opera

흉측한 얼굴을 가면으로 가리고 파리 오페라 극장 지하에 숨어 지내며, 소프라노 크리스틴을 짝사랑하는 남자의 사랑과 집착을 이야기하는 뮤지컬로 로맨틱하고 슬픈 스토리가 돋보이는 작품이다. 화려한 무대 연출, 웅장한 음악이 시선을 뗄 수 없게 만든다. 특히 천장에 매달린 초대형 샹들리에가 낙하하는 장면, 크리스틴과 유령이 'The Phantom of the Opera'를 함께 부르는 장면은 명장면 중의 명장면으로 꼽힌다. 1986년 웨스트엔드 여왕 폐하의 극장Her Majesty's Theatre에서 처음으로 무대에 올랐으며, 이후 전 세계에서 큰 성공을 거두고 영화로도 제작되었다.

♫ The Phantom of the Opera, The Music of the Night, All I Ask of You, Think of Me

여왕 폐하의 극장 Her Majesty's Theatre 🚶 Bakerloo Picadilly 피커딜리 서커스역에서 도보 4분

📍 Haymarket, London SW1Y 4QL 🏠 lwtheatres.co.uk/theatres/his-majestys

BEST 2

Since 1985

레 미제라블 Les Misérables

빅토르 위고의 소설을 원작으로 한 작품으로 1985년 바비칸 센터에서 처음으로 무대에 올랐다. 첫 공연이 큰 성공을 거두며 전 세계적으로 유명한 걸작이 되어 영화로도 제작되었다. 프랑스 혁명 전후의 사회적 갈등과 사랑, 희망, 구원을 다룬 작품으로 세계에서 가장 성공한 뮤지컬 중 하나로 꼽힌다. 웅장한 합창곡 'Do You Hear the People Sing?'과 감동적인 'I Dreamed a Dream' 등은 뮤지컬 사상 가장 감동적인 음악으로 평가받는다. 인간의 구원과 정의를 탐구하는 깊이 있는 스토리와 강렬한 연출이 특징이다.

♫ Look Down, Do You Hear the People Sing?, I Dreamed a Dream, On My Own, Bring Him Home

손드하임 극장 Sondheim Theatre 🚶 Bakerloo Picadilly 피커딜리 서커스역에서 도보 4분
📍 51 Shaftesbury Ave, London W1D 6BA 🏠 sondheimtheatre.co.uk

BEST 3

Since 1999

맘마미아 Mamma Mia!

스웨덴의 팝 그룹 아바ABBA의 유명한 곡들을 엮어 만든 주크박스 뮤지컬로 1999년 프린스 에드워드 극장에서 첫 공연을 열었다. 그 후 세계적인 성공을 거두고 영화로도 제작된 바 있다. 밝고 경쾌한 아바의 히트곡들이 결혼을 앞둔 딸과 세 명의 아버지 후보를 둘러싼 흥미로운 이야기를 바탕으로 전개된다. 흥겹고 신나는 분위기의 작품으로, 과연 누가 딸의 친아버지인지 추측하는 재미도 있다.

♫ Mamma Mia, Dancing Queen, I Have a Dream, The Winner Takes It All

노벨로 극장 Novello Theatre
🚶 Picadilly 코벤트가든역에서 도보 5분 📍 Aldwych, London WC2B 4LD 🏠 novellotheatrelondon.info

Since 2006

위키드 Wicked

2003년 브로드웨이에서 처음으로 무대에 오른 후, 2006년 웨스트엔드에서 공연을 시작했다. 〈오즈의 마법사〉에서 영감을 받아 녹색 마녀와 착한 마녀의 이야기를 재구성한 작품으로 선과 악의 경계에 대한 질문을 던진다. 화려한 무대와 마법 같은 연출, 배우들의 뛰어난 앙상블 등으로 관객을 압도하며 예매하기 힘든 뮤지컬 중 하나로 꼽힌다.

♫ Defying Gravity, For Good, What Is This Feeling, I'm Not That Girl, No One Mourns the Wicked

아폴로 빅토리아 극장 Apollo Victoria Theatre

🚶 Circle District Victoria 빅토리아역에서 도보 1분

📍 17 Wilton Rd, Pimlico, London SW1V 1LG

🏠 atgtickets.com

Since 1999

라이온 킹 The Lion King

디즈니 애니메이션 〈라이온 킹〉을 원작으로 한 작품으로 1997년 브로드웨이에서 초연된 후 1999년 웨스트엔드에서 공연을 시작했다. 이후 전 세계적으로 엄청난 인기를 끌고 있는 대표적인 뮤지컬로 꼽힌다. 웨스트엔드에서 시작된 작품은 아니지만, 영국의 전설적인 뮤지션 엘튼 존Elton John이 작곡한 음악들로 구성되어 영국인들에게는 남다른 의미를 가진 작품이다. 엘튼 존의 음악이 라이온 킹의 감동적인 스토리와 완벽하게 어우러진다는 평가를 받는다.

♫ Circle of Life, Can You Feel the Love Tonight, Hakuna Matata, Shadowland 등

라이시엄 극장 Lyceum Theatre

🚶 Picadilly 코벤트가든역에서 도보 5분 📍 21 Wellington St, London WC2E 7RQ 🏠 atgtickets.com

뮤지컬 티켓 예매하기

원하는 뮤지컬을 최적의 좌석에서 관람하고 싶다면 사전 예약은 필수다. 예약하지 않아도 당일 판매 티켓을 구해 관람할 수 있지만, 일행과 떨어져 앉거나 시야가 좋지 않은 좌석에 앉아야 할 수도 있다. 여행 일정이 정해지면 보고 싶은 뮤지컬 티켓부터 확보하자.

① 티켓 구매 사이트에서 온라인 예매

뮤지컬, 스포츠, 공연 등 다양한 티켓을 예매할 수 있는 영국 최대의 티켓 구매 사이트 티켓 마스터Ticket Master를 통해 사전 예약할 수 있다. 웨스트엔드 연극 및 뮤지컬 티켓 예매 사이트 오피셜 런던 시어터Official London Theater에서도 가능하며 TKTS 할인 티켓도 이곳에서 예약할 수 있다. 런던뿐 아니라 호주, 뉴욕, 시카고 등의 뮤지컬과 연극 티켓을 예매할 수 있는 글로벌 티켓 구매 사이트 투데이 틱스Today Tix에서는 당일 할인 티켓과 사전 예약 옵션 등이 제공되기도 한다.

🏠 ticketmaster.co.uk, officiallondontheatre.com, todaytix.com/?location=london

② TKTS에서 당일 할인 티켓 구매

사전 예약을 하지 못했다면, 할인 티켓을 판매하는 부스에서 당일 티켓을 구입하는 방법도 있다. 원하는 공연, 원하는 시간 등을 선택하기 어려울 수도 있지만, 운이 좋으면 50%까지 할인된 티켓을 구할 수도 있다. 레스터 스퀘어 역 근처 차링크로스 로드의 할인 티켓 부스 TKTS에서 구입하며, 판매되는 티켓 종류와 가격은 부스 앞 게시판과 홈페이지를 통해 확인할 수 있다. 당일 티켓에 한해 할인된 가격으로 판매하기에 아침부터 부스 앞에 길게 줄을 서기도 한다. 가격이 저렴한 대신 좌석 지정이 불가한 것이 단점이다.

🚶 Northern Picadilly 레스터스퀘어역에서 도보 3분 📍 TKTS, Leicester Square, London WC2H 7DE 영국
🕙 10:30~18:00 (일요일 12:00~16:30) 📞 +44-20-7557-6700 🏠 officiallondontheatre.com

③ 극장에서 직접 구매

각 극장의 박스 오피스에서 직접 티켓을 구입할 수 있다. 운이 좋으면 공연 당일에 남은 티켓을 저렴하게 판매하는 데이시트 티켓을 구할 수도 있다.

④ 여행 플랫폼을 통해 구매

마이리얼트립My Real Trip, 클룩Klook, 케이케이데이Kkday 등과 같은 여행 플랫폼을 통해 예매할 수 있다. 단, 예약 수수료가 추가되므로, 현지 예약 사이트를 이용하거나 티켓 부스를 이용하는 것보다 비싸다.

뮤지컬 관람 시 드레스 코드는?

뮤지컬 관람 시 특별히 정해진 드레스 코드는 없다. 대부분의 사람이 편한 캐주얼 차림으로 극장을 찾는다. 청바지, 티셔츠, 운동화 등도 문제없다. 가끔 프리미어나 오프닝나이트 등 특별한 행사에서는 좀 더 포멀한 드레스 코드를 요구하는 경우도 있지만, 대부분의 공연은 자유롭게 관람할 수 있다.

런던 여행의 새로운 키워드

얼굴 없는 예술가 뱅크시를 찾아서

쇼디치

Designated Graffiti Area & Three monkeys

뱅크시의 작품들은 1990년대 후반부터 런던과 브리스톨의 거리에 등장하기 시작했다. 쇼디치도 초기 작품들이 많이 등장한 지역 중 하나다. 뱅크시의 등장을 시작으로 쇼디치는 그래피티 아트를 중심으로 한 거리 예술의 중심지가 되었다. 비교적 최근인 2024년 8월에는 브릭 레인의 철도 교각에 세 마리 원숭이가 매달려 있는 그림을 남겨 화제가 되었다.

Banksy's Designated Graffiti Area, Banksy's Monkeys

뱅크시Banksy는 익명으로 활동하는 영국의 예술가로, 주로 스텐실 기법을 이용한 강렬한 작품을 남긴다. 모두가 잠든 한밤중이나 새벽 시간에 작품을 남기고 홀연히 사라지기 때문에 신상에 관해선 알려진 바가 거의 없다. 다만 런던 곳곳에 이스터에그처럼 숨어 있는 뱅크시의 작품은 누구나 만나볼 수 있다. 뱅크시의 작품을 찾아가는 것도 런던을 여행하는 방법 중 하나다.

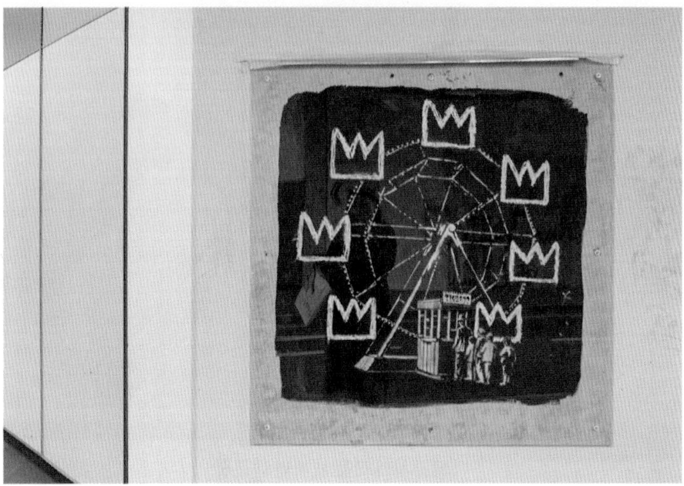

바비칸 센터

Basquiat being stopped and searched(위)
Ferris Wheel with Basquiat Crowns(아래)

뱅크시는 2017년 바비칸 센터에서 열린 장 미셸 바스키아Jean-Michel Basquiat의 전시회를 기념하기 위해 2점의 작품을 남겼다. 바스키아의 스타일을 뱅크시 특유의 감각으로 재해석한 작품으로, 훼손 방지를 위해 투명한 아크릴로 보호하고 있다.

Banksy Basquiat

런던 동물원

Gorilla

2024년 8월에 깜짝 공개된 최근작으로 동물원 셔터 위에 그려졌다. 고릴라 한 마리가 셔터를 올리고 동물원에 갇힌 바다사자와 새들을 풀어주는 내용의 그림으로 동물을 가두어 두는 동물원의 환경을 비판하는 메시지를 담았다. 이처럼 뱅크시의 작품은 무거운 주제를 너무 심각하거나 극단적으로 표현하는 대신 풍자와 위트를 곁들인 접근으로 대중의 공감을 얻는 게 특징이다. 이러한 방식이 복잡한 사회적 문제를 대중에게 더 쉽게 전달한다는 평가를 받는다. 갤러리에 가지 않고도 누구나 그의 작품을 만날 수 있으며, 누구나 그의 메시지를 느낄 수 있는 뱅크시의 작품은 미술작품이 단순한 작품을 넘어서 사회적 이슈에 대해 생각해 보고 논의하는 매개체가 되고 있다.

현재 런던 동물원 입구 셔터에 남겨진 작품은 복제품으로, 원본은 작품 보호를 위해 안전한 곳에 보관 후 런던시와 협의해 다른 장소에 전시할 예정이다.

GRPV+8M7 런던

뱅크시의 작품 세계와 대표작

뱅크시는 처음 등장했을 당시부터 사회적, 정치적 메시지를 담은 풍자적인 그림으로 주목받았다. 그의 작품은 "예술은 불안한 자들을 편안하게 하고, 편안한 자들을 불안하게 해야 한다**(Art should comfort the disturbed and disturb the comfortable)**."는 공통의 메시지를 담고 있다. 주로 반전, 반권위주의, 반폭력, 빈부 격차, 자본주의 비판, 환경 문제 등을 다루며, 날카로운 풍자와 위트를 곁들인다. 메시지를 담은 작품만 남겨놓고 유령처럼 사라져 버리는 그의 신비한 이미지가 더해져 세계에서 가장 영향력 있는 아티스트 중 한 명으로 꼽힌다. 특히 2018년 소더비 경매에서 낙찰된 'Balloon Girl'이 낙찰 직후 뱅크시가 숨겨 놓은 자동 파쇄 장치에 의해 파쇄되는 퍼포먼스를 펼쳐 세계적인 화제가 된 바 있다. 뱅크시는 자신의 SNS를 통해 이 퍼포먼스를 의도적으로 계획했음을 밝히며, 예술 시장과 작품의 상업성에 대한 비판적 메시지를 전달했다. 이후 이 작품은 'Love is in the Bin'이라는 새로운 제목을 얻게 되었고, 작품의 가치는 오히려 더 높아졌다.

런던 북부 보너스 피시 바

Pelicans

2024년 8월에 공개된 동물 시리즈 중 하나로, 한 쌍의 펠리컨이 간판에 그려진 물고기를 낚아채는 장면을 그렸다. 뱅크시 특유의 재치와 위트가 잘 드러나는 작품으로 동물의 자연스러운 본능과 생태계 보전에 대한 메시지를 담았다고 전해진다.

⌕ Bonners Fish Bar

리크 스트리트 아치스

Leake Street Arches

2008년 뱅크시가 주도한 그래피티 아트 페스티벌 Cans Festival에 의해 그래피티 아트의 성지가 된 곳이다. 그래피티 아티스트들이 허가 없이 자유롭게 그림을 그릴 수 있는 런던 유일의 장소가 되었다. 뱅크시에 의해 시작되어 '뱅크시 터널'이라 불리기도 하지만, 초창기에 그려진 뱅크시의 작품은 훼손되고 덧칠해져 찾기 어렵다. 뱅크시에게 많은 영향을 받은 다른 아티스트들의 작품을 만날 수 있다.

⌕ The Graffiti Tunnel

책을 사랑하는 도시

런던 도서관과 서점 탐방

독서는 영국인들에게 일상이다. 대중교통, 길가의 벤치, 공원 잔디밭, 카페 등 장소를 가리지 않고 책을 읽는다. 젊은 세대로 갈수록 점차 줄어들고 있다지만, 여전히 독서 인구가 많은 편에 속한다. 찰스 디킨스Charles Dickens, 윌리엄 셰익스피어William Shakespeare, 조지 오웰George Orwell, 버지니아 울프Virginia Woolf 등 세계적인 작가들 중에 영국 출신이 많은 것 또한 독서 문화에 영향을 끼쳤다. 자연스레 출판 산업을 장려하고 그에 따라 발달한 출판 산업을 바탕으로 책 읽는 문화가 일상으로 자리 잡은 것이다. 그런 일상 덕분에 런던은, 책 읽기 좋은 공공 도서관, 좋은 책을 파는 서점, 몇 시간씩 책을 읽어도 눈치 주지 않는 카페 등이 참 많은 도시다.

도서관 이상의 도서관

영국 도서관 The British Library P.251

킹스크로스에 자리한 영국 최대 규모의 도서관으로 약 1억 7천만 권 이상의 자료를 보유하고 있다. 영국박물관이 소장했던 방대한 도서 컬렉션이 도서관으로 독립해 1973년 영국 도서관으로 설립되었다. 도서, 신문, 잡지, 지도, 악보, 특허 문서, 손으로 쓴 원고 등 다양하고 방대한 자료를 소장하고 있어 학문적 연구와 역사적 자료 보존의 중심지 역할을 하고 있다.

영국 도서관의 큰 특징 중 하나는 모든 출판물을 의무적으로 소장하는 납본 제도를 운영하고 있다는 것이다. 영국과 아일랜드에서 출판된 모든 서적과 자료, 외국에서 출판된 자료들도 대규모로 보관하고 있다. 특히, 구텐베르크 성경, 레오나르도 다 빈치의 노트, 셰익스피어의 첫 번째 대본 등 역사적 가치를 헤아릴 수 없는 문서들도 보관되어 있다. 도서관 내의 '트레저 갤러리에서는 도서관이 소장한 희귀한 고문서와 문학 작품을 무료로 관람할 수 있다. 평범한 도서관의 수준을 넘어서 거대한 도서 박물관이라 할 수 있는 곳이다.

여행지가 되는 아름다운 서점

던트 북스 Daunt Books Marylebone P.240

주로 여행 관련 서적을 다루는 서점으로 1912년에 문을 열었다. 그 당시의 건축과 디자인이 그대로 남아 있어 서점 자체가 하나의 역사적 공간이라 할 수 있다. 짙은 녹색의 벽면과 나무 소재의 책장, 아치형의 창문이 특히 아름답다. 여행 서적을 국가별로 분류해 둘러보기 쉽게 배치했으며, 각 나라별 가이드북과 그 나라의 소설, 역사, 문화 등과 관련한 서적을 함께 배치해 다양한 책을 한자리에서 쉽게 찾을 수 있다. 여행 서적 외에도 문학, 예술, 아동 등과 관련한 서적도 취급하고 있다.

런던에서 가장 오래된 서점

해쳐드 Hatchards P.133

1797년에 설립된 서점으로 영국 왕실의 공식 서점으로도 잘 알려진 곳이다. 문학, 역사, 예술 등 다양한 분야의 책을 다루며, 왕실과 관련된 서적이나 희귀한 고서, 수집가용 서적 등 특별한 책들도 보유하고 있다. 220여 년 역사를 담은 해처드는 단순히 책을 판매하는 공간을 넘어, 문학적 전통을 이어가는 문화의 중심지로 자리 잡았다. 여러 작가들의 사인회와 낭독회, 독서 모임, 특별 전시회 등 다양한 문학 행사가 정기적으로 열린다.

유럽에서 가장 큰 서점

워터스톤즈 Waterstones P.134

세계적으로도 잘 알려진 영국의 서점 체인. 폭 넓은 도서 선택과 쾌적한 독서 환경을 제공하는 것을 목표로 하고 있다. 영국 전역에 약 280개의 지점을 운영하고 있으며, 그중 피커딜리 지점은 영국뿐 아니라 유럽에서 가장 큰 서점으로 유명하다. 쉽게 책을 고를 수 있도록 고려한 서가 배치, 넓고 편안한 독서 공간 등 독자의 편의를 중점적으로 공간을 구성했고, 일부 지점에는 카페를 운영하며 커피와 책을 함께 즐길 수 있게 구성했다.

가장 대중적인 서점을 찾는다면

포일즈 Foyles P.159

런던의 대표적인 서점 체인으로 1903년에 설립되었다. 특히 채링 크로스 로드의 플래그십 스토어는 총 6층에 걸쳐 다양한 분야의 책을 보기 좋게 배치했다. 예술과 문학, 아동 서적에서 강점을 보이며 학문적 서적부터 대중 서적까지 광범위한 책을 큐레이션 하는 것으로 유명하다. 다양한 행사를 통해 독자들이 책을 더 가까이하고 작가 및 서점과 소통하는 역할도 담당하고 있다.

영화로 읽는 런던 풍경

시네마틱 런던

런던은 풍부한 역사와 상징적인 랜드마크, 과거와 현재가 공존하는 풍경 등 다채로운 매력과 분위기로 영화의 배경으로 자주 등장하는 도시다. 런던 아이, 타워 브리지, 빨간색 이층버스, 빅 벤 등 세계적으로 잘 알려진 명물이 많아 다양한 관객의 공감을 얻을 수 있다는 특징도 있다. 여행 전 설레는 마음으로 보기 좋은 영화, 여행 후 여행을 추억하며 보기 좋은 영화 몇 편을 소개한다.

노팅힐 Notting Hill · 1999

휴 그랜트와 줄리아 로버츠 주연의 로맨틱 코미디 영화로 대부분의 장면이 노팅힐에서 촬영되었다. 영화의 세계적인 흥행에 따라 휴 그랜트의 서점, 포토벨로 로드 마켓, 휴 그랜트의 집 등 영화에 등장한 곳들은 노팅힐에서 가장 유명한 명소가 되었다. 어디선가 노팅힐의 음악이 들리는 것만 같은 로맨틱한 동네다.

노팅힐 P.214, 더 노팅힐 북 숍 P.225, 포토벨로 로드 마켓 P.215

해리 포터 시리즈

Harry Potter · 2001~2011

전 세계적으로 폭발적인 인기를 얻고, 엄청난 마니아층을 생성한 〈해리 포터〉 시리즈는 런던을 비롯한 영국 곳곳에서 촬영한 것으로 잘 알려져 있다. 특히, 호그와트행 기차를 타던 킹스크로스역 9와 ¾ 플랫폼, 실제 영화를 촬영한 스튜디오와 영화 속 장면을 재현한 해리 포터 스튜디오, 영화 속 그레이트홀의 모티브가 된 옥스퍼드의 크라이스트 처치 등이 유명하다.

킹스크로스역 9와 ¾ 플랫폼 P.250, 해리 포터 스튜디오 P.299, 크라이스트 처치 P.278

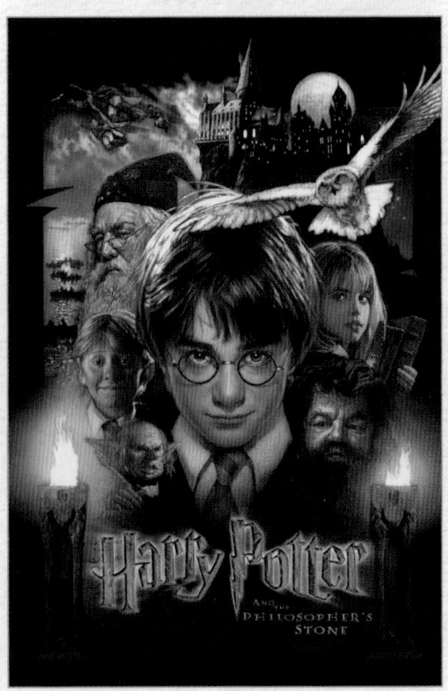

패딩턴 Paddington · 2014

페루에서 온 말하는 곰 '패딩턴'이 나 홀로 런던으로 여행을 떠나, 런던에서 새로운 삶을 시작하며 벌어지는 모험과 따뜻한 우정, 가족애 등을 다룬 이야기다. 세인트 폴 대성당, 내셔널 갤러리, 국립 자연사 박물관 등 런던의 주요 명소와 전통적인 주택가, 현대적인 명소 등을 다양하게 담아내고 있어 런던 여행 전 보면 좋은 영화로 추천한다.

세인트 폴 대성당 P.170, 내셔널 갤러리 P.148, 국립 자연사 박물관 P.219

러브 액츄얼리 Love Actually · 2003

크리스마스를 앞둔 런던에서 19명의 주인공들이 겪는 사랑 이야기를 엮은 옴니버스 영화. 스케치북으로 사랑을 고백하는 장면은 20여 년이 지난 지금까지도 명장면으로 남아있다. 휴 그랜트, 키이라 나이틀리, 콜린 퍼스, 엠마 톰슨 등의 배우들이 출연했다. 트래펄가 광장, 사우스뱅크(템스강변), 히스로 공항 등의 장소가 등장하며, 크리스마스를 앞둔 런던의 따뜻하고 로맨틱한 분위기를 느낄 수 있다.

트래펄가 광장 P.152, 사우스뱅크 P.192

브리짓 존스 다이어리 Bridget Jones's Diary · 2001

르네 젤위거, 콜린 퍼스, 휴 그랜트가 출연한 로맨틱 코미디. 런던에 사는 주인공들이 런던에서 겪는 사랑과 일상의 이야기들을 다룬다. 버로우 마켓, 타워 브리지, 테이트 모던 등 다양한 명소가 등장한다. 명소들을 찾는 재미와 더불어 영화 자체의 스토리가 재미있어 추천하는 영화다.

버로우 마켓 P.200, 타워 브리지 P.196, 테이트 모던 P.198

어린이 여행자를 위한 명소

런던 예스 키즈존

영국은 어린이의 권리, 복지, 교육에 중점을 두어 어린이를 매우 소중히 여기고 보호한다. 어린이에 대한 이러한 존중은 가족, 학교, 정부에서 어린이를 돌보고, 교육하고 지원하는 방식을 포함해 사회 전반에 걸쳐 다양하게 반영된다. 박물관과 갤러리에서는 어린이를 위한 특별 공간을 만들어 누구나 역사와 문화적 유산을 누릴 수 있는 기회를 제공하며, 체험형 전시, 워크숍 등 다양한 행사를 열어 어린이의 참여를 도모한다.

과학 박물관

Science Museum

P.220

©Wonderlab

인터랙티브 전시와 체험형 전시로 어린이들에게 인기가 많은 박물관. 특히 어린이를 위해 '원더랩Wonderlab' 이라는 별도의 박물관을 만들어 물리, 화학 등 과학을 놀이처럼 체험하고 학습할 수 있다. 아이와 함께라면 꼭 추천하고 싶은 곳이다.

국립 자연사 박물관

Natural History Museum

P.219

아이들이 좋아하는 공룡을 원없이 볼 수 있는 곳. 특히 실물 크기의 티라노사우르스 모형, 디플로도쿠스의 골격 등 상징적인 주요 전시물은 어린이들의 탄성을 불러 일으킨다. 공룡 화석을 파헤칠 수 있는 특별 탐험 구역, 지진과 화산을 체험할 수 있는 체험형 전시 구역, 공룡 갤러리 등 공룡을 좋아하는 아이와 함께라면 꼭 가봐야 할 박물관이다.

V&A 아동박물관

Young V&A

P.189

빅토리아 앤 알버트 박물관에서 설립한 어린이 전용 박물관이다. 수 세기 동안의 어린이 장난감, 게임을 비롯해 어린이를 위한 가구, 패션 등 흥미로운 볼거리가 많아 어른들도 즐거운 곳이다. 분장 체험, 역할 놀이, 스토리텔링 등을 체험해볼 수 있고, 바비, 레고 등 유명 브랜드 장난감의 변천사를 살펴보고 체험할 수 있는 섹션도 인기가 좋다.

축구 덕후를 위한 스테디움 안내서

런던에서 축구 보기

영국 프리미어 리그English Premier League, EPL는 세계에서 가장 인기가 많은 축구 리그다. 프랑스, 스페인, 독일 등과 더불어 세계 최강의 리그로 꼽힌다. 축구를 좋아하는 사람이라면 축구 경기가 열리는 스테디움으로 향해보자. 현장에서 만나는 선수들의 눈부신 플레이와 스테디움을 가득 메운 축구 팬들의 함성, 축구가 곧 일상인 사람들 틈에 섞여 그들과 하나 되는 경험은 오랜 시간이 지난 후에도 잊히지 않는 깊은 여운을 남긴다.

잉글리시 프리미어리그 축구팀

* 2024년 기준

토트넘 홋스퍼 Tottenham Hotspur

연고지 북런던(토트넘)

대표 선수 손흥민, 크리스티안 로메로, 제임스 매디슨, 이브 비수마 등

한국 축구의 기둥 손흥민 선수가 소속된 팀. 최근 프리미어리그 성적은 그리 좋지 않지만, 유로파 리그에서 우승하며 명문 구단의 자존심을 지켰다. 손흥민 선수가 골을 넣거나 크게 활약한 날이면 한국인들을 향해 엄지를 추켜 세우거나 사진 요청을 받는 등 즐거운 경험을 할 수 있다.

아스널 Arsenal

연고지 북런던(하이버리 & 이슬링턴)

대표 선수 부카요 사카, 윌리엄 살리바, 테클란 라이스, 마르틴 외데가르드 등

토트넘과 함께 북런던을 연고지로 하는 팀으로 숙명의 라이벌로 불린다. 두 팀의 경기는 '북런던 더비'로 불리며 티켓 구하기가 어려운 경기로 손꼽힌다. 라이벌 토트넘에 비해 우승 경험이 더 많은 명문 구단이다.

첼시 Chelsea

연고지 서런던(풀럼)

대표 선수 엔조 페르난데스, 티아고 실바, 리즈 제임스, 라힘 스털링 등

최근 몇 년간 부진을 겪었지만, 유럽 무대에서 두 차례 UEFA 챔피언스 리그 우승을 차지한 저력이 있는 명문팀.

웨스트햄 유나이티드 West Ham United

연고지 동런던(스트랫포드)

대표 선수 루카스 파케타, 자로드 보웬, 에드손 알바레스, 커트 주마 등

2023 유로파 컨퍼런스 리그에서 우승하며 유럽 무대에서 성공을 거둔 팀. 주전 선수들이 안정적인 경기력을 보이며 UEFA 챔피언스 리그 진출을 목표로 하고 있다.

크리스탈 팰리스 Crystal Palace

연고지 사우스 런던

대표 선수 에베레치 에제, 마크 게히, 조아킴 안데르센, 샘 존스톤 등

꾸준한 경기력을 바탕으로 중위권을 유지하는 팀. 수비력이 강한 것이 특징이며 베테랑과 젊은 선수의 조화가 돋보이는 팀이다.

프리미어리그 경기 티켓 예매하기

1. 클럽 공식 웹사이트

대부분의 프리미어리그 클럽은 공식 웹사이트에서 티켓을 판매한다. 먼저 회원 가입을 완료한 후 절차에 따라 티켓을 구입하면 된다. 이메일로 전자 티켓을 받아 스마트폰에 저장하거나 프린트해서 입장할 수 있다.

공식 홈페이지 접속 ▶ 티켓 예약 페이지 이동 ▶ 원하는 경기 선택 ▶ 좌석 선택 ▶ 결제 ▶ 티켓 수령(이메일)

- 토트넘 tottenhamhotspur.com
- 아스널 arsenal.com
- 첼시 chelseafc.com/en
- 웨스트햄 유나이티드 whufc.com
- 크리스탈 팰리스 cpfc.co.uk

2. 여행 플랫폼을 통해 구매

마이리얼트립이나 클룩 등의 여행 플랫폼을 통해 티켓을 예매할 수 있다. 소정의 수수료가 발생하지만, 직접 예매하는 것보다 절차가 간단한 편이다. 라운지 이용, 무료 음료 등이 포함된 패키지 티켓을 구입할 수도 있다.

- 마이리얼트립 myrealtrip.com
- 클룩 klook.com/ko

놓칠 수 없는 즐거움

장소별 쇼핑 리스트

여행 중 쇼핑은 빠지면 섭섭한 즐거움이다. 특히 눈에 닿는 모든 곳이 예쁘고 아름다운 런던에서는 더욱 그렇다. 선물하기 좋은 소소한 기념품부터 나를 위한 근사한 선물까지. 여행을 더욱 신나게 만들어줄 쇼핑 아이템을 소개한다.

마트

M&S 푸드 홀 쿠키

식품과 생활용품, 의류 등을 판매하는 M&S는 사실 쿠키 맛집. 플레인, 블루베리, 초코칩, 헤이즐넛, 피스타치오 등 다양한 맛 중에서 선택할 수 있다. 개인적으로 피스타치오 추천!

클로티드 크림

영국인들이 스콘을 먹을 때 필수로 곁들여 먹는 크림이다. 우유의 지방으로 만들어 부드럽고 고소하다. 소비 기한이 비교적 긴 냉동 제품으로 사는 것을 추천한다.

M&S 차

M&S 푸드홀에서 쿠키와 함께 꼭 사야 할 것은 가성비 좋은 차다. 다양한 종류의 차를 비교적 저렴하게 판매해 부담 없이 마시기 좋다. 패키지도 깔끔해서 가벼운 선물로도 좋다.

카렉스 핸드워시

세인즈버리Sainsbury's, 테스코Tesco 등의 마트에서 판매하는 핸드워시로 온라인 직구가의 약 1/10 가격에 구입할 수 있다. 가격은 저렴하지만, 향이 고급스러워 갤러리나 카페 화장실에도 많이 비치되는 제품이다. 금색 프린팅이 있는 제품의 향이 훨씬 고급스럽고 보습력도 좋다.

드럭스토어 부츠 Boots

유시몰 치약

126년 전통의 치약으로 런던을 여행하는 사람이라면 1~2개쯤 꼭 구입하는 제품이다. 불소가 포함되지 않아 좀 더 널리 사용할 수 있는 치약으로 진한 허브 향과 핑크색의 꾸덕꾸덕한 제형이 특징이다. 패키지가 예뻐 선물용으로도 좋다.

E45 화장품

피부과에서 시작된 코스메틱 브랜드로 건조하고 민감한 영국인의 피부에 맞게 만들어진 제품이 많아 '영국 국민 크림'이라 불린다. 가장 유명한 제품은 E45 크림. 보습력이 특히 우수해 건조한 피부로 고민이라면 추천하고 싶은 제품이다. 지성피부를 가진 사람이라면 크림보다는 로션을 추천한다.

렘십 감기약

따뜻한 물에 녹여 차처럼 마시는 가루 형태의 감기약. 감기가 올 것처럼 으슬으슬하거나 감기 초기에 마셔야 효과가 좋다.

솝 앤 글로리

핑크 핑크한 패키지가 눈에 띄는 바디 용품 브랜드. 메이크업 제품도 있지만, 스파에서 시작한 브랜드라 바디 용품의 품질이 우수하다. 바디 클렌저, 바디로션, 핸드크림, 샴푸 등이 가장 유명하다. 패키지가 예뻐 선물하기 좋다.

NO.7 크림

주름, 미백, 탄력 등 피부 고민을 위한 기능성 화장품을 전문으로 하는 브랜드. 가격대는 조금 비싼 편이지만, 품질이 우수해 유명하다. 패키지 색상에 따라 주름, 미백, 탄력 등 기능과 성분, 가격이 조금씩 다르다.

서점

런던 여행에서 서점을 빼놓을 수 없는 이유는 서점마다 각자의 시그너처라 할 수 있는 패브릭 백을 판매하기 때문이다. 서점을 돌면서 패브릭 백을 수집하는 사람들도 있을 정도로 인기가 많다.

박물관 & 미술관 굿즈 숍

박물관과 미술관 관람 후에는 자연스럽게 굿즈 숍과 연결된다. 전시 중인 작품을 테마로 만든 다양한 제품을 비롯해, 박물관과 미술관의 정체성을 담은 다양한 굿즈를 만날 수 있다. 특히 런던에서 가장 아름다운 굿즈 숍이라 칭찬받는 V&A 뮤지엄의 굿즈 숍은 절대로 놓치지 말 것!

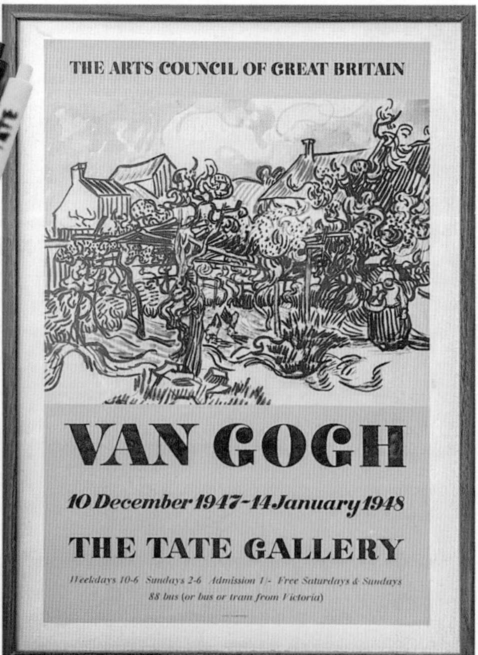

차

포트넘 앤 메이슨 Fortnum & Mason

300년 이상의 역사를 가진 전통의 식품 브랜드. 홍차를 비롯해 잼, 과자, 티 팟 세트, 커피잔 등 다양한 제품을 판매한다. 피커딜리 서커스 근처의 포트넘 앤 메이슨 백화점이 가장 규모가 크고 제품도 많다.

위타드 Whittard

1886년에 시작된 차 전문 브랜드. 전통적인 홍차부터 현대인의 입맛에 맞게 블렌딩한 차와 코코아 등 다양한 제품을 시음하고 구입할 수 있다. 런던 시내 곳곳에 매장이 있어 어렵지 않게 구입할 수 있다.

기념품 숍

런던 여행을 기념하고 추억할 수 있는 소소한 기념품들. 거리 곳곳의 기념품 가게, 마트, 백화점, 서점, 면세점 등에서 구입할 수 있다. 한 곳에서 몽땅 구입하는 것보다는 여행 중 마음에 드는 것을 발견했을 때 틈틈이 사 모으는 것을 추천한다.

Made In London

런던 로컬 브랜드

Fashion

버버리

BURBERRY
LONDON ENGLAND

폴스미스

비비안 웨스트우드

멀버리

Mulberry

슈퍼드라이

Superdry.

올세인츠

ALLSAINTS

프레드페리

바버

헌터

영국에서 시작된 브랜드에는 어떤 것들이 있을까? 영국 브랜드의 제품은 당연히 영국에서 사는 것이 더 싸다.
쇼핑에 앞서 미리 알아 두면 좋은 영국 토종 브랜드를 체크해 보자.
세일 기간이나 프로모션 기간에는 국내보다 훨씬 저렴한 가격에 득템할 수도 있다.

Cosmetic

러쉬

조말론

JO MALONE
LONDON

펜할리곤스

PENHALIGON'S
LONDON

PERFUMERS EST. 1870

Life Style

포트넘 앤 메이슨

FORTNUM & MASON
EST 1707

트와이닝

덴비

포트메리온

PORTMEIRION

캐드키드슨

지갑이 저절로 열리는

런던 쇼핑 스트리트

거리에 늘어선 우아하고 고풍스러운 건물 안으로 들어가면 여행자의 지갑을 유혹하는 예쁜 물건들이 가득하다. 여행 가방을 채워줄 빛나는 아이템을 찾아 런던의 대표적인 쇼핑 거리로 나서 보자. 대부분 비슷한 지역에 모여 있어 두루두루 들러보기 좋다.

리젠트 스트리트 Regent Street P.131

옥스퍼드 서커스 역에서 피커딜리 서커스역까지 연결되는 1Km 남짓한 길 위에 햄리스, 리버티 백화점, 자라, 코스, 나이키, 바버, 조말론, 유니클로 등 쇼핑을 위한 상점들이 빼곡하게 들어서 있다. 한가한 날을 꼽는 것이 어려울 정도로 늘 사람이 많다. 옥스퍼드 서커스역을 기점으로 만나는 옥스퍼드 스트리트, 피커딜리 서커스역 앞의 피커딜리 로드 등 주변에 쇼핑 거리가 모여 있다.

옥스퍼드 스트리트 Oxford Street P.158

350여 개의 상점이 모여 있는 쇼핑 거리로 리젠트 스트리트와 함께 런던을 대표하는 쇼핑 거리로 꼽힌다. 하이드 파크 북동쪽에서 토튼햄 코트로드 역까지 약 2km 가까이 길게 이어진 길 위에 세계적인 브랜드의 대형 매장과 플래그십 스토어, 카페와 식당, 기념품숍 등이 모여 있다.

카나비 스트리트 Carnaby Street P.158

리젠트 스트리트, 옥스퍼드 스트리트와 비교하면 훨씬 작은 규모지만, 좀 더 유니크하고 트렌디한 상점들이 모여 있는 곳이다. 신진 디자이너의 숍과 빈티지 숍, 미용실 등이 밀집해 있어 유행을 선도하는 곳이라 할 수 있다.

캠든 하이스트리트 Camden High Street P.253

런던 특유의 자유분방한 분위기와 활기찬 젊음을 느낄 수 있는 거리로 다른 쇼핑 거리와는 다른 독특한 분위기의 거리다. 기발한 아이디어로 외관을 장식한 톡톡 튀는 개성 만점의 상점들과 록, 펑크, 메탈 등 유니크한 패션 상점, 빈티지 의류와 골동품, 수공예품 등을 파는 캠든 마켓 등 볼거리도 많아 즐거운 곳이다.

본드 스트리트 Bond Street P.134

리젠트 스트리트, 옥스퍼드 스트리트, 카나비 스트리트와 더불어 런던의 4대 쇼핑 거리로 불린다. 루이비통, 샤넬, 에르메스 등 고가의 명품 브랜드 매장이 모여 있는 고급 쇼핑 거리다. 오래전부터 런던 상류층의 사교 장소로 유명했던 곳으로, 세계적인 경매소 소더비 사무실이 들어서 있다.

역사와 전통을 간직한

런던 백화점 베스트 4

셀프리지 백화점
Selfridges P.239

115년의 역사를 지닌 백화점으로 영국에서 두 번째로 규모가 큰 백화점이다. 쇼핑을 위해 단 하나의 백화점을 골라야 한다면 이곳을 추천하고 싶다. 제품의 다양성과 품질, 창의성 등에서 런던 최고 수준을 자랑하는 백화점이다. 영국 로컬 브랜드와 글로벌 브랜드, 하이엔드 브랜드와 명품 브랜드까지 모두 모여 있어 아이쇼핑만으로도 즐겁다. 푸드홀에서 판매하는 사탕과 초콜릿, 쿠키 등은 패키지가 예뻐 선물용으로도 좋다.

해롯 백화점
Harrods P.224

런던뿐 아니라 유럽 전체에서 가장 큰 규모를 자랑하는 백화점으로 1894년에 문을 연 유서 깊은 곳이다. 고가의 제품을 많이 취급하는 럭셔리한 백화점이기에 영국 왕실과 유명 인사 등 상류층이 주 고객이다. 한국에서 구하기 힘든 제품을 구경하거나 이곳에서만 구할 수 있는 한정판 제품도 있으니 구경삼아 들러보면 좋겠다. 지하 기념품점의 해롯 인형과 가방, 초콜릿, 과자 등을 구입하기 위해 찾는 사람도 많다.

런던의 백화점은 쇼핑을 하지 않더라도 한 번쯤 들러볼 만한 가치가 있다.
대부분 100년은 거뜬히 넘는 깊은 역사를 가지고 있기 때문. 오랜 전통만큼이나 높은 품질로
유명한 브랜드가 많은 것도 특징이다. 고급스러운 장식과 디스플레이를 구경하는 것만으로도
눈이 즐거운 곳에서 반짝이는 나만의 아이템을 득템한다면 더할 나위 없겠다.

리버티 백화점
Liberty London P.132

150년 가까운 역사를 지닌 백화점으로 1875년에 문을 열었다. 당시에는 동양의 실크 원단과 이국적인 장신구, 소품 등을 판매했고, 현재는 자체 개발한 '리버티 원단'으로 그 정체성을 이어가고 있다. 고급스러운 이미지의 화장품, 의류, 가구, 잡화 등의 브랜드가 입점해 있으며, 리버티 원단으로 만든 의류와 인형, 소품 등도 유명하다. 고풍스러운 백화점 건물은 오래전 전함에 쓰였던 목재와 창문을 그대로 옮겨온 것이다.

포트넘 앤 메이슨
Fortnum & mason P.135

300년 넘는 전통을 자랑하는 식품 백화점이다. 우리에게는 홍차로 유명한 브랜드이지만, 홍차를 비롯해 커피, 허브티, 잼, 과자, 찻잔과 커피잔, 주방용품 등 다양한 제품을 취급하는 백화점이다. 선물용으로 구입할 티 세트와 간식류, 찻잔 등을 찾는다면 꼭 들러봐야 할 곳이다.

어린이를 위한 천국

장난감 & 캐릭터 숍

세계에서 가장 큰 장난감 가게, 레고로 만든 세상, 달콤한 초콜릿으로 둘러싸인 상점 등 어린이를 위한 쇼핑 스폿을 소개한다. 아이들의 얼굴에서 떠나지 않는 함박웃음을 보며 어른들도 행복해지는 마법 같은 곳들. 어린이뿐만 아니라 장난감과 캐릭터 상품을 좋아하는 키덜트족이라면 꼭 방문해야 할 곳으로 추천한다.

햄리스 Hamleys P.136

1760년에 설립된 세계에서 가장 큰 장난감 가게다. 7층 규모의 건물 전체가 거대한 장난감 가게로 수천 가지의 장난감을 진열하고 체험해 볼 수 있도록 꾸며져 있다. 친절하고 유쾌한 직원들이 장난감을 직접 시연하고 사용해 볼 수 있도록 도와주고 있어 시간 가는 줄 모르고 구경하게 된다. 레고, 플레이모빌, 바비, 테디베어, 디즈니, 패딩턴 베어 등 유명한 캐릭터 제품과 〈해리포터〉, 〈스타워즈〉, 〈어벤져스〉 등 영화와 관련된 굿즈와 피규어도 많다.

레고 스토어 LEGO Store P.160

전 세계의 레고 스토어 중 가장 큰 규모를 자랑한다. 빅 벤, 튜브(지하철), 빨간 공중전화 부스, 타워 브리지 등 런던을 상징하는 아이콘과 랜드마크들을 레고로 조립해 매장을 채웠다. 특히 조립하는 데에 무려 2,280시간이 걸렸다는 6.4m 규모의 레고 빅 벤은 꼭 만나볼 것. 쇼핑을 하지 않더라도 레고로 만든 작은 런던을 구경하고 사진 찍기에도 좋다. 아이들뿐 아니라 전 세계 레고 마니아들이 일부러 찾아오는 곳으로 줄을 서서 입장해야 하는 날이 많다.

엠앤엠즈 월드 M&M's World P.160

빨강, 노랑, 파랑, 초록 등 알록달록한 색상의 초콜릿을 생산하는 엠앤엠즈에서 운영하는 플래그십 스토어. 런던에는 레스터 스퀘어의 매장이 유일하며, 유럽에서 가장 큰 규모를 자랑한다. 엠앤엠즈 초콜릿은 물론, 귀여운 캐릭터가 그려진 티셔츠, 가방, 모자, 컵, 우산 등의 다양한 굿즈를 판매하고 있다.

영국 대표 음식

피시 앤 칩스

런던 여행길에 한 번쯤 맛보게 될 피시 앤 칩스는 바삭하게 튀긴 생선과 고소한 감자튀김이 한 접시에 푸짐하게 담겨 나오는 영국 대표 음식이다. 산업 혁명과 도시 인구 급증을 겪으며 간편하고 빠른 음식을 찾던 노동자들 사이에서 큰 인기를 끌면서 대중에게도 널리 퍼지기 시작했다. 주로 대구, 넙치, 가자미 등의 흰 살 생선에 튀김옷을 입혀 튀겨 낸다. 런던 시내에만 수백 개의 전문점이 있어 취향에 따라 일정에 따라 자유롭게 선택할 수 있다.

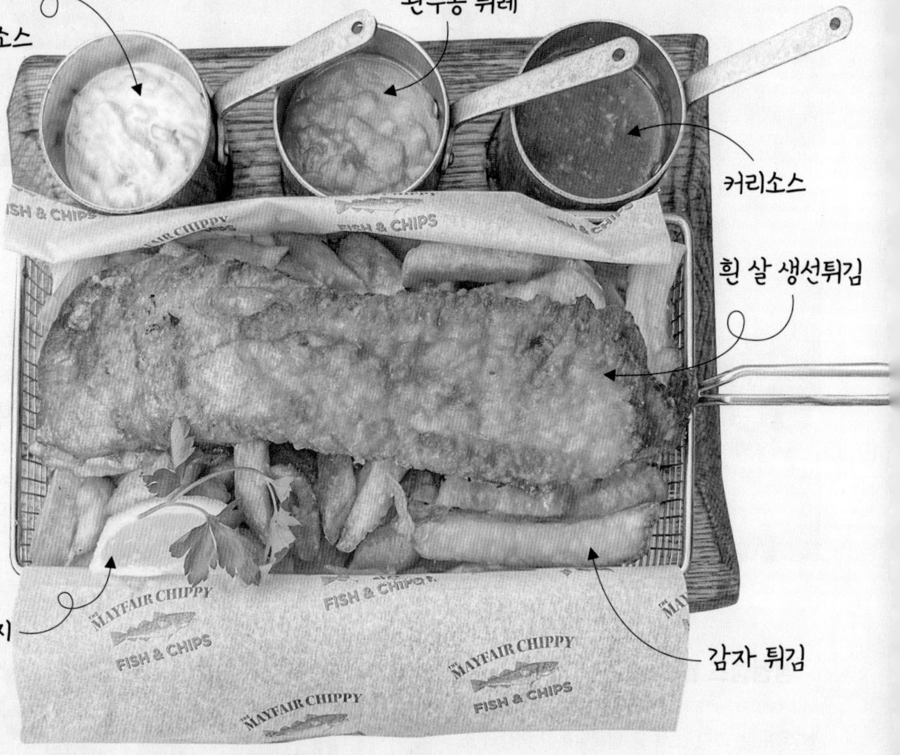

타르타르소스

완두콩 퓌레

커리소스

흰 살 생선튀김

레몬 웨지

감자 튀김

피시 앤 칩스 주문 팁

피시 앤 칩스는 기본적으로 흰살 생선에 튀김옷을 입혀 튀긴 음식이다. 등푸른생선은 기름과 만나면 비린 맛이 강해질 수 있어 사용하지 않는다. 메뉴판에 적힌 생선 이름을 알아두면 편하게 주문할 수 있다.

- **Cod** 대구
- **Haddock** 대구와 비슷하지만 그보다 더 작은 생선
- **Plaice** 넙치 또는 가자미
- **Flat Fish** 넙치류 생선

피시 앤 칩스 맛집

포피스 피시 앤 칩스 Poppies Fish & Chips P.258

1952년 팝 뉴랜드Pop Newland라는 요리사가 자신의 이름 'Pop'을 따서 지은 피시 앤 칩스 전문점이다. 가장 인기 있는 메뉴는 대구Cod와 해덕Haddock으로 만든 피시 앤 칩스. 프라이드치킨에서 영감을 받은 얇고 바삭한 튀김옷이 특징이다.

골든 유니언 피시 바 Golden Union Fish Bar P.164

대구, 해덕, 가자미 등으로 만든 피시 앤 칩스 전문점. 커다란 생선튀김과 두툼하고 푸짐한 감자칩으로 소호 일대에서 인기가 좋은 식당 중 하나다. 매장에서 직접 만든 타르타르소스와 함께 먹으면 더 맛있게 즐길 수 있다.

메이페어 치피 Mayfair Chippy P.139

튀김옷이 바삭하고 가벼워 특히 여성들이 좋아하는 곳이다. 완두콩 퓌레, 타르타르소스, 브라운소스 등 다양한 소스와 곁들여 먹을 수 있다. 글루텐 프리, 베지테리언 등의 옵션이 마련되어 있어 누구나 즐길 수 있는 메뉴 구성이 돋보인다.

피시 플레이스 Fish Plaice P.162

영국 박물관 근처의 식당으로 한국인이 운영하는 곳이다. 다른 곳보다 저렴한 가격으로 푸짐한 식사를 즐길 수 있어 현지인과 여행자 모두에게 인기가 좋다. 직접 만든 상큼한 타르타르소스는 꼭 맛볼 것을 추천. 피시 앤 칩스의 느끼함을 훌륭하게 잡아준다.

피시 앤 칩스 맛있게 먹는 방법

- **식초와 소금 뿌리기** 피시 앤 칩스는 간을 세게 하지 않는 것이 일반적이다. 대신 테이블 위에 보리 식초(Malt Vinegar)와 소금을 비치해 기호에 따라 뿌려 먹을 수 있다. 보리 식초는 일반적인 식초보다 신맛이 강하지 않고 감칠맛을 돋우며, 소금과 함께 어우러져 피시 앤 칩스의 맛을 끌어올려 영국인들이 가장 선호하는 방법이다. 보리 식초가 낯설다면 레몬을 뿌려 먹는 것도 좋다.
- **완두콩 퓌레 머쉬 피 곁들여 먹기** 삶은 완두콩을 으깨어 만든 머쉬 피Mushy Peas 특유의 달콤한 맛으로 피시 앤 칩스의 느끼함을 잡아준다. 기본적으로 제공되는 곳도 있지만, 추가 주문해야 하는 곳도 있다.

- **케첩 & 타르타르소스 곁들이기** 전통적인 방식은 아니지만, 많은 영국인들이 케첩이나 타르타르소스를 곁들여 먹는다. 비틀스의 존 레논은 피시 앤 칩스에 케첩을 듬뿍 찍어 먹는 것을 좋아했다고 전해진다. 생선튀김 위에 완두콩 퓌레와 케첩을 모두 조금씩 얹어 풍성한 맛을 즐기는 영국인도 많다.

맛있는 런던의 아침

잉글리시 브렉퍼스트

달걀, 베이컨, 소시지, 빵, 토마토가 한 접시 가득 푸짐하게 담긴 잉글리시 브렉퍼스트는 영국인들이 아침으로 즐겨 먹는 대표적인 음식이다. 제대로 즐기는 방법은 하나하나 천천히 맛보며 각각의 매력을 느껴보는 것. 런더너들 사이에서 여유롭게 시작한 아침에 하루 종일 기분이 좋다.

풀 잉글리시 브렉퍼스트 구성

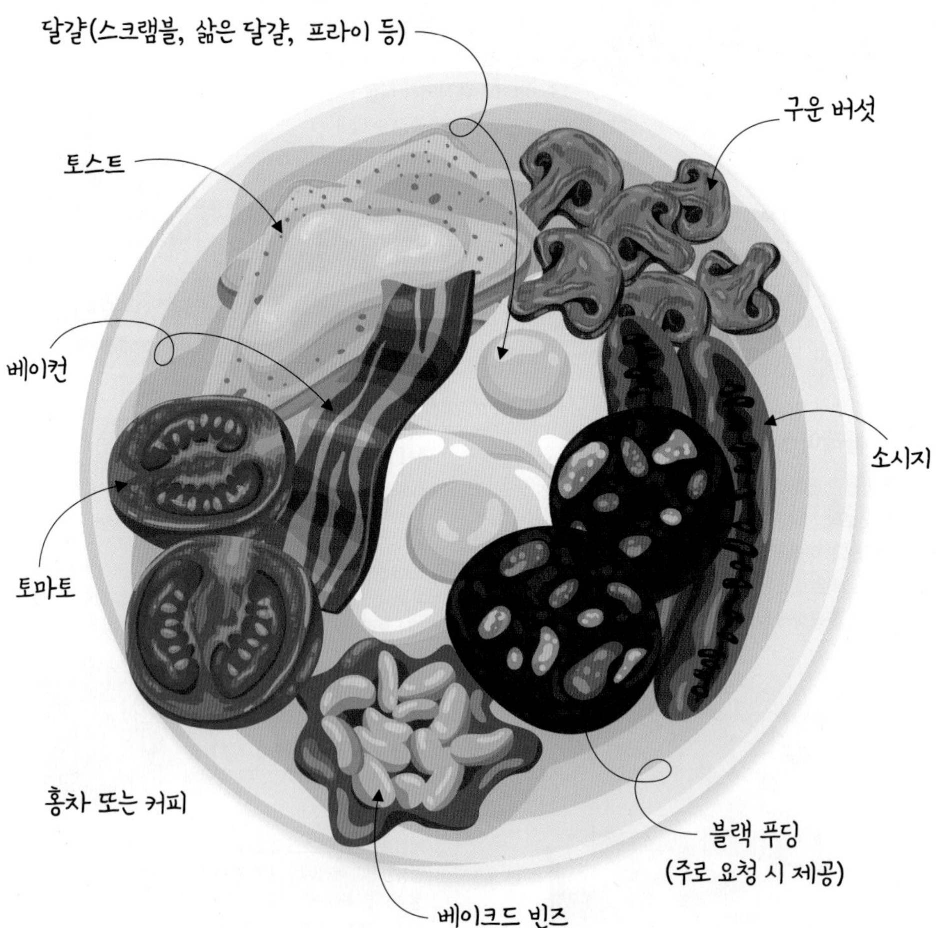

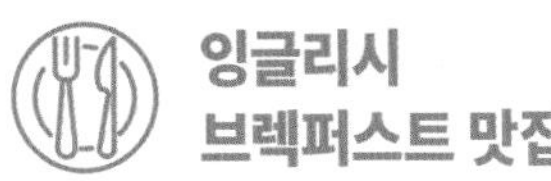

잉글리시 브렉퍼스트 맛집

리젠시 카페 Regency Café P.138

1946년부터 자리를 지켜온 전통 있는 식당으로 잉글리시 브렉퍼스트를 전문으로 하는 곳이다. 레트로 스타일과 푸짐한 식사, 비교적 저렴한 가격 덕분에 영업시간 내내 손님이 많다. 영업시간(07:30~14:00)이 짧은 편이라 시간을 잘 맞춰 방문해야 한다.

하프 컵 Half Cup P.259

킹스크로스역 인근의 브런치 카페. 아늑한 분위기와 세련된 인테리어, 친절한 직원들, 신선한 재료로 만든 푸짐한 식사 등으로 인근에서 가장 인기 있는 곳이다. 프렌치토스트, 팬케이크 등 다양한 브런치 메뉴를 갖추고 있지만, 풀 잉글리시 브렉퍼스트를 꼭 맛볼 것. 재료 하나하나 정성껏 조리해 접시 위의 모든 것이 맛있다.

브렉퍼스트 클럽 소호 Breakfast Club Soho P.163

런던 시내에 여러 지점을 두고 있는 브런치 전문점으로 소호의 매장이 첫 번째 매장이다. 잉글리시 브렉퍼스트를 비롯해 아메리칸 브렉퍼스트, 팬케이크, 에그 베네딕트, 아보카도 토스트 등 다양한 메뉴를 갖추고 있다. 손님이 몰리는 오전 시간에는 길게 줄을 서야 하는 날이 많다.

마이크스 카페 Mike's café P.227

합리적인 가격에 풀 잉글리시 브렉퍼스트를 즐길 수 있는 카페. 꾸밈없이 편안한 공간, 손님과 주인장이 수다를 떠는 친근한 분위기로 여행자보다는 현지인의 비중이 훨씬 높은 곳이다. 겉보기에 세련된 곳은 아니지만, 편안하고 부담 없는 공간에서 아침 식사를 즐길 수 있다.

런던 오후의 티타임

애프터눈 티

영국 상류층에서 시작된 애프터눈 티 문화는 영국을 대표하는 전통 중 하나다.
점심과 저녁 사이, 오후 3~4시경에 모여 따뜻한 홍차와 함께 샌드위치, 케이크, 쿠키, 스콘 등의
달콤한 간식 즐기던 것에서 비롯해 '애프터눈 티'라 불렀다.
근사하게 차려입고, 예쁘게 세팅된 다과를 즐기는 것은 런던 여행 중 즐기는 최고의 호사다.

애프터눈 티 구성

차는 기본적으로 홍차가 제공되며, 영국인들은 우유와 설탕을 섞어 부드럽고 달콤하게 마시는 것을 선호한다. 가격대가 비싼 대신 대부분의 애프터눈 티 카페에서 차와 디저트 등이 무한 리필로 제공된다. 애프터눈 티 살롱은 대부분 예약제로 운영되고, 예약이 금세 끝나버리는 경우가 많으니 서둘러 예약할 것을 권한다.

애프터눈 티 추천 카페

더 리츠 The Ritz P.138

더 리츠 호텔 내의 웅장하고 클래식한 공간 '팜 코트 Palm Court'에서 1906년부터 애프터눈 티 살롱을 운영하며 영국 전통문화를 이어오고 있다. 하프 연주나 피아노 연주가 어우러져 우아한 분위기를 더한다. 샌드위치, 스콘, 디저트 등으로 구성된 클래식한 애프터눈 티 세트를 맛볼 수 있어 연령대가 높은 런더너들도 많이 찾는다. 전통을 중시하는 티 살롱으로 다소 엄격한 드레스 코드가 요구되니 방문 전 확인은 필수다.

스케치: 더 갤러리 Sketch the Gallery P.139

런던에서 가장 독창적이고 예술적인 애프터눈 티 세트를 만날 수 있는 곳. 미슐랭 스타 피에르 가니에르Pierre Gagnaire가 운영하고 있다. 전통적인 애프터눈 티 세트와 더불어 독창적이고 독특한 셰프의 터치가 가미된 음식을 맛볼 수 있어 젊은 여성들 사이에서 특히 인기가 좋다. 차와 디저트는 부족할 시 리필이 가능하다. '더 리츠'에 비해 비교적 가벼운 드레스 코드를 요구하지만, 슬리퍼, 반바지 등의 차림은 입장이 거부될 수 있다.

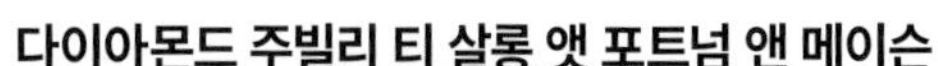

다이아몬드 주빌리 티 살롱 앳 포트넘 앤 메이슨 The Diamond Jubilee Tea Salon at Fortnum & Mason P.135

피커딜리 서커스 근처의 포트넘 앤 메이슨 백화점 4층에 자리한 고급스러운 티 살롱으로 1926년 문을 열었다. 2012년 엘리자베스 2세 여왕의 즉위 60주년을 기념해 '다이아몬드 주빌리'라는 이름을 얻었으며, 찰스 3세와 카밀라 왕비가 오프닝에 참석하기도 했던 역사적인 장소다. 우아하고 클래식한 공간에서 전통적인 구성의 애프터눈 티 세트를 즐길 수 있으며, 포트넘 앤 메이슨의 홍차와 잼 등을 맛볼 수 있다. 슬리퍼, 반바지 등의 차림을 제외한 단정한 옷차림으로 입장이 가능하다.

181 Piccadilly, St. James's, London W1A 1ER

애프터눈 티 문화 바로 알기

애프터눈 티는 19세기 중반, 빅토리아 시대에 시작되었으며 현재 영국을 대표하는 상징적인 문화로 자리 잡았다. 다양한 호텔, 레스토랑, 티 룸 등에서 애프터눈 티를 즐길 수 있는데 가격대가 다소 높은 편이지만, 여행 중 특별한 시간을 위해 하루쯤 투자해 보는 것도 좋겠다. 귀족 문화에서 비롯된 전통이기에 대부분 엄격한 드레스 코드를 요구하고 있으니 방문 전 꼭 확인해야 한다.

이것저것 골라 먹는

푸드 마켓 탐방

시내 곳곳에 자리한 푸드 마켓은 런던 여행에서 놓쳐서는 안 될 즐거움이다. 다양한 음식을 골라 조금씩 맛보는 즐거움은 물론, 마켓마다 각기 다른 특징과 역사를 품고 있어 구경하는 재미도 쏠쏠하다. 1년 내내 활기차고 생동감이 넘쳐 여행 기분을 한껏 누릴 수 있는 것도 장점이다. 동선에 맞는 마켓을 골라 여행 중 꼭 들러 보자.

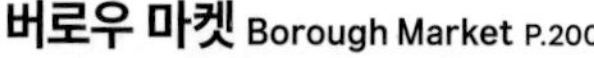

버로우 마켓 Borough Market P.200

1000년 이상의 역사를 가진 마켓으로 농산물과 고기, 생선 등을 거래하는 식료품 시장에서 시작된 곳이다. 치즈, 올리브, 와인 등을 생산하는 상인들과 지역 농부들이 판매하는 고품질의 식료품을 만날 수 있으며, 신선한 식재료와 전통 방식으로 만든 음식을 맛볼 수 있다. 아침부터 저녁까지 손님이 끊이지 않는 활기찬 마켓으로 현지인보다는 여행자의 비중이 더 높다. 빠에야, 초코 딸기, 미트파이 등 유명 맛집에서 파는 간식은 줄 서지 않으면 맛보기 힘들다.

브릭 레인 마켓 Brick Lane Market P.180

쇼디치의 힙한 분위기와 브릭 레인 지역만의 고유한 문화가 얽혀 독특한 분위기를 갖고 있는 마켓이다. 빈티지 의류, 예술품, 골동품 등으로 유명하며, 이곳에서만 맛볼 수 있는 '베이글 베이크Beigel Bake'의 베이글로도 유명한 마켓이다. 방글라데시 이민자들이 런던에 건너와 정착했던 동네로, 방글라데시 음식점과 상점이 많다.

올드 스피탈필즈 마켓
Old Spitalfields Market P.181

과거와 현재가 어우러진 마켓으로 패션, 수공예품 등을 비롯해 세계 각국의 다양한 음식을 파는 푸드 마켓으로 유명한 곳이다. 푸드 마켓 주변에는 커다란 테이블을 여럿 배치해 이용자의 편의를 높였다. 넘쳐흐르도록 푸짐한 재료로 속을 채운 베이글 샌드위치, 트럭 위 화덕에서 구워 내는 화덕 피자, 중국의 덤플링, 튀르키예 케밥 등 다양한 나라의 음식을 경험해 볼 수 있다.

포토벨로 로드 마켓 Portobello Road Market P.215

노팅힐에서 열리는 유명한 마켓으로 주말에 가장 활기를 띤다. 골동품, 빈티지 의류, 패션 잡화 등을 비롯해 과일, 꽃, 빵, 치즈 등의 식료품과 갖가지 거리 음식을 파는 상점들로 골목마다 분주하다. 주말에는 예술가들의 거리 공연이 더해져 흥겹고 신나는 분위기를 만끽할 수 있다. 꼭 먹어야 할 특별한 음식이 있다기보다는, 흥겨운 분위기 속에서 거리 음식을 즐기며 주말의 여유를 느껴 보면 좋겠다.

브로드웨이 마켓
Broadway Market P.191

런던 서쪽 해크니 지역의 마켓으로 여행자보다는 현지인들이 많이 찾는 로컬 마켓이다. 신선한 농산물과 유기농 식재료, 수공예품, 빈티지 의류 등과 함께 다양한 종류의 거리 음식을 맛볼 수 있다. 미트파이, 베이커리, 수제 치즈 등을 파는 상점이 특히 많으며, 젊은 예술가들이 모여들어 창의적이고 힙한 분위기를 느낄 수 있다.

런던에서 만나는

세계 맛집 & 명소

런던은 다양한 이민자들이 모여 사는 다문화 도시다. 수세기 동안 이민자들이 유입되면서 국제적이고 다양성이 풍부한 도시로 성장했다. 덕분에 세계 각국의 다양한 음식을 쉽게 만날 수 있으며, 요르단, 레바논, 모로코 등 우리에게는 낯선 중동의 음식도 어렵지 않게 접할 수 있다. 이민자들이 각자의 조리법과 재료를 사용해 만든 음식을 바탕으로 런던 미식 문화의 폭을 넓혔으며, 전 세계의 음식들이 공존하는 미식 허브가 되었다.

인도

카레가 영국의 대표 음식 중 하나로 자리 잡았을 정도로 인도 요리를 파는 음식점이 많다. 과거 인도가 영국의 식민지였던 것과, 인도와 국경을 맞댄 방글라데시 이민자들이 대거 런던으로 이주했던 것에서 비롯된 것. "가장 맛있는 인도 카레는 런던에 있다"는 우스갯소리가 있을 정도로 인도 요리가 발달했다.

추천 맛집 디슘 P.261

한국

최근 몇 년 사이 런던 시내에 폭발적으로 증가한 것이 한식을 파는 식당이다. 정통 한식을 비롯해 분식, 치킨, 한식 주점, 한국식 BBQ 등 종류도 다양해졌다. K-POP을 필두로 한국 드라마와 영화, OTT 콘텐츠, 한국 화장품 등에 대한 인기가 높아지면서 자연스럽게 한식에 관한 관심이 커진 것. 덕분에 여행 중 한식이 그리울 때 어렵지 않게 한식을 만날 수 있게 되었다.

추천 맛집
아랑 P.164,
오세요 소호 P.161

중국

소호 인근의 차이나타운을 중심으로 수많은 중식당이 성업 중이다. 일반적인 중식당의 경우, 런던의 비싼 물가에 비해 상대적으로 저렴한 편이며, 우리에게는 한식만큼이나 친숙한 음식이 많아 뜨끈한 국물이나 매콤한 음식이 그리울 때 부담 없이 이용하기 좋다. 최근 우리나라에서 인기 있는 마라탕, 훠궈, 버블티 등을 파는 곳도 시내 곳곳에 많다.

추천 맛집 차이나타운 P.157, 바오 P.245, 씽푸탕 P.164

베트남 이민자들이 런던에 자리 잡기 시작한 것은 1970년대 무렵, 베트남 전쟁으로 인한 난민들이 유럽으로 이주하면서부터다. 이민자들이 전파한 베트남의 음식 문화는 런던의 다문화적인 특성과 맞물려 큰 인기를 끌었다. 특히 신선한 해산물과 채소, 진한 고깃국물 등을 바탕으로 달콤하고 짭조름한 소스가 곁들여진 베트남 음식에 런던 사람들이 큰 매력을 느꼈다고 전해진다.

추천 맛집 팻 푹 누들바 P.227, 송 쿠에 카페 P.187

스시, 사시미 등과 같은 일본 음식은 1990년대 '헬스 푸드'라는 이미지로 런던에서 큰 인기를 끌었다. 또한 J-POP과 애니메이션이 세계적인 인기를 끌면서 일본 음식에 대한 관심도 높아져 일본 라멘, 우동, 돈가스, 돈부리 등 대중적인 일본 음식을 파는 곳도 많아졌다.

추천 맛집 코야 P.162, 마치야 P.163, 쇼류 라멘 P.137

여행의 쉼표가 되는

런던 카페 탐방

카페는 여행에서 매우 중요한 요소다. 하루 일정을 시작하기 전 커피 수혈, 일정 중 잠시 쉬는 시간, 식사 후 커피 타임 등 카페는 여행 중 쉼표 같은 존재다. 런던은 커피 소비가 많은 도시 중 하나로 대형 프랜차이즈부터 소규모의 로컬 카페까지 골목 구석구석 카페가 없는 곳이 없다. 도시 곳곳의 아름다운 공원이나 광장, 템스강변 등에서 커피를 즐기며 도시 전체가 나의 카페가 된 것 같은 낭만을 즐겨보는 것도 좋겠다.

버로우 마켓 근처
몬머스 커피
Monmouth Coffee P.207

핸드드립을 기본으로 하는 카페로 공정 무역을 통해 공급받은 세계 각지의 원두를 사용한다. 커피를 마시기 위해 찾는 사람도 많지만, 원두 구입을 목적으로 찾는 사람도 많다. 코벤트 가든, 버로우 마켓, 버몬지 세 곳에 매장이 있으며, 버로우 마켓 앞의 매장이 가장 유명하다.

옥스퍼드 서커스 근처
플랫 화이트
Flat White P.165

'플랫 화이트'라는 이름의 커피를 런던에서 처음으로 선보인 곳. 카페 이름도 '플랫 화이트'로 지었을 만큼 플랫 화이트는 이곳의 정체성이다. 런던에서 가장 맛있는 플랫 화이트를 맛볼 수 있는 곳이라는 명성이 자자하다.

쇼디치
올프레스 에스프레소바
Allpress Espresso Bar P.185

뉴질랜드에서 건너온 커피 브랜드로 전통 방식의 에어로스팅으로 커피를 뽑아낸다. 원두가 가진 맛을 최대한 끌어 올리고 풍미가 살아 있는 커피를 맛볼 수 있어 런더너들이 사랑하는 카페다. 이곳의 원두를 사용해 커피를 내리는 카페도 많다.

노팅힐
커피 플랜트
Coffee Plant P.229

노팅힐 포토벨로 로드에 자리한 카페로 현지인들이 매우 사랑하는 곳이다. 유기농 커피와 공정 무역 커피 위주로 취급하며, 고품질의 커피를 저렴하게 판매하는 것을 영업 철학으로 삼고 있다. 커피뿐 아니라 25가지 이상의 유기농 및 공정 무역 원두를 판매하고 있으니 커피 러버라면 꼭 들러볼 것을 추천.

베이커스트리트 근처
모노클 카페
Monocle Café P.244

영국의 라이프스타일 기업 '모노클'에서 운영하는 카페로 카페의 외관이 커피보다 먼저 유명해져 명소가 된 곳이다. 줄무늬 어닝과 심플한 간판 등이 런던의 풍경과 어우러진 외관은 멋진 사진을 남길 수 있는 곳으로 유명하다. 올프레스 에스프레소의 원두를 사용해 커피를 만든다.

첼시
하겐 에스프레소 바
Hagen Espresso Bar P.229

덴마크의 커피 문화를 런던에 소개하기 위해 덴마크에서 건너온 청년들이 설립한 카페다. 덴마크 전통의 커피 추출 방식과 핸드 브루잉, 지속 가능성, 공정 무역, 군더더기 없는 디자인 등 덴마크 커피 문화의 장점만을 쏙쏙 뽑아 카페에 담았다.

베이커 스트리트 근처
세인트 에스프레소
Saint Espresso P.242

공정 무역으로 들여온 품질 좋은 원두를 직접 로스팅해 판매하는 카페로 캠든, 해크니 등에도 매장이 있다. 단순히 커피를 판매하는 것을 넘어서 지역 경제를 살리고, 주민들과 소통하는 역할도 맡고 있다.

PART 3

진짜 런던을 만나는 시간

런던 공항 한눈에 보기

런던에는 히스로 공항을 비롯해 총 6개의 공항이 있다. 어디에서 출발하는지, 어디를 경유하는지 등에 따라 도착하는 공항이 달라진다. 대부분 런던 시내와 멀리 떨어져 있으며, 히스로 공항과 런던 시티 공항을 제외한 나머지 공항은 사실상 런던 근교 도시에 자리하고 있다. 시내로 이동하는 방법이 모두 다르므로 항공권 구입 시 도착 공항을 꼭 확인해야 한다.

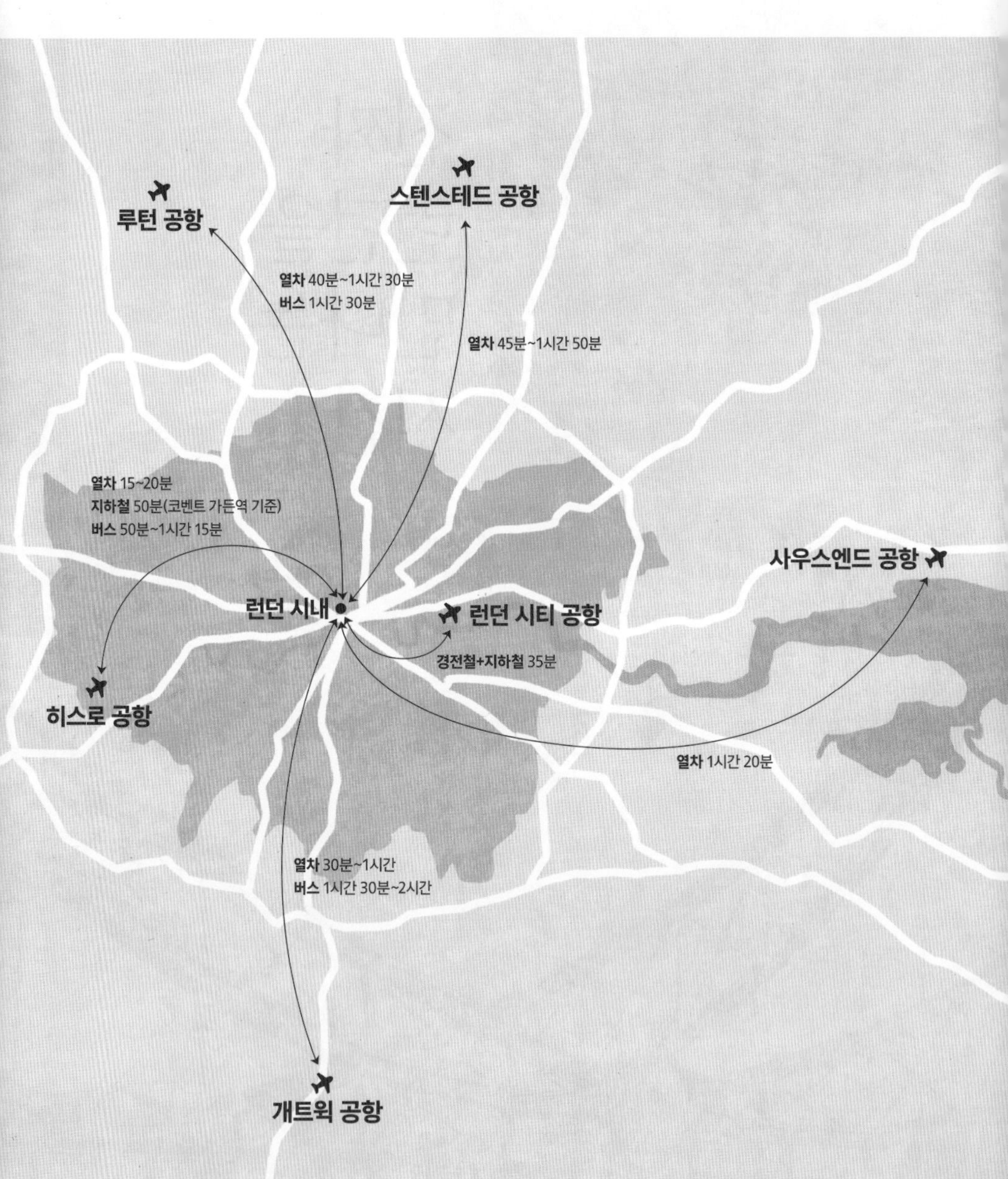

① 히스로 공항 Heathrow Airport, LHR

영국에서 가장 규모가 큰 공항. 세계에서 바쁘기로 손꼽히는 공항 중 하나로 매년 약 8천만 명의 승객이 오간다. 주로 장거리 국제노선이 운항하며, 우리나라에서 출발하는 대부분의 항공기가 이곳에 착륙한다. 총 5개의 터미널로 이루어져 있다. 런던 시내에서 서쪽으로 약 23km 떨어진 하운슬로Hounslow 지역에 위치하며 시내까지 교통수단에 따라 15분~1시간 15분 정도 소요된다.

- **터미널 1** 운영 중단
- **터미널 2** 아시아나항공, 에어차이나, 루프트한자, 터키항공, 타이항공 등
- **터미널 3** 아메리칸항공, 케세이퍼시픽, 핀에어, 에미레이트항공, 중화항공, 일본항공 등
- **터미널 4** 대한항공, 카타르항공, KLM, 에어프랑스, 중국동방항공, 중국남방항공 등
- **터미널 5** 영국항공 등

② 개트윅 공항 Gatwick Airport, LGW

영국에서 두 번째로 바쁜 공항. 유럽과 북미, 아시아 등 다양한 노선을 운항하며 주요 항공사 및 저가 항공사도 많이 운항해 이용객이 많다. 우리나라에서 출발해 다른 나라를 경유해 런던으로 들어가는 경우, 다른 유럽 도시에서 런던으로 이동하는 경우 주로 이용하게 되는 공항이다. 노스North와 사우스South 2개의 터미널로 나뉘어 있어 어느 터미널을 이용하는지 반드시 확인해야 한다. 두 터미널 사이에는 무료로 탑승할 수 있는 모노레일이 24시간 운행한다. 런던 시내까지는 30분~2시간 정도 소요된다.

③ 루턴 공항 Luton Airport, LTN

규모는 그리 크지 않지만, 이지젯, 위즈에어 등과 같은 유럽 내 도시들을 오가는 저가 항공사들이 활발히 운항하는 공항이다. 유럽의 다른 도시를 여행 후 런던으로 이동하거나, 다른 유럽 도시로 이동할 경우 이용하게 된다. 런던 북서쪽으로 약 55km 떨어져 있으며 시내까지는 40분~1시간 30분 정도 소요된다.

④ 스탠스테드 공항 Stansted Airport, STN

런던 북동쪽으로 약 63km 떨어진 곳에 자리한 공항으로 주로 저가 항공사들의 허브로 이용되고 있다. 유럽 내 단거리 노선과 저가 항공사 중심으로 운영되며, 하나의 메인 터미널로 구성되어 있다. 런던 시내까지 50분~1시간 50분 정도 소요된다.

⑤ 런던 시티 공항 London City Airport, LCY

런던 시내에서 불과 10km 떨어져 있는 공항으로 유럽 내 주요 도시와 국내선 위주로 운항한다. 활주로가 짧아 작은 항공기만 운항할 수 있으며, 주로 비즈니스 여행객, 단거리 여행객이 많다. 규모가 작아 보안 검색 및 체크인 등 입출국 절차도 매우 빠르게 진행된다. 런던 시내까지 35분~1시간 정도 소요된다.

⑥ 사우스엔드 공항 Southend Airport, SEN

시내에서 가장 먼 공항으로 런던 동쪽 에식스 지역에 있으며 저가 항공사 및 유럽 단거리 노선 위주로 운항한다. 다른 공항에 비해 규모가 작고 이용객도 적다. 런던 시내까지 1시간 20분 정도 소요된다.

히스로 공항에서 런던 시내로 가기

Heathrow Airport, LHR

히스로 익스프레스

Heathrow Express

공항에서 시내로 이동하는 가장 빠른 방법. 히스로 공항과 패딩턴역을 직행으로 연결하는 열차로 15~20분 정도 소요된다. 열차 내 무료 와이파이가 제공되며, 깨끗하고 쾌적하다. 요금은 좌석 등급, 환불 및 변경 옵션 여부 등에 따라 편도 기준 £25~46이며, 히스로 익스프레스 앱이나 홈페이지에서 사전 예약 시 할인 받을 수 있다(최소 하루 전 예약 시 £20, 45일 이전 예약 시 £10). 4터미널에서는 운행하지 않으므로 무료 셔틀을 타고 2·3 터미널로 이동 후 이용해야 한다.

히스로 익스프레스 히스로 공항 ▷ 패딩턴역(편도)

🕓 05:27~23:57 15분 간격(5터미널에서 매시 12·27·42·57분 출발) £ 싱글 티켓 £25~46

🏠 heathrowexpress.com

지하철

Underground(Tube)

런던 시내로 이동하는 가장 저렴하고 대중적인 방법. 런던 지하철의 공식 명칭은 언더그라운드Underground지만 튜브Tube라는 별칭으로도 많이 불린다. 총 11개 노선이 운행 중이며 여행자가 많이 이용하는 노선은 피커딜리 라인Picadilly Line과 엘리자베스 라인Elizabeth Line이다.

피커딜리 라인 Picadilly Line

피커딜리 서커스, 레스터 스퀘어, 홀본, 코벤트 가든, 킹스크로스 등 시내의 주요 역까지 환승 없이 이동할 수 있어 편리하다. 코벤트 가든역을 기준으로 50분 정도 소요되며, 출퇴근 시간에는 많이 붐빌 수 있으니 소지품에 유의해야 한다.

£ £5~7(시간대에 따라 차등 적용)

엘리자베스 라인 Elizabeth Line

패딩턴, 본드 스트리트, 토트넘 코트 로드, 리버풀 스트리트 등의 역까지 비교적 빠르게 이동할 수 있는 방법. 피커딜리 라인보다 빠르고 요금도 약간 더 비싸다. 가장 최근에 개통한 노선이라 깨끗하고 쾌적하다. 요금이 최소 £12로 비싼 편이므로, 45일 이전에 히스로 익스프레스를 예약한다면 굳이 이용할 필요가 없으니 참고하자.

£ £12~25(시간대에 따라 차등 적용)

버스 Bus

지하철에 비해 시간은 걸리지만 숙소가 버스 정류장에서 가깝다면 내셔널 익스프레스 National Express(NX)에서 운행하는 버스를 타는 것도 좋은 방법이다. 히스로 공항에서 403번, 460번 버스를 타고 빅토리아 코치 스테이션까지 이동할 수 있다. 탑승 터미널 위치와 하차 정류장에 따라 약 50분~1시간 15분 정도 소요된다. 출퇴근 시간에는 시간이 더 소요되므로 여유를 갖고 움직이는 것을 추천한다.

403번/460번 버스 이용 안내

- 2·3 터미널 탑승 시 🕓 01:00~23:59 £ £8.8~11
- 4터미널 탑승 시 🕓 03:27~23:50 £ £10~13.6
- 5터미널 탑승 시 🕓 03:43~00:45 £ £10~10.5

택시 / 우버 Taxi / Uber

이른 새벽이나 늦은 밤에 공항에 도착하거나, 짐이 많아 대중교통을 이용하기 힘들 때는 택시가 최고다. 하지만 그만큼 요금이 비싼 편. 특히 교통체증이 심한 출퇴근 시간에는 평소보다 훨씬 요금이 비싸므로 가급적 대중교통 이용을 권한다. 스마트폰 앱을 통해 우버Uber도 이용할 수 있다.

£ 약 £45~95(코벤트 가든 기준, 요일, 시간, 차량 크기 등에 따라 상이)

개트윅 공항에서 런던 시내로 가기

Gatwick Airport, LGW

열차 Train

목적지에 맞는 노선을 선택해서 이용할 수 있다. 소요 시간 차이가 크지 않으니 여유롭게 출발해 상대적으로 요금이 저렴한 사우던 레일웨이나 템즈링크 노선을 이용하는 방법을 추천한다.

	개트윅 익스프레스 GatwickExpress	사우던 레일웨이 Southern Railway	템스링크 Thameslink
운행 시간	04:35~01:35(15분 간격)	05:10~00:30(30분 간격)	04:30~00:40(20분~1시간 간격)
요금	£23(홈페이지 예약 시 £20.5)	£12.5	£11.9
소요 시간	약 30분	약 30~50분	약 45분~1시간
주요 정차역	런던 빅토리아역 직행	런던 브리지역, 런던 빅토리아역 등	런던 브리지역, 블랙프라이어스역, 세인트 판크라스역 등

버스 Bus

런던 시내 교통 상황에 따라 소요 시간이 길어질 수 있다. 출퇴근 시간이나 주말에는 조금 더 여유를 갖고 움직이는 것이 좋다.

종류	내셔널 익스프레스National Express, 메가버스Mega Bus 등
운행 시간	24시간(30분~1시간 간격)
요금	£10~20(사전 예약 시 할인)
소요 시간	약 1시간 30분~2시간(교통 상황에 따라 상이)
정차역	개트윅 공항 - 빅토리아 코치 스테이션 직행

택시 / 우버 Taxi / Uber

공항에서 런던 시내까지 1시간~1시간 30분 정도 소요되며 요금은 £80~120 정도다. 택시보다는 우버를 이용하는 것이 조금 더 저렴하다.

루턴 공항에서 런던 시내로 가기

Luton Airport, LGW

열차 Train

루턴 공항에는 기차가 서지 않으니 공항에서 셔틀 트레인을 타고 기차역(Luton DART Parkway)으로 이동 후 탑승해야 한다. 10분 정도 소요.

	템스링크 Thameslink	이스트 미들랜드 트레인 East Midlands Railway
운행 시간	24시간(10~20분 간격)	05:30~23:00(15~30분 간격)
요금	£22~30	£9~10
소요 시간	약 40분~1시간	약 1시간 30분
정차역	세인트 판크라스역	빅토리아 코치 스테이션

버스 Bus

교통 상황에 따라 2시간 이상 소요될 수 있으므로 여유 있게 출발할 것을 추천한다.

종류	내셔널 익스프레스National Express, 그린라인Green Line 757번
운행 시간	24시간(20분~1시간 간격)
요금	£9~10
소요 시간	약 1시간 30분
정차역	빅토리아 코치 스테이션

택시 Taxi

공항에서 런던 시내까지 교통 상황에 따라 1시간~1시간 50분 정도 소요되며 요금은 £100~130 정도 예상된다.

스탠스테드 공항에서 런던 시내로 가기
Stansted Airport, STN

스탠스테드 익스프레스
Stansted Express

첫차와 막차 시간은 계절에 따라 유동적이므로 사전에 반드시 확인해야 한다. 택시로 이동할 경우 교통 상황에 따라 1시간~1시간 50분 정도 소요되며 요금은 £100~130 정도다.

운행 시간	05:30~00:30(15~30분 간격)
요금	£20~25
소요 시간	약 45~50분
정차역	리버풀 스트리트역

런던 시티 공항에서 런던 시내로 가기
London City Airport, LCY

도클랜드 경전철
Docklands Light Railway (DLR)

경전철Docklands Light Railway, DLR을 이용해 뱅크역, 스트랫포드역 등으로 이동할 수 있다. 4~10분 간격으로 운행하며 뱅크역까지 15분 정도 소요된다.

🕓 05:30~00:30(4~10분 간격) £ £3~5

사우스엔드 공항에서 런던 시내로 가기
Southend Airport, SEN

열차 Train

그레이트 앵글리아Greater Anglia에서 운행하는 기차를 이용해 리버풀 스트리트역으로 이동할 수 있다. 운행 간격은 주중 기준 20~30분이며 주말 및 야간에는 배차 간격이 좀 더 길다. 리버풀 스트리트역까지는 50분~1시간 20분 정도 소요된다.

🕓 05:30~23:00(주중 기준 20~30분 간격) £ £20~30(사전 예약 시 할인)

런던
대중교통

런던의 대중교통 시스템은 전 세계에서 손꼽히는 규모와 범위를 자랑한다. 지하철, 버스, 경전철, 보트 등 다양한 교통수단으로 복잡한 교통망을 효율적으로 광범위하게 연결하고 있다

지하철 Underground

세계에서 가장 오래된 지하철로 1863년 첫 운행을 시작했다. 첫 노선은 메트로폴리탄 라인으로 패딩턴역과 킹스크로스역을 연결했다. 현재 11개의 노선과 270개 이상의 역이 런던 도심과 외곽을 연결하며, 매일 수백만 명 이상이 이용하는 대표적인 교통수단이다. 공식적으로 '언더그라운드Underground'라는 이름으로 부르지만, 반원형으로 만들어진 지하철 터널 모양에서 비롯해 '튜브Tube'라 부르기도 한다.

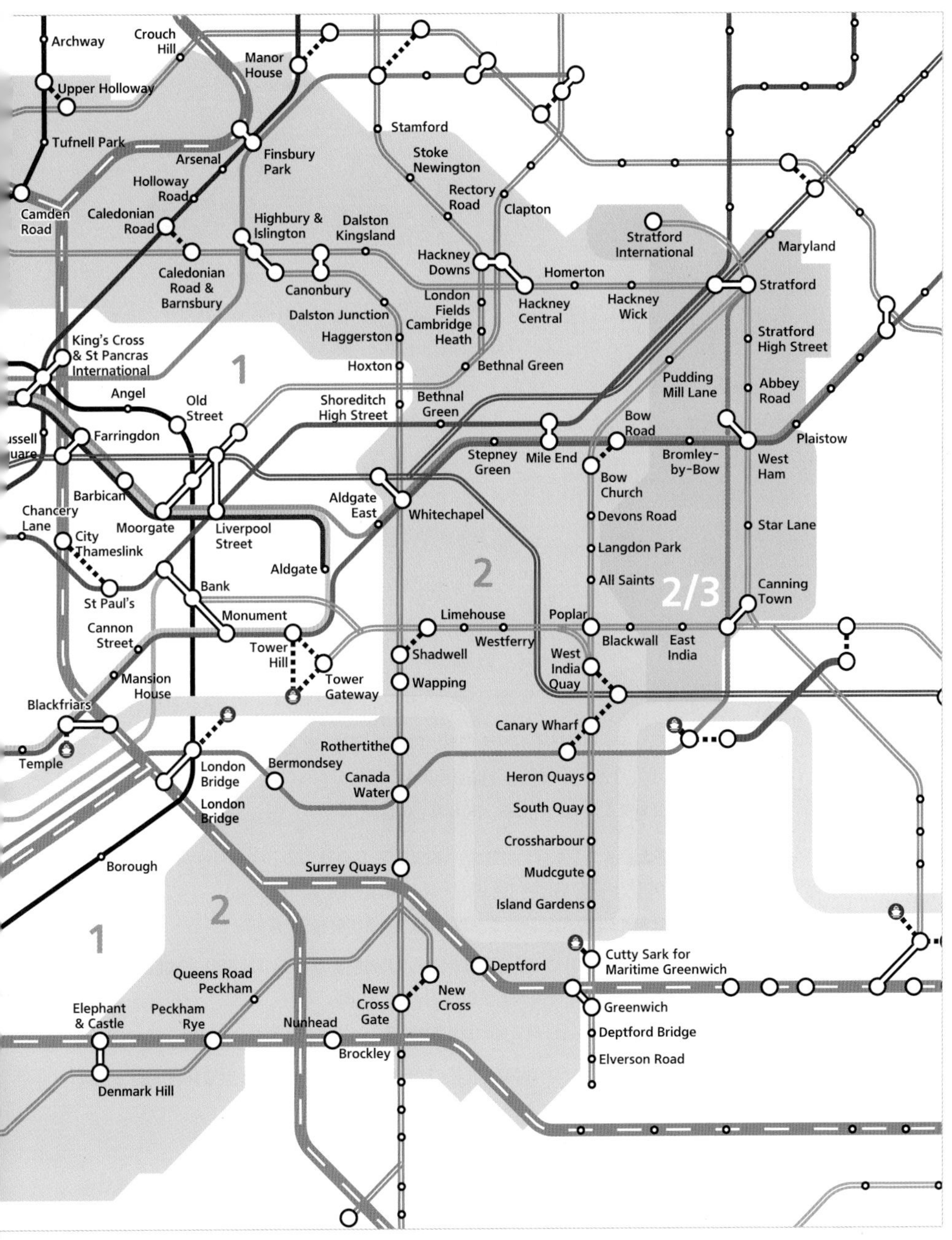

런던 지하철 존 Zone

런던 지하철 시스템에서 가장 중요한 것은 '존Zone'의 개념이다. 도시를 구역으로 나누어 대중교통 요금을 산정하는 데 사용되는 개념으로 1~9존으로 구분되어 있다. 시내 중심부부터 바깥쪽으로 퍼져나가며 지하철을 비롯해 오버그라운드, 기차, 트램, DLR 등에도 적용된다.

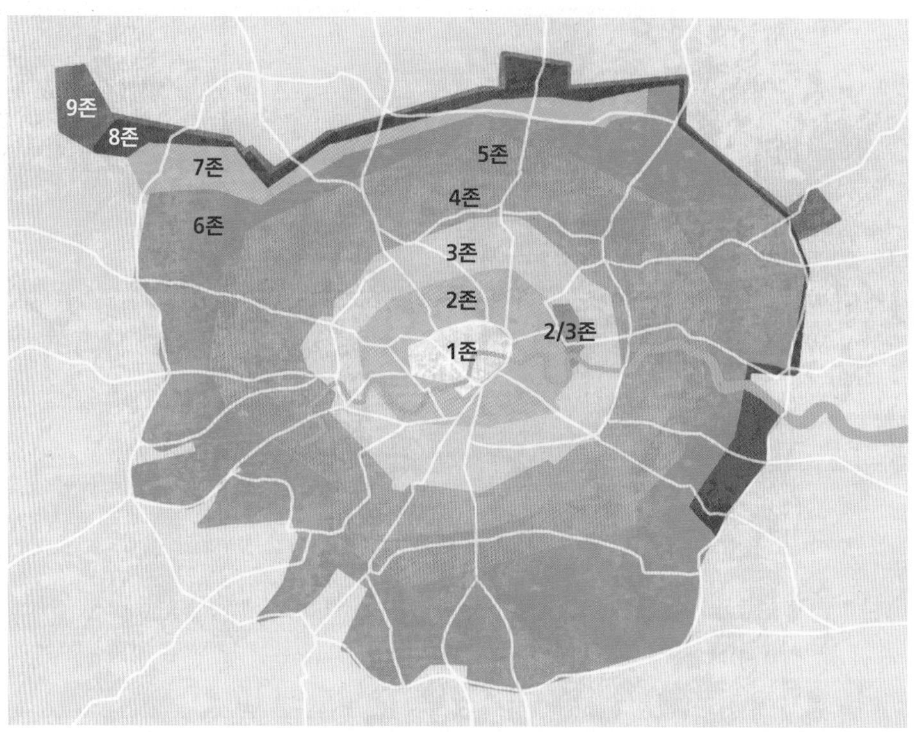

- **1존** Zone 1 런던의 중심부로 대부분의 주요 관광지와 랜드마크가 1존에 속한다. 교통 요금이 가장 비싼 구역이며 많은 지하철 노선이 교차한다.

  주요 지역 소호, 웨스트민스터, 시티 오브 런던 등

- **2존** Zone 2 1존을 둘러싸고 있는 지역으로, 도심과 가깝고 주거지와 상업지구가 혼재되어 있다. 교통 요금은 1존보다는 다소 저렴한 편.

  주요 지역 노팅힐, 캠든 타운, 킹스크로스, 쇼디치 일부 및 해크니 등

- **3존** Zone 3 런던 외곽으로 좀 더 벗어난 지역으로 주거 지역이 상업 시설보다 더 많다. 도심으로 출퇴근하는 사람들이 많이 사는 곳이다.

  주요 지역 윔블던, 햄스테드 히스, 스트랫포드 등

- **4존** Zone 4 주거지 위주로 형성된 지역이 많으며 도심에서 꽤 멀고 이동 시간도 오래 걸린다.

  주요 지역 리치몬드, 윔블던 파크, 우드 그린 등

- **5~9존** Zone 5~9 런던 외곽과 그레이터 런던으로 확대된 지역. 주거지와 산업, 공업 시설 일부가 자리하고 있다. 히스로 공항도 이 지역에 포함된다.

존 Zone 기본 요금

Zone	시간대	오이스터 카드, 컨택트리스 카드	종이 티켓(현장 구매)
1	오프 피크	£2.80	£7.00
	피크 타임	£2.90	
1~2	오프 피크	£2.80	£7.00
	피크 타임	£3.70	
1~3	오프 피크	£3.60	£8.00
	피크 타임	£4.60	
1~4	오프 피크	£3.80	£9.00
	피크 타임	£5.60	
1~5	오프 피크	£4.30	£11.20
	피크 타임	£6.00	
1~6	오프 피크	£4.70	£13.50
	피크 타임	£6.70	
1~7	오프 피크	£5.50	£15.30
	피크 타임	£7.70	

- **오프 피크** 상대적으로 이용자가 적은 시간대를 의미하며 피크 타임보다 요금이 저렴하다.
- **피크 타임** 월~금요일 06:30~09:30, 16:00~19:00(히스로 공항은 24시간 피크 타임 요금 적용)

데일리 캡 Daily Cap과 위클리 캡 Weekly Cap

런던 대중교통 요금 시스템에는 이용 기간(1일/1주일)에 따라 일정 금액 초과 시 추가 요금이 부과되지 않는 상한선 제도가 있다. 하루에 여러 번 대중교통을 이용할 예정이라면 데일리 캡을, 1주일 동안 여러 번 대중교통을 이용할 예정이라면 위클리 캡을 통해 좀 더 경제적으로 대중교통을 이용할 수 있다.

	데일리 캡	위클리 캡
이용 기간	00:00~24:00 사용 기준	월~일요일 사용 기준
결제 수단	오이스터 카드, 컨택트리스 신용 카드 및 체크 카드 (최초 사용 카드로 결제 시 이용 요금 합산)	
적용 대상	지하철, 버스, DLR, 트램, 오버그라운드, 기차(일부 노선만 해당)	

존 Zone 숙박 요금 절약하기

숙박 요금을 절약하고 싶다면, 1·2존 경계에 위치한 숙소를 찾아보자. 지하철역은 1존으로 분류되어 요금이 저렴한 반면, 지역 자체는 2존에 걸쳐 있어 도심의 숙소보다 저렴한 편이다. 노팅힐, 켄싱턴, 킹스크로스, 사우스워크 등 1·2존에 걸쳐 있는 지역들이 이에 해당한다.

존Zone 요금 한도(지하철, DLR, 오버그라운드 기준)

	1~2존	1~3존	1~4존	1~5존	1~6존	1~7존	1~8존	1~9존
데일리 캡(£)	£8.90	£10.50	£12.80	£15.30	£16.30	£18.10	£20.60	£21.70
위클리 캡(£)	£44.00	£51.10	£62.30	£74.40	£79.00	£91.60	£105.00	£111.00

- 버스만 이용 시 데일리 캡 £5.25, 위클리 캡 £24.75
- 버스와 지하철을 번갈아 이용했을 경우, 각각의 교통수단에 대한 요금이 누적되어 데일리 캡이 적용된다.

버스 Bus

런던의 명물 빨간색 이층버스 더블 데커Double decker는 지하철이 닿지 않는 곳까지 런던 전역을 광범위하게 연결한다. 24시간 운행하는 노선도 있어 야간에도 이용이 가능하다. 요금은 고정 요금으로 거리와 상관없이 동일하며, 지하철보다 훨씬 저렴하다. 타야 할 버스가 들어올 때 손을 들어 탑승 의사를 표시해야 버스가 정류장에 정차하며, 내릴 때는 반드시 하차 벨을 눌러야 한다. 같은 이름의 정류장이더라도 알파벳으로 구분해 버스가 정차하므로, 정류장 이름과 이름 뒤에 표시된 알파벳을 꼼꼼히 확인하자. 현금 결제는 불가하며 카드는 승차 시 한 번만 태그하면 된다.

기본 요금	£1.75
교통수단	오이스터 카드, 컨택트리스 카드, 버스 패스(현금 결제 불가)
환승 할인	1시간 이내 환승 시 추가 요금 없음
데일리 캡 한도	£5.25

버스 패스

정해진 기간 동안 버스를 무제한으로 이용할 수 있는 티켓. 오이스터 카드에 충전하거나 TFL(런던 교통국) 홈페이지, 주요 지하철역에서 구입할 수 있다.

£ 일주일 패스 £24.7,
월간 패스 £95~99
(기간 및 연령별로 요금 상이)

오버그라운드 Overground

런던 외곽 지역과 중심부를 연결하는 교통수단으로 언더그라운드와 달리 주로 지상으로 운행한다. 열차와 노선도, 역명 등에 주황색을 사용해 언더그라운드와 쉽게 구분할 수 있다. 쇼디치, 해크니 등의 지역으로 이동할 때 이용하면 좋다. 언더그라운드와 동일한 요금 체계를 따른다.

기본 요금	£2.8~(1존, 오프 피크 기준)
환승 할인	언더그라운드 환승 시 추가 요금 없음
데일리 캡 한도	£8.9(1~2존 기준)

택시 Taxi

귀엽고 동글동글한 런던의 택시는 '블랙캡Black Cap'이라 부른다. 20세기 초에 적용된 택시 디자인이 현재까지 이어지고 있으며, 주로 검은색을 사용한다. 실내 공간은 4인 이상도 편안하게 이용할 수 있을 정도로 넓고 쾌적하다. 기본 요금은 £3.8부터 시작하며, 일반적으로 1마일(약 1.6km) 당 £6~8 정도 부과된다. 피크 타임과 주말, 공휴일 등에는 요금이 더 비싸게 적용되며, 차량 정체나 대기가 발생할 경우 시간 요금이 부과된다.

블랙캡과 우버는 뭐가 다를까?

블랙캡 Black Cap

런던의 택시 블랙캡을 운전하려면 '더 놀리지The Knowledge'라는 엄격하고 까다로운 시험을 통과해야 한다. 런던 중심부 6마일 반경의 40,000여 개의 거리를 모두 암기해야 하며, 각종 명소와 지하철역, 건물, 호텔, 병원 등도 모두 외워야 한다. 시험에서 제시하는 출발지와 목적지까지 최적의 경로를 빠르고 정확하게 설명해야 하는데 시험이 매우 어려운 편이다. 범죄 기록 확인 및 건강 검진은 필수, 면허는 정기적으로 갱신해 드라이버의 도덕성과 건강, 운전 능력 등을 까다롭게 체크한다.

우버 Uber

시험을 보진 않지만 TFL(런던 교통국)로부터 영업 허가를 받은 운전자에게만 우버를 운행할 수 있는 자격이 주어진다. 범죄 기록 확인 및 건강 검진 등 까다로운 검사를 거쳐 면허가 발급되기에 안전하게 이용할 수 있다. 택시와 경쟁 관계에 있어 양측의 서비스 품질이 모두 향상되었다는 긍정적인 평가를 받고 있으며, 전반적으로 택시보다 약간 저렴한 편이다.

공유 자전거 Santander Cycles

'산탄데어 사이클Santander Cycles'라는 시스템을 통해 공유 자전거를 이용할 수 있다. 도시 전역 구석구석에 자전거 대여소가 배치되어 있으며, 저렴한 비용으로 쉽게 이용할 수 있다. 대여소에 설치된 키오스크를 통해 결제하거나, Santander Cycles 또는 Tfl 앱을 통해 대여소 위치를 확인하고 결제할 수 있다.

£ £20~30(사전 예약 시 할인)

우버 보트 Uber Boat

템스강을 따라 운행되는 수상 택시 서비스로 여행자와 현지인 모두에게 인기 있는 교통수단이다. 총 4개의 노선 중 여행자들이 가장 선호하는 노선은 서쪽의 웨스트민스터에서 출발해 빅 벤, 테이트 모던, 런던 타워, 런던 브리지 등을 둘러보고 동쪽의 울리치까지 이어지는 노선. 오이스터 카드나 컨택트리스 카드로 탑승할 수 있지만, 데일리 캡과 위클리 캡 적용은 불가하다.

런던 교통 카드와 패스

오이스터 카드
Oyster Card

충전해서 사용하는 교통 카드. 지하철, 버스, 트램, 오버그라운드 등의 교통수단을 이용할 수 있다. 공항, 지하철역 등에서 구입할 수 있으며 충전은 별도다. £7의 보증금을 내고 카드를 구입한 후 지하철역, TfL 앱, 오이스터 카드 충전소 등에서 충전해서 사용한다. 카드의 잔액은 환불 가능하지만, 보증금은 환불받을 수 없다.

TfL 앱 TfL Oyster and Contactless

소지한 오이스터 카드를 등록하면 신용카드나 전자 결제 등으로 충전할 수 있다. 최근 사용 내역 및 현재 잔액, 데일리 캡 및 위클리 캡 도달 여부 등도 앱 내에서 확인할 수 있다. 단, 영국 내에서 다운로드 가능하다.

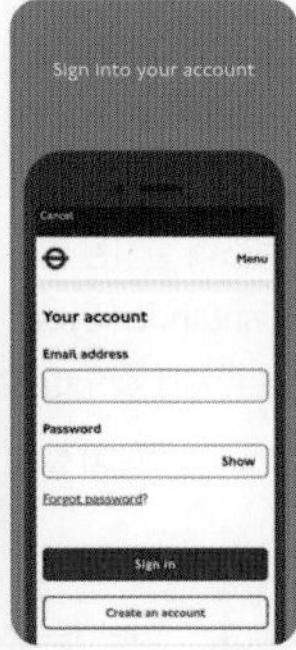

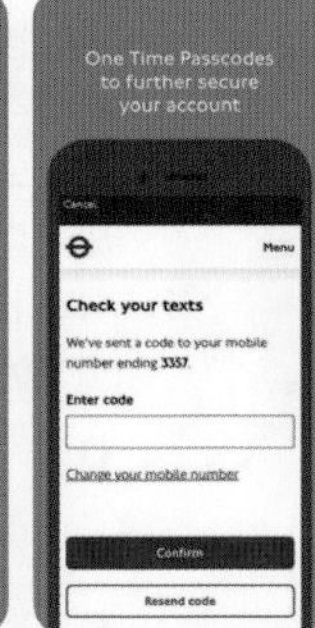

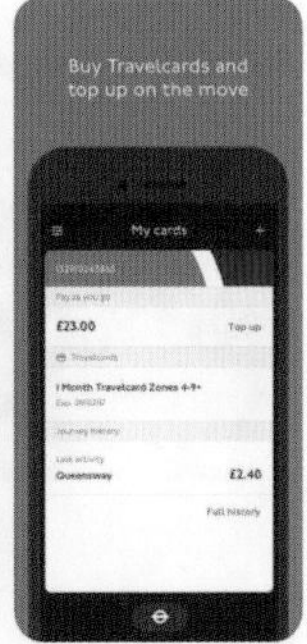

컨택트리스 카드
Contactless Card

한국에서 사용하던 신용카드, 체크카드, 트래블 체크 카드 등을 비롯해 애플 페이, 삼성 페이 등을 그대로 이용할 수 있다. 단, 교통 카드 기능이 있는 카드여야 하며, 해외 결제 가능, 컨택트리스 기능이 있는 카드만 가능하다. 오이스터 카드와 같은 할인이 적용되며, 데일리 캡과 위클리 캡도 동일하게 적용된다. 충전 없이 간편하게 사용할 수 있어 최근에는 대부분의 여행자가 선택하는 방법이다.

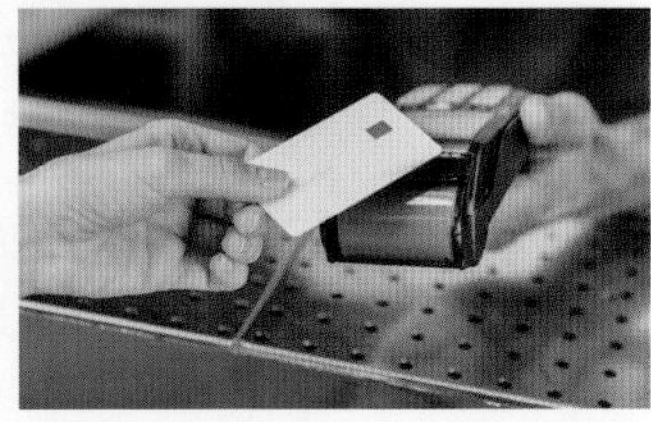

트래블 카드
Travel Card

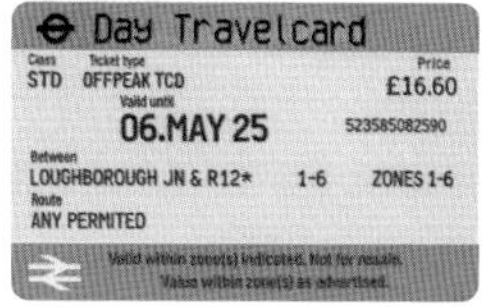

대중교통을 무제한으로 이용할 수 있는 정액제 교통 카드. 버스, 지하철, 오버그라운드, 트램, DLR 등 다양한 교통수단을 편리하게 이용할 수 있다. 1일권, 7일권, 월간, 연간 등으로 구분되며, 이용 지역에 따라 금액이 다르다.

Zone 범위	1일권		7일권 Anytime	월간권 Anytime
	종일권 Anytime	오프 피크 Off-Peak		
1존	£16.60	£16.60	£44.70	£171.70
1~2존	£16.60	£16.60	£44.70	£171.70
1~3존	£16.60	£16.60	£52.50	£201.60
1~4존	£16.60	£16.60	£64.20	£246.60
1~5존	£23.60	£16.60	£76.40	£293.40
1~6존	£23.60	£16.60	£81.60	£313.40

런던 패스 London Pass

런던의 80여 개 관광 명소를 입장할 수 있는 패스. 런던 타워, 런던 아이, 타워 브리지, 웨스트민스터 사원, 세인트 폴 대성당, 런던 동물원, 템스강 크루즈, 더 샤드 전망대, 빅 버스 투어, 프리미어리그 경기장 투어 등이 포함되며 1, 2, 3, 4, 5, 6, 7, 10일권 중 선택할 수 있다. 런던 패스에 포함되는 장소는 매년 조금씩 변경되므로 홈페이지를 통해 확인해야 한다. 홈페이지를 통해 사전 예약하면 10% 할인된 금액이 적용된다.

홈페이지를 통해 구입한 런던 패스는 모바일 앱과 연동해 모바일 패스로 사용할 수 있다. 스마트폰에서 Go City 앱을 다운로드 받은 후, 이메일로 수신된 주문번호를 입력하면 QR 코드가 생성된다. 첫 번째 장소에서 QR 코드를 스캔하면 패스가 개시되며, 첫 개시 시점부터 사용 일수가 계산된다.

🏠 londonpass.com

	성인(만 16세 이상)	아동(만 11~15세)
1일	£89	£44
2일	£114	£59
3일	£144	£69
4일	£154	£79
5일	£164	£89
6일	£174	£94
7일	£189	£99
10일	£214	£114

Go City 앱

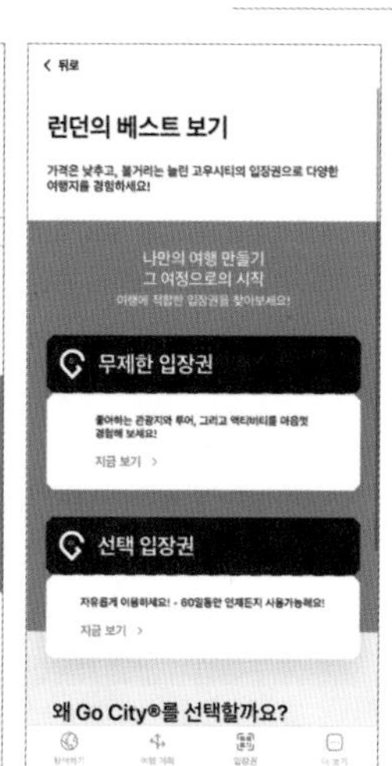

런던 근교 기차 여행

런던 여행의 낭만 중 하나는 근교로 떠나는 기차 여행이다. 기차를 타고 1~2시간 남짓이면 런던과는 다른 매력을 가진 도시를 만날 수 있다. 고풍스러운 분위기와 유서 깊은 이야기, 아름다운 풍경을 간직한 곳으로 또 다른 여행을 떠나보자. 목적지에 따라 출발하는 기차역이 달라지므로 티켓 구입 시 반드시 확인해야 한다.

주요 기차역

- **패딩턴역 Paddington** 런던 서쪽으로 향하는 열차가 주로 운행하는 역. 옥스퍼드, 바스, 브리스톨, 코츠월즈 등으로 여행을 떠날 때 이용한다.
  주요 노선 Great Western Railway(GWR) **예약** gwr.com
- **런던 빅토리아역 Victoria** 남쪽으로 향하는 열차가 주로 운행한다. 브라이튼, 도버 등 남쪽 해안 근처의 도시로 가는 기차를 탈 수 있다.
  주요 노선 Southern Railway **예약** southernrailway.com
- **워털루역 Waterloo** 윈저, 햄튼코트, 포츠머스 등 남서쪽으로 향하는 열차가 운행한다.
  주요 노선 South Western Railway **예약** southwesternrailway.com
- **킹스크로스역 King's Cross** 북쪽과 동쪽으로 가는 기차가 운행한다. 캠브리지, 요크, 에든버러 등의 목적지로 연결된다.
  주요 노선 London North Eastern Railway(LNER) **예약** www.lner.co.uk
- **유스턴역 Euston** 버밍엄, 리버풀, 맨체스터 등으로 향하는 북서쪽 노선이 운행한다.
  주요 노선 Avanti West Coast **예약** avantiwestcoast.co.uk
- **리버풀 스트리트역 Liverpool Street** 동쪽 및 북동쪽으로 연결되는 노선. 캠브리지, 콜체스터, 노리치 등의 지역으로 연결된다.
  주요 노선 Greater Anglia **예약** greateranglia.co.uk

티켓 구입

각 기차역 내 매표소나 티켓 발급기에서 구입하거나 온라인으로 예약한다. 일행이 3명 이상일 경우, 그룹 세이브 제도를 이용하면 전체 요금의 1/3에 해당하는 33%를 할인받을 수 있다. 그룹의 모든 인원이 동일 구간, 동일 시간의 티켓을 구매할 경우에만 해당되며, 왕복으로 구입할 경우 더 많은 할인 혜택을 받을 수 있다. 특정 기간, 특정 노선의 경우 그룹 세이브가 적용되지 않는 경우도 있으니, 홈페이지를 통해 확인해야 한다.

여러 노선 한눈에 보기

더 트레인 라인 홈페이지에서 여러 노선의 운행 일정과 티켓을 비교 검색할 수 있다. 할인 적용, 이벤트 티켓 등은 검색이 되지 않는 경우도 있으므로 각 노선의 홈페이지에서 다시 한번 체크하는 것이 좋다.

thetrainline.com

티켓 종류

- **오프 피크 티켓 Off-Peak** 출퇴근 시간을 제외한 낮 시간대의 티켓을 할인된 가격으로 구매할 수 있다.
- **애니타임 티켓 Anytime** 언제든지 이용할 수 있는 유연한 티켓. 가격은 더 비싸지만, 시간에 구애받지 않고 자유롭게 사용할 수 있다.
- **어드밴스 티켓 Advance** 사전 예약 시 할인 혜택이 제공되는 티켓. 가격이 저렴한 반면, 특정 시간에만 이용할 수 있으며 환불이 불가한 경우도 있다.

런던에서 다른 유럽 도시 가기

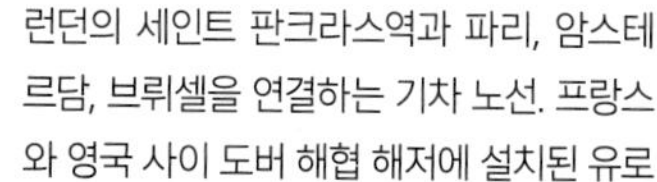

유로스타 Eurostar

런던의 세인트 판크라스역과 파리, 암스테르담, 브뤼셀을 연결하는 기차 노선. 프랑스와 영국 사이 도버 해협 해저에 설치된 유로 터널로 기차가 운행한다. 도심에서 공항까지의 이동 시간, 복잡한 출입국 절차 등을 고려하면 비행기보다 더 빠르고 간편한 방법이지만, 가격이 만만치 않으므로 꼼꼼히 비교해 보는 것이 좋다. 예약 시기, 시간대, 좌석 등급 등에 따라 차이가 있으며, 조기 예약 시 할인 폭이 큰 편이니 여행 일정이 확정되면 최대한 빨리 예약하는 것이 좋다. 예약은 출발 날짜 6개월 전부터 가능하며, 날짜가 가까워질수록 할인 폭이 줄어든다.

🏠 eurostarails.com/ko

출발지	목적지	소요 시간	요금
세인트 판크라스역	파리	약 2시간 20분	£39~150
	브뤼셀	약 2시간 15분	£39~130
	암스테르담	약 4시간	£45~160

버스 Bus

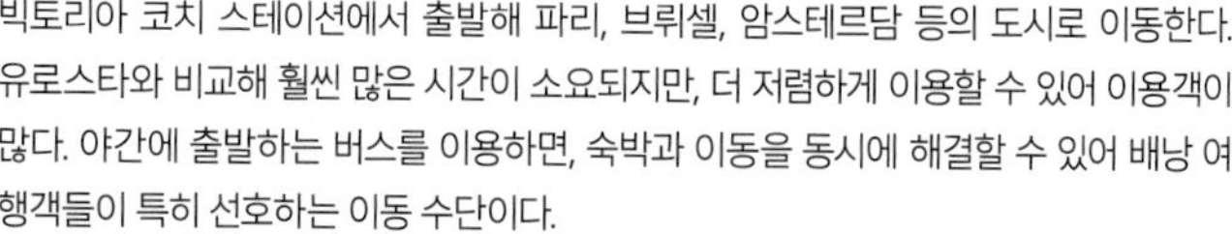

빅토리아 코치 스테이션에서 출발해 파리, 브뤼셀, 암스테르담 등의 도시로 이동한다. 유로스타와 비교해 훨씬 많은 시간이 소요되지만, 더 저렴하게 이용할 수 있어 이용객이 많다. 야간에 출발하는 버스를 이용하면, 숙박과 이동을 동시에 해결할 수 있어 배낭 여행객들이 특히 선호하는 이동 수단이다.

버스를 타고 런던에서 유럽의 다른 도시를 이동할 때는 유로 터널을 이용하거나 페리에 버스를 싣고 도버 해협을 건너는 두 가지 방법이 있다. 유로 터널을 이용하면 승객들은 버스에 탑승한 채로 도버 해협을 건너게 되며, 페리를 이용하면 버스에서 내려 페리의 시설을 이용할 수 있다. 버스 회사가 두 가지 방법 중 여행 스케줄에 맞춰 경로를 선택하게 되며, 승객은 버스 티켓만 예약하면 된다. 유로 터널을 이용하는 방법이 좀 더 빠르다.

🏠 global.flixbus.com

출발지	목적지	소요 시간	요금
빅토리아 코치 스테이션	파리	8~10시간	£25~40
	브뤼셀	9~12시간	
	암스테르담	10~14시간	

* 예약 시기, 버스 회사 등에 따라 요금 상이

비행기 Airplane

유럽의 다른 도시로 이동하는 가장 빠른 방법이다. 히스로 공항을 비롯해 개트윅 공항, 루턴 공항, 스탠스테드 공항, 런던 시티 공항, 사우스엔드 공항 등에서 다양한 노선을 운영한다. 저가 항공은 주로 도심과 멀리 떨어진 공항을 이용해야 하니 참고하자. 라이언 에어, 이지젯, 위즈 에어 등이 런던과 프랑스, 스페인, 독일, 이탈리아, 포르투갈, 벨기에, 아이슬란드 등의 다른 유럽 국가를 활발히 오간다. 저가 항공의 경우, 수하물이 포함되지 않은 항공권도 많으니 예약 시 반드시 체크해야 한다.

AREA ···· ①

웨스트민스터 Westminster 메이페어 Mayfair

웨스트민스터 일대는 영국 왕실의 거주지인 버킹엄 궁전을 비롯해 다우닝 10번가의 총리 관저, 국회의사당 등 영국의 정치적 핵심 장소가 모여 있어 '런던의 심장'으로 불린다. 런던의 랜드마크인 빅 벤이 자리해 런던을 방문하는 여행자라면 꼭 한 번쯤 들르는 곳이다. 오랫동안 왕실과 귀족의 중심지였던 만큼 고풍스럽고 고급스러운 느낌이 가득한 동네로 고급 부티크, 미슐랭 레스토랑, 상류층의 갤러리 등이 밀집돼 있다.

웨스트민스터, 메이페어
추천 코스

런던의 역사와 문화, 쇼핑을 한 번에 즐길 수 있는 지역.
버킹엄 궁전, 웨스트민스터 사원, 빅 벤 등
주요 명소를 둘러보고, 리젠트 스트리트에서
쇼핑을 즐긴다. 더 리츠나 스케치에서 애프터눈 티를
즐기고, 웨스트민스터에서 사진을 찍으며
런던의 클래식한 매력을 만끽한다.
사람이 많은 지역이므로 소매치기를 주의할 것.

예상 소요 시간 약 10~11시간

아침 식사
리젠시 카페
잉글리시 브렉퍼스트 추천

도보 15분

버킹엄 궁전 근위병 교대식
- 최소 10:30까지 도착 추천
- 그린 파크 & 세인트 제임스 파크 산책

도보 10분

점심 식사
메이페어 치피
바삭한 피시 앤 칩스 & 맥주 한잔

도보 15분

리젠트 스트리트 쇼핑
- 햄리스: 7층짜리 장난감 천국
- 바버: 영국 대표 아우터 브랜드
- 리버티 백화점: 고풍스러운 쇼핑 명소
- 포트넘 앤 메이슨: 차와 간식 구매

도보 15분

애프터눈 티 타임
- 더 리츠: 클래식하고 우아한 분위기
- 스케치: 더 갤러리: 핑크 인테리어 & 모던한 감각

버스 or 지하철 15분

웨스트민스터 사원 & 빅 벤 배경으로 사진 찍기
- 웨스트민스터 사원: 영국 왕실의 역사적인 장소
- 빅 벤: 필수 인증샷 스팟

버스 15분

저녁 식사
쇼류 라멘

웨스트민스터, 메이페어 상세 지도

런던 아이
웨스트민스터역
4 빅 벤
5 국회의사당
템스강
3 세인트 제임스 파크
6 웨스트민스터 사원
세인트 제임스 파크역
1 버킹엄 궁전
3 리젠시 카페
테이트 브리튼 7
핌리코역
빅토리아역

왕실의 공식 거주지 ······ ①

버킹엄 궁전

Buckingham Palace

영국 왕실의 공식적인 거주지. 본래 왕실의 소유가 아닌 버킹엄 공작의 소유였으나, 1762년 조지 3세가 사들이면서 왕실의 소유가 되었다. 1837년 빅토리아 여왕부터 현재의 국왕 찰스 3세까지 왕실이 공식적으로 거주하는 궁전으로 사용되고 있다. 궁전에 근무하는 사람은 800여 명, 연간 초대되는 손님은 4만 명에 달한다. 2만m^2의 호수를 포함한 17만 4,000m^2의 정원과 렘브란트, 루벤스 등 거장의 미술품을 소장한 미술관, 도서관 등을 포함하고 있다. 평소에는 일반인들의 출입을 통제하지만, 국왕과 왕실이 휴가를 떠나는 7~9월 하절기에는 일반인에게 한정적으로 공개한다. 스테이트룸과 로열 데이아웃 개방 일정 및 요금은 매년 달라지므로, 홈페이지를 통해 꼭 확인해야 한다. 겨울과 봄에는 특정 날짜에 소규모 가이드 투어도 진행하고 있다. 오전 11시, 궁전 앞에서 열리는 근위병 교대식은 런던을 찾는 여행자에게 가장 인기 있는 볼거리 중 하나이니 놓치지 말 것.

근위병 교대식 보기

근위병 교대식은 무료로 관람할 수 있으며 월, 수, 금, 일요일 오전 11시에 진행된다. 특별 행사나 날씨에 따라 변동될 수 있으며, 좋은 자리를 확보하려면 1시간 전에 미리 도착할 것을 추천한다.

Victoria Circle District 빅토리아역에서 도보 10분, Picadilly 그린 파크 역에서 도보 9분, Circle District 세인트 제임스 파크역에서 도보 9분 Buckingham palace, London, SW1A 1AA 7월 말~9월 말 09:30~19:30 **스테이트 룸** 성인 £32, 청소년 £20.5, 어린이 £16, 5세 이하 무료, **로열 데이아웃** 성인 £61.2, 청소년 £39.1 어린이 £30.6, 5세 이하 무료
+44-303-123-73000 www.rct.uk

런더너들이 사랑하는 초록의 쉼터 ······ ②

그린 파크 The Green Park

런던의 중심부에 있는 가장 큰 공원인 하이드 파크와 런던에서 가장 오래된 공원인 세인트 제임스 파크 사이에 위치한 왕립 공원이다. 버킹엄 궁전과 세인트 제임스 궁전, 켄싱턴과 노팅힐에 이르는 넓은 땅을 아우른다. 다른 공원들과 달리 부지 내 호수, 건물, 놀이터 등이 없고 온통 푸릇푸릇한 잔디밭으로 가득해 그린 파크라는 이름이 붙었다. 꽃도 거의 피지 않는데 공원 내에서 볼 수 있는 꽃은 수선화가 유일하다. 하이드 파크나 세인트 제임스 파크에 비해 여행자에게 덜 알려진 곳이라 그냥 지나치기 쉽지만, 런더너들의 사랑을 듬뿍 받는 싱그럽고 탁 트인 공원이다. 햇볕이 좋은 날, 그린 파크의 잔디에 누워 도심의 망중한을 즐겨보는 것은 어떨까.

Victoria Picadilly Jubilee 빅토리아역에서 도보 10분
Green Park, London SW1A 1AA 05:00~24:00
무료 royalparks.org.uk

런던에서 가장 오래된 공원 ······ ③

세인트 제임스 파크 St. James's Park

런던에서 가장 오랜 역사를 지닌 왕립 공원으로 처음에는 왕실 전용 정원이었으나, 17세기 일반인에게도 개방되면서 공원이 되었다. 1664년 러시아 대사가 펠리컨을 선물하면서 공원 내 호수 근처에 덕 아일랜드Duck Island라는 작은 섬이 만들어졌고, 현재는 펠리컨을 비롯해 백조, 오리 등 40여 종의 조류가 서식하고 있는 야생 조류 보호구역이 되었다. 호수를 따라 걷기 좋은 산책로가 조성되어 있으며, 호수를 지나는 다리 위에서 멀리 보이는 런던 아이와 함께 사진을 찍기에도 좋다.

Circle District 세인트 제임스 파크역에서 도보 2분
St. James's Park, London SW1A 2BJ
05:00~24:00 무료
royalparks.org.uk

런던의 상징 ······ ④

빅 벤 Big Ben

명실상부 런던의 대표적인 랜드마크이자 세계에서 가장 유명한 시계탑이다. 1859년 국회의사당 내부에 완공되었으며 이후 수많은 작품에서 런던을 상징하는 장소로 등장했다. 지름 7m, 무게 약 100kg에 달하는 거대한 시계에서 15분에 한 번씩 종이 울린다. '빅 벤'이라는 이름으로 불리고 있지만 2012년 엘리자베스 2세 여왕의 즉위 60주년을 맞아 엘리자베스 타워Elizabeth Tower로 정식 명칭이 바뀌었다. 2017년부터 2021년까지 약 4년에 걸친 대대적인 보수 공사를 통해 내외부를 재단장했다. 매월 둘째 주 수요일 오전 10시 홈페이지를 통해 빅 벤 내부를 탐방할 수 있는 입장권 예약을 할 수 있는데 경쟁이 매우 치열한 편이다. 시계탑 꼭대기까지 334개의 나선형 계단을 약 90분간 올라가야 하기에 11세 미만의 어린이는 입장할 수 없다.

Circle District Jubilee 웨스트민스터역에서 도보 2분
Westminster, London SW1A 0AA 08:00~20:00
성인 £35, 11~17세 £20, 11세 이하 입장 불가
+44-20-7219-4272 parliament.uk/bigben

런던 의회의 중심 ······ ⑤

국회의사당
Palace of Westminster

빅 벤과 함께 런던의 상징적인 건물 중 하나인 국회의사당은 본래 중세 후반부터 국왕이 거주 공간으로 사용되던 웨스트민스터 궁전이다. 1834년 화재로 인해 빅 벤(엘리자베스 타워), 웨스트민스터 홀, 노먼 홀 등을 제외한 건물의 대부분이 전소되었고, 이후 대대적인 공사와 보수를 거쳐 현재의 국회의사당이 만들어졌다. 영국 거주자에 한해 무료 내부 투어를 진행하고 있으며 국회의 회기 기간이 아닌 8~10월 사이에 평일에 한해 비정기적으로 내부의 홀, 정원 등을 개방하기도 한다. 내부 관람 가능 여부는 홈페이지를 통해 확인할 수 있다.

Circle District Jubilee 웨스트민스터역에서 도보 3분
Bridge St, Westminster, London SW1A 2PW parliament.uk

영국 최고의 고딕 양식 건축물 ······ ⑥

웨스트민스터 사원 Westminster Abbey

윌리엄 왕자와 캐서린 왕세손비의 결혼식, 고 다이애나 왕세자비와 엘리자베스 2세 여왕의 장례식, 찰스 3세 국왕과 카밀라 왕비의 대관식 등 국가의 중요한 행사가 열리는 역사적인 사원이다. 역대 영국 국왕을 비롯해 윈스턴 처칠Winston Churchill, 아이작 뉴턴Isaac Newton, 찰스 디킨스Charles Dickens, 찰스 다윈Charles Darwin, 게오르크 프리드리히 헨델Georg Fridrich Handel 등 영국의 역사와 문학에 한 획을 그은 위인들의 묘비와 기념비가 안치되어 있는 것으로도 유명하다. 한국어 오디오 가이드를 무료로 대여할 수 있으며, 모바일 앱(Westminster Abbey Tour)을 다운받아 이용할 수도 있다. 사원 내에서는 사진 촬영이 금지되어 있으니 주의해야 한다.

Circle District Jubilee 웨스트민스터역에서 도보 4분
20 Deans Yd, Westminster, London SW1P 3PA 월~금요일 09:30~15:30, 토요일 09:00~15:00(운영 시간이 변경될 수 있으며 홈페이지 확인 필수) 일요일 성인 £29, 학생 및 65세 이상 £26, 6~17세 £13, 5세 이하 무료 / 가족 티켓(성인 2명+아동 1~3명) £58
+44-20-7222-5152 westminster-abbey.org

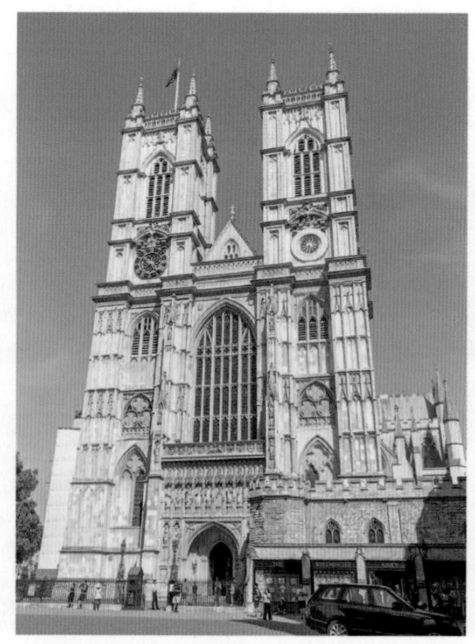

테이트 브리튼 Tate Britain

1897년에 설립된 미술관으로 영국 대표 예술가들의 작품을 소장 및 전시한다. 특히 16세기부터 현대에 이르는 영국 미술의 발자취를 체계적으로 전시하는 것으로 유명하다. 빛과 색채의 예술가라 불리는 윌리엄 터너William Turner의 방대한 컬렉션을 만날 수 있으며 데이비드 호크니David Hockney, 존 에버렛 밀레이John Everett Millais, 프랜시스 베이컨Francis Bacon 등 많은 작가들의 다양한 작품을 만나볼 수 있다. 상시 전시는 무료로 관람 가능하며 특별 전시는 따로 입장료를 내야 한다. 템스강변에 자리하고 있어 고풍스러운 건물과 주변 경관의 조화가 아름답다.

Victoria 핌리코역에서 도보 7분 Millbank, London SW1P 4RG
10:00~18:00 상시 전시 무료, 특별 전시 입장료 별도
+44-20-7887-8888 tate.org.uk/visit/tate-britain

테이트 브리튼에서 꼭 봐야 할 작품

테이트 브리튼은 규모는 크지 않지만, 작은 전시실이 많아 구조가 복잡한 편이다. 방문 전 홈페이지를 통해 지도를 다운로드 받거나 안내 데스크에서 지도를 구입해(£1) 보면서 이동하는 것을 추천한다. 꼭 봐야 할 작품이 있는 전시실을 미리 확인하고 동선을 짜두는 것이 좋다.

Room 31~39

윌리엄 터너 컬렉션 J.M.W. Turner

영국을 대표하는 화가 윌리엄 터너J.M.W. Turner는 독특한 붓놀림과 몽환적인 분위기, 영국의 시대상과 정체성을 담은 작품으로 '영국인이 가장 사랑한 화가'로 꼽힌다. 테이트 브리튼은 영국에서 윌리엄 터너의 작품을 가장 많이 소장하고 있는 미술관이며, 대표작을 모아둔 전시실이 따로 마련되어 있다.

Room 8

존 윌리엄 워터하우스

샬롯의 여인 The Lady of Shalott

알프레드 로드 테니슨Alfred Lord Tennyson의 시 〈샬롯의 여인〉에서 영감을 받아 시 속의 여인을 묘사한 작품이다. 마법에 걸려 거울에 비친 세상 외에는 밖을 볼 수 없는 여인이 기사 랜슬롯과 사랑에 빠져 죽음을 무릅쓰고 배에 몸을 실어 세상 밖으로 나간다는 스토리를 담고 있다.

Room 10

존 에버렛 밀레이

오필리아 Ophelia

윌리엄 셰익스피어William Shakespeare의 희곡 〈햄릿〉에 등장하는 오필리아의 비극적인 죽음을 묘사한 작품이다. 죽음을 눈앞에 둔 여인을 지나치게 세밀하게 표현해 일부 비평가들에게 비난 받았지만, 빅토리아 시대 예술의 정수를 보여주는 작품이라 평가받는다.

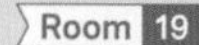

Room 8

존 싱어 사전트

카네이션, 백합, 백합, 장미 Carnation, Lily, Lily, Rose

존 싱어 사전트John Singer Sargent의 독창적인 감각과 인상주의 스타일을 보여주는 작품으로, 이 작품을 통해 세계적인 명성을 얻었다. 작품에서 꽃 향기가 나는 것처럼 신비롭고 몽환적인 작품이라 평가받는다.

Room 19

데이비드 호크니

더 큰 첨벙 A Bigger Splash

데이비드 호크니David Hockney가 구사하는 대담하고 맑은 색채의 아름다움을 잘 느낄 수 있는 작품으로 로스앤젤레스의 화창한 풍경을 배경으로 한 수영장과 그 주변을 생생하게 담았다.

유럽 최초의 쇼핑 거리 ······ ①

리젠트 스트리트 Regent Street

1825년 만들어진 유럽 최초의 쇼핑 거리로 리젠트 왕의 이름을 따서 리젠트 스트리트라 이름을 붙였다. 옥스퍼드 서커스역에서 피커딜리 서커스역까지 약 1km남짓한 길 위에 수많은 상점이 빼곡하다. 자라ZARA, 에이치앤엠H&M, 코스COS, 나이키Nike, 아디다스Adidas 등 세계적인 브랜드의 대형 매장을 비롯해 조말론Jo Malone, 펜할리곤스Penhaligon's, 버버리Burberry, 헌터Hunter 등 영국을 대표하는 브랜드의 직영점도 밀집되어 있다. 옥스퍼드 스트리트, 본드 스트리트, 카나비 스트리트와 더불어 런던의 4대 쇼핑거리로 불리며 1년 내내 전 세계 여행자와 런던 시민의 발길이 끊이지 않아 언제 가더라도 늘 활기차다.

Bakerloo Central Circle 빅토리아역에서 도보 10분
Bakerloo Picadilly 피커딜리 서커스역에서 도보 1분
regentstreetonline.com

런던에서 가장 오래된 백화점 ……②

리버티 백화점 Liberty London

런던에서 가장 오래된 백화점으로, 1875년 직물 상인이었던 아서 리버티Arthur Liberty가 동양의 실크와 장신구 등을 판매하는 작은 패브릭 숍을 오픈한 것이 그 시작이다. 점점 규모를 확대하여 현재의 모습이 되었다. 클래식한 분위기의 건물은 오래된 전함에 쓰였던 목재와 창문을 그대로 가져와 지었다. 높은 품질로 유명한 의류, 화장품, 그릇, 액세서리 브랜드가 입점해 있다. 섬세하고 부드러운 터치감과 아름다운 패턴으로 유명한 '리버티 원단'은 패션이나 인테리어에 관심이 많은 사람이 이곳을 찾는 또 다른 이유다. 리버티 원단으로 만든 의류와 소품, 봉제 인형, 스카프 등도 살 수 있다.

Bakerloo Central Victoria 옥스퍼드 서커스역에서 도보 2분 Regent St., Carnaby, London W1B 5AH 월~토요일 10:00~20:00, 일요일 11:30~18:00 +44-20-3893-3062 libertylondon.com

서점 그 이상의 서점 ······③

해쳐드 Hatchards

영국에서 가장 오래된 서점으로 1797년 존 해쳐드 경John Hatchard에 의해 설립되었다. 책을 통해 그 당시 왕족과 귀족, 문학가, 정치가, 예술가를 연결하는 연결고리가 되었고, 그로 인해 왕실로부터 총 3번의 로열 워런트royal warrant(왕실 납품 허가증)를 받았다. 마가릿 애트우드Margaret Atwood, 사무엘 베케트Samuel Beckett, 데이비드 허버트 로런스David Herbert Lawrence 등 세계적인 시인과 작가들의 초판을 보유하고 있어 멀리서 찾아오는 사람도 많다. 곳곳에서 역사와 전통을 느낄 수 있는 곳으로 서점 그 이상의 가치와 의미를 지닌 곳이라 할 수 있다.

Victoria Picadilly Jubilee 그린 파크역에서 도보 6분 187 Piccadilly, St. James's, London W1J 9LE 월~토요일 09:30~20:00, 일요일 11:30~18:00 +44-20-7439-9921 hatchards.co.uk

상류층의 사교 장소 ······ ④

본드 스트리트 Bond Street

1720년대에 처음 조성되어 런던의 상류층 주민들의 사교 장소로 유명세를 탄 쇼핑 거리. 시간이 흐르면서 호화롭고 비싼 명품 브랜드 매장들이 하나둘씩 들어서 현재에 이른다. 루이비통, 샤넬, 에르메스, 구찌 등 세계적인 명품 브랜드 매장이 모여 있어 쇼핑을 즐기는 사람들로 늘 붐빈다. 세계적인 경매소 소더비sotheby의 사무실이 있는 곳으로도 유명하다. 영국 왕립미술원을 기준으로 북쪽은 뉴 본드 스트리트, 남쪽은 올드 본드 스트리트로 구분해 부른다.

Central Jubilee Elizabeth 본드 스트리트역에서 도보 2분
bondstreet.co.uk

유럽 최대의 서점 ······ ⑤

워터스톤즈 Waterstones

20만 권 이상의 서적을 보유한 유럽 최대 서점으로 책장 길이를 다 합치면 13km에 달한다. 소설, 여행, 역사, 예술 등 다양한 분야의 책을 보기 좋게 분류해 놓았다. 특히 어린이를 위한 그림책과 영어 교재, 문구류 등으로 꾸며진 어린이 코너가 자랑거리다. 한국에서 비싸게 판매되는 디자인 서적, 사진집 등을 비교적 저렴하게 구입할 수 있다. 5층 카페에서 잠시 쉬어가기 좋다.

Bakerloo Picadilly 피커딜리 서커스역에서 도보 1분
203-206 Piccadilly, St. James's, London W1J 9HD
월~토요일 09:00~21:00, 일요일 12:00~18:00
+44-20-7851-2400 waterstones.com

왕실에서 인정한 재킷 ······ ⑥

바버 Barbour

왁스 코팅한 방수 재킷으로 유명한 아웃도어&라이프 스타일 브랜드. 영국 왕실로부터 로열 워런트(왕실 납품 허가증)를 받은 좋은 품질과 클래식한 디자인으로 국내에서도 인기다. 취급하는 상품에 따라 인터내셔널, 라이프스타일, 헤리티지, 스포팅 매장으로 구분되는데, 가장 인기 있는 방수 재킷 비데일Bedale과 뷰포트Beaufort를 구입하려면 라이프스타일 매장으로 가야 한다.

Bakerloo Picadilly 피커딜리 서커스역에서 도보 1분
73-77 Regent St, Mayfair, London W1B 4EF 월~토요일 10:00~20:00, 일요일 12:00~18:00 +44-20-7434-0880
barbour.com

300년 전통의 식품 백화점 ······ ⑦

포트넘 앤 메이슨 Fortnum & Mason

우리나라에서는 홍차 브랜드로 유명하지만, 그 실체는 300년 넘는 전통을 자랑하는 영국 대표 식품 백화점이다. 품질 좋은 홍차와 커피, 잼, 과자, 초콜릿, 주방용품, 커피잔, 티포트 세트 등을 판매하며, 4층에 자리한 다이아몬드 주빌리 티 살롱Diamond Jubilee Tea Salon에서 애프터눈 티를 즐길 수 있다. 영국 홍차를 비롯해 전 세계 홍차를 시음해 볼 수 있어 티 애호가에게 인기가 높다. 포트넘 앤 메이슨 제품들은 풍부한 향과 맛뿐만 아니라 화려하고 고급스러운 틴 케이스가 특징으로 기념품이나 선물용으로 인기가 높아 쇼핑객들로 늘 북적인다.

Bakerloo Picadilly 피커딜리 서커스 역에서 도보 4분,
Victoria Picadilly Jubilee 그린 파크역에서 도보 6분
181 Piccadilly, St. James's, London W1A 1ER 월~토요일 10:00~20:00, 일요일 11:30~18:00 +44-20-7734-8040 fortnumandmason.com

어른과 아이 모두의 천국 ⑧

햄리스 Hamleys

런던에서 가장 큰 장난감 가게로 나이를 불문하고 많은 사람의 발길이 이어지는 사랑스러운 명소다. 다양한 연령대를 아우르는 엄청난 종류의 장난감이 진열되어 있고, 유쾌하고 친절한 직원들이 쉬지 않고 시연을 해줘, 시간 가는 줄 모르고 구경하게 된다. 〈해리 포터〉, 〈스타워즈〉, 〈토이 스토리〉, 〈어벤져스〉 등 영화와 관련된 굿즈와 피규어도 많고, 꼬마 기관차 토마스, 패딩턴 베어, 바비 인형, 테디 베어 등 귀여운 캐릭터 상품이 자꾸만 발길을 붙잡는다. 매장 오픈 시간에 맞춰 가면 오픈을 기다리는 사람들과 함께 카운트 다운을 하는 즐거운 경험을 할 수도 있다.

Bakerloo Central Victoria 옥스퍼드 서커스역에서 도보 4분 188-196, Regent St, Soho, London W1B 5BT
월~토요일 10:00~21:00, 일요일 12:00~18:00
+44-371-704-1977 hamleys.com

인기 셰프의 레스토랑 ······ ①

카페 무라노 Cafe Murano 예약 필수

고든 램지에게 훈련받은 영국의 유명 셰프 안젤라 하트넷이 운영하는 이탈리안 레스토랑. 2009년 미슐랭 1스타로 선정된 것에 이어 2014년 다시 한번 미슐랭 1스타로 선정되었다. 다른 미슐랭 레스토랑에 비해 합리적인 가격에 수준 높은 이탈리안 요리를 즐길 수 있어 런더너들에게도 인기가 높은 편. 세인트 제임스 외에도 코벤트 가든, 버몬지에 지점이 있으며 방문 전 예약은 필수다.

Victoria Picadilly Jubilee 그린 파크역에서 도보 4분
33 St James's St, St. James's, London SW1A 1HD 월~토요일 12:00~22:30(15:00~17:00 브레이크 타임), 일요일 12:00~16:00
2코스 £25, 3코스 £30, 라구소스 리가토니 £17, 시푸드 리소토 £20 (서비스 차지 별도) +44-20-3371-5559 cafemurano.co.uk

런더너들이 선택한 라멘집 ······ ②

쇼류 라멘 Shoryu Ramen

뜨끈한 국물이 생각날 때 들르면 좋은 일본식 라멘집. 시그니처 메뉴인 돈코츠 라멘 한 그릇 가격이 £14.9 정도로 비싼 편이지만, 오랜 시간 푹 우려낸 진한 육수를 맛볼 수 있어 여행자들은 물론 런더너들 사이에서도 인기가 높다. 리젠트 스트리트 외에도 코벤트 가든, 소호, 쇼디치 등 런던 시내에 6개의 지점이 있다.

Bakerloo Picadilly 피커딜리 서커스역에서 도보 2분
9 Regent St, St. James's, London SW1Y 4LR 월~목요일 11:30~22:30, 금·토요일 11:30~23:00, 일요일 11:30~22:00
돈코츠 라멘 £14.9, 미소 돈코츠 라멘 £15.95 shoryuramen.com

런던 최고의 아침 식사 ······ ③

리젠시 카페 Regency Cafe

1946년부터 영업을 시작한 잉글리시 브랙퍼스트 카페. 친절하고 정겨운 부부가 운영하는 곳으로, £8.95에 푸짐하고 배부른 아침 식사를 즐길 수 있어 현지인도 많이 찾는다. 구운 토마토나 베이크드 빈즈, 달걀프라이, 소시지, 베이컨, 토스트, 커피 등으로 구성된 하프 잉글리시 브랙퍼스트에 해시브라운, 블랙푸딩 등을 추가할 수 있다. 저렴한 가격에 음식 맛도 뛰어나 오래된 단골이 많은 진짜 로컬 맛집이다. 영업시간이 짧으니 되도록 일찍 방문할 것을 추천한다.

Victoria 핌리코역에서 도보 8분 17-19 Regency St, Westminster, London SW1P 4BY 화~금요일 7:00~14:30, 토요일 7:00~12:00 일·월요일
잉글리시 브랙퍼스트 £8.95 +44-20-7821-6596

하루쯤 누리는 호사 ······ ④

더 리츠 The Ritz 예약 필수

런던을 상징하는 리츠호텔 레스토랑. 미슐랭 스타를 받은 곳 중 하나지만 식사보다 애프터눈 티 세트를 맛보기 위해 찾아오는 사람이 더 많다. 공인된 티 소믈리에가 전 세계에서 최고 품질의 티를 선별해 제공한다. 애프터눈 티 세트 가격은 1인당 £81로 꽤 비싼 편이지만 여행 중 한 번쯤은 잘 차려입고 근사한 티타임을 즐겨 보는 것도 좋겠다. 화려한 티룸에 앉아 최고의 서비스를 받으며 즐기는 티타임은 여행이 끝난 뒤에도 오랫동안 기억에 남을 테니 말이다. 단, 드레스 코드가 매우 엄격한 편이라 청바지와 슬리퍼, 운동화 차림으로는 입장할 수 없으며 남성의 경우 재킷과 타이를 꼭 갖추어야 한다. 워낙 인기가 좋아 방문에 앞서 홈페이지를 통한 예약은 필수다.

Victoria Picadilly Jubilee 그린 파크역에서 도보 3분
150 Piccadilly, St. James's, London W1J 9BR 애프터눈 티 11:30, 13:30, 15:30, 17:30, 19:30 애프터눈 티 세트 £81
+44-20-7300-2345 theritzlondon.com

주인공이 되는 티타임 ⑤

스케치: 더 갤러리 Sketch the Gallery 예약 필수

프랑스 출신 셰프 피에르 가니에르가 런던에 오픈한 복합 문화 레스토랑 스케치 Sketch는 각기 다른 5가지 테마로 운영된다. 이 중 가장 인기 있는 테마가 애프터눈 티를 즐길 수 있는 더 갤러리the gallery다. 산뜻한 노란색으로 꾸며진 티룸에서 공주 대접을 받으며 애프터눈 티를 즐길 수 있어 여성들에게 특히 인기가 좋다. 거대한 알 모양의 캡슐로 꾸며진 화장실은 이곳의 또 다른 포토 스폿이다. 화장실에 갈 때도 카메라를 꼭 챙길 것.

© Sketch the Gallery

Bakerloo Central Victoria 옥스퍼드서커스역에서 도보 5분 9 Conduit St, London W1S 2XG 애프터눈 티 11:00~15:30(30분 간격으로 예약 가능) 클래식 애프터눈 티 어른 £115~, 15세 이하 £60~ +44-20-7659-4500 sketch.london

줄 서서 먹는 피시 앤 칩스 ⑥

메이페어 치피 Mayfair Chippy

피시 앤 칩스를 전문으로 파는 식당으로 2016년 미슐랭 가이드에도 소개된 바 있다. 피시 앤 칩스 외에도 셰퍼드 파이와 스테이크, 요크셔푸딩과 같은 영국의 전통 고전 요리도 맛볼 수 있다. 가장 인기 있는 메뉴는 피시 앤 칩스와 완두콩 퓌레, 타르타르소스, 커리소스 등 세 가지 소스를 함께 맛볼 수 있는 메이페어 클래식. 음식과 어울리는 다양한 맥주와 와인도 판매하고 있으며 테이크아웃도 가능하다. 대기 시간이 긴 식당이므로 예약 후 방문하는 것을 추천한다.

Central Jubilee Elizabeth 본드 스트리트역에서 도보 6분 14 N Audley St, London W1K 6WE 10:30~22:30(일요일 ~21:30) 대구(Cod) 피시 앤 칩스 £19.75 +44-20-7741-2233 mayfairchippy.com

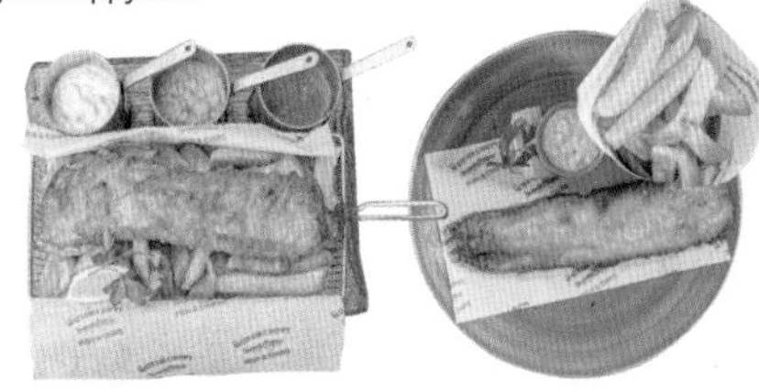

AREA ····②

소호 Soho
코벤트 가든 Covent Garden
홀본 Holborn

런던 중심부에 위치한 지역으로 역사, 예술, 엔터테인먼트, 음악, 식당, 카페 등이 밀집해 있다. 특히 예술가와 음악가의 동네로 유명한 소호에는 수많은 미술관과 갤러리, 공연장 등의 문화 명소가 모여 있으며 거리 곳곳에서 거리 아티스트의 공연이 펼쳐진다. 쇼핑과 식도락의 중심지 코벤트가든과 영국박물관이 있는 홀본까지 다채로운 문화를 즐길 수 있는 매력적인 지역이다.

소호, 코벤트 가든, 홀본 추천 코스

문화와 예술이 밀집된 지역. 영국박물관과 내셔널 갤러리를 중심으로 주요 명소를 둘러보고, 코벤트 가든과 레스터 스퀘어에서는 거리 공연과 쇼핑을 즐긴다. 차이나타운과 웨스트엔드 극장에서 저녁까지 이어지는 코스. 도보 이동이 편리해 하루 또는 이틀 일정으로 여유롭게 즐기기에 좋다.

Day 1 예상 소요 시간 약 9시간 30분

- **아침 식사** 비 베이글 추천
- 도보 10분
- **영국박물관**
- 도보 3분
- **점심 식사** 피시 플레이스 추천
- 도보 15분
- **코벤트 가든**
- 도보 6분
- **닐스 야드** 기념 사진 촬영
- 도보 5분
- **포일즈**
- 도보 4분
- **저녁 식사** **차이나타운**
- 도보 5분
- **뮤지컬 감상** 19:00까지 도착할 것

Day 2 예상 소요 시간 약 11~12시간

- **아침 식사** 코야 일본 가정식 아침 식사
- 도보 9분
- **내셔널 갤러리**
- 도보 2분
- **국립 초상화 미술관** 국립 초상화 미술관 카페에서 점심 식사
- 도보 3분
- **트래펄가 광장**
- 도보 4분
- **레스터 스퀘어** 거리 공연 감상 / 레고 스토어 / 엠앤엠즈 월드
- 도보 3분
- **피커딜리 서커스**
- 도보 13분
- **옥스퍼드 스트리트** 옥스퍼드 스트리트의 백화점, 편집숍 등 쇼핑
- 도보 4분
- **카나비 스트리트**
- 도보 3분
- **저녁 식사** **아랑**

소호, 코벤트 가든, 홀본
상세 지도
N
E
S
W
0
100m
러셀 스퀘어역
홀본역
영국박물관 1
피시 플레이스 1
제임스 스미스 앤 선즈 9
닐스 야드 10
굿지스트리트역
토트넘·코트로드역
8
비 베이글
포일즈 3
코야 2
옥스퍼드 스트리트 1
알제리안 커피 스토어 5
3 브렉퍼스트 클럽 소호
플랫 화이트 9
5 골든 유니언 피시 바
4 러쉬
6 더 포토그래퍼스 갤러리
아랑 7
카나비 스트리트 2
옥스퍼드 서커스역

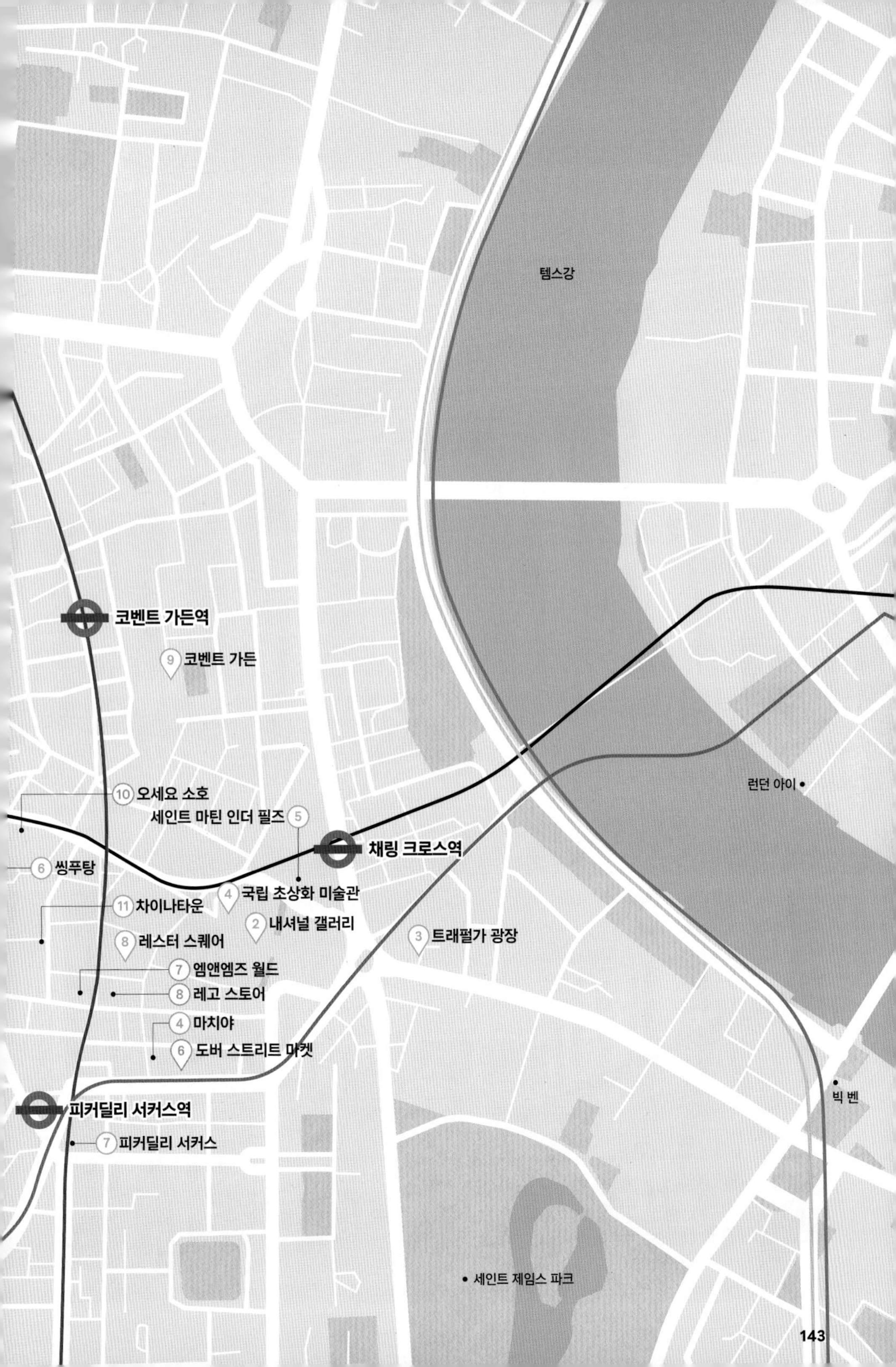
템스강
코벤트 가든역
9 코벤트 가든
10 오세요 소호
세인트 마틴 인더 필즈 5
채링 크로스역
런던 아이
6 씽푸탕
4 국립 초상화 미술관
11 차이나타운
2 내셔널 갤러리
3 트래펄가 광장
8 레스터 스퀘어
7 엠앤엠즈 월드
8 레고 스토어
4 마치야
6 도버 스트리트 마켓
빅 벤
피커딜리 서커스역
7 피커딜리 서커스
세인트 제임스 파크

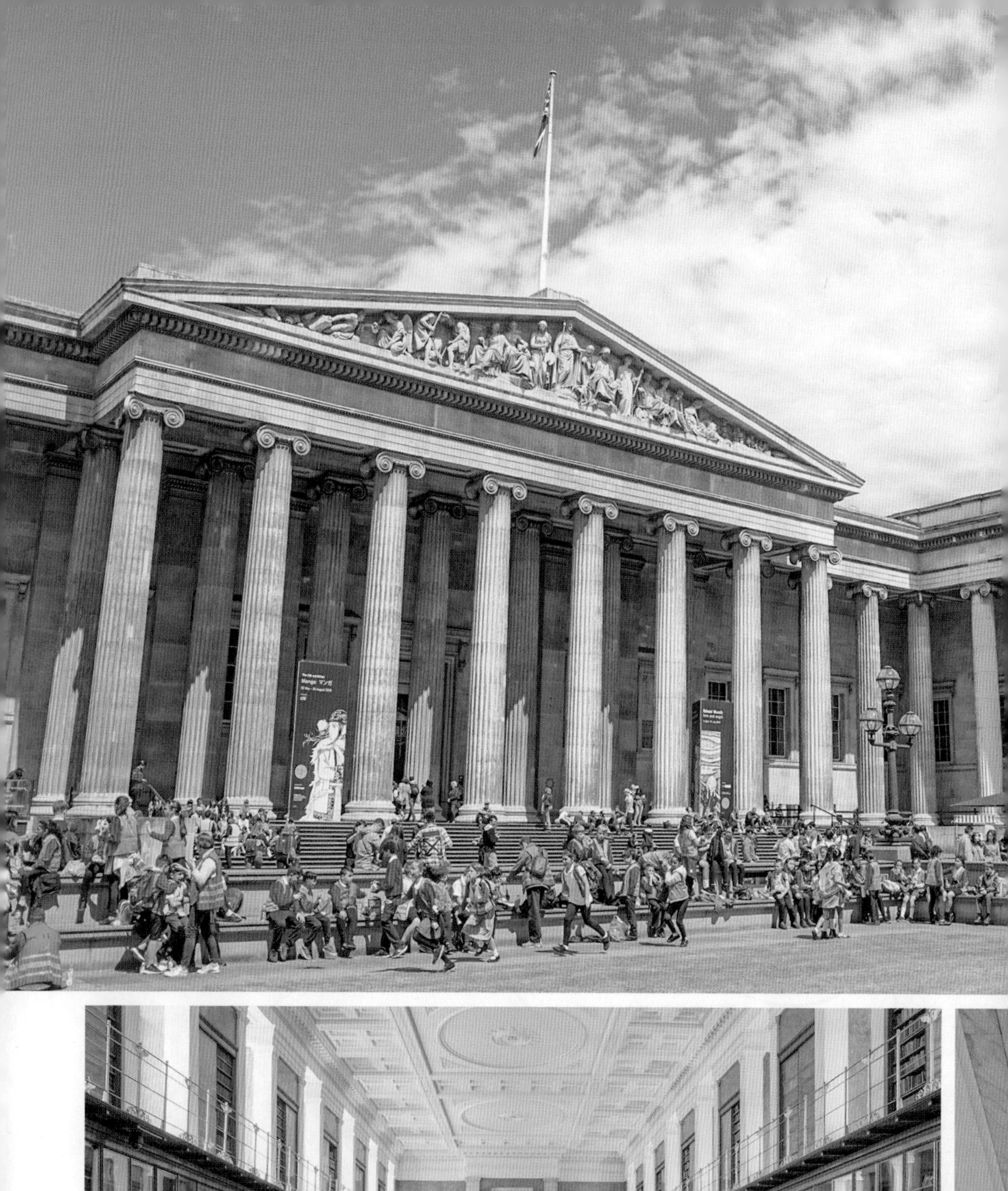

세계 3대 박물관중 하나 ······ ①

영국박물관 The British Museum

프랑스의 루브르박물관, 바티칸 시티의 바티칸박물관과 함께 세계 3대 박물관으로 꼽히는 영국 최대의 국립 공공박물관. 국내에는 '대영박물관'이라는 이름으로 더 많이 알려져 있다. 연간 6백만 명 이상의 관람객이 방문하는 여행지이자, 세계에서 가장 오래된 박물관이기도 하다. 의사이자 수집가였던 한스 슬론Hans Sloane 경이 기증한 7만여 점의 유물을 기반으로 1753년 설립되었다.
대영제국이 번성하면서 소장품이 늘어나 전시 공간이 부족할 정도에 이르게 되자 회화 작품은 내셔널 갤러리로, 자연사 표본 및 유물은 자연사박물관으로, 도서관 시설은 영국 도서관으로 이전했다. 그 결과 영국박물관에 남은 유물 및 소장품은 약 8백여만 점. 루브르박물관의 소장품이 약 85만 점인 것을 감안하면 영국박물관이 소장한 유물의 양이 어느 정도인지 가늠할 수 있다. 그중 영국의 유물은 17%뿐이고 나머지는 다른 나라에서 약탈한 유물이라는 점도 인상적이다. 반드시 봐야 할 유물로 꼽히는 로제타 스톤Rosetta Stone을 비롯한 이집트 유물과 그리스 유물이 특히 유명하며, 한국관에 전시된 한국의 유물을 구경하는 재미도 있다. 하루 만에 박물관 전체를 다 돌아보는 것은 현실적으로 불가능하니, 보고 싶은 유물의 위치를 미리 체크한 후 쏙쏙 골라보는 것이 효율적이다. 홈페이지를 통해 사전 예약 후 방문하면 입장을 위해 긴 줄을 서는 번거로움을 피할 수 있다.

Picadilly 러셀 스퀘어역에서 도보 7분, Northern 굿지스트리트역에서 도보 9분, Central Northern Elizabeth 토트넘 코트로드역에서 도보 6분, Picadilly Central 홀본역에서 도보 8분 Great Russell St, London WC1B 3DG
10:00~17:00(금요일 20:30까지) 무료 +44-20-7323-8299
britishmuseum.org

영국박물관 관람 포인트

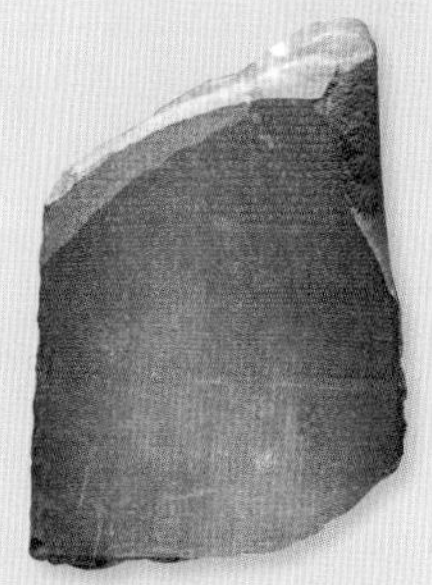

Room 4 고대 이집트 전시관 Ancient Egypt

고대 이집트에서 사용하던 파피루스 문서들, 보석으로 만든 장신구, 미라 등 가치가 높은 이집트 유물이 전시되어 있다. 이들 대부분은 프랑스가 소유하고 있던 것으로, 프랑스와의 전쟁에서 영국이 승리하면서 영국의 소유가 되었다. 영국박물관의 핵심이라고 할 수 있는 볼거리가 모여 있어 언제나 사람들이 많은 곳이다. 그중 이집트 상형문자를 해독하는 데 결정적인 열쇠가 된 로제타 스톤Rosetta Stone은 영국박물관에서 판매하는 기념품의 절반 이상을 차지할 정도로 인기가 좋다. 같은 방에서 파라오 람세스 2세의 거대한 흉상과 고대 이집트의 신전과 무덤에 있던 조각품 등도 볼 수 있다.

Room 6, 18 고대 그리스·로마 전시관 Ancient Greece and Rome

영국박물관에서 가장 큰 규모의 전시관으로 전시된 유물의 양이 어마어마하다. 미코노스, 낙소스 등 그리스의 섬에서 발견된 고대 유물을 비롯해 아테네 파르테논신전 내부를 장식했던 유물의 대부분이 이곳 '18번 방'에 있다. 정교하고 사실적인 조각들에서 화려하고 찬란했던 그리스·로마 제국의 모습을 그려볼 수 있다. 동시에 대영제국이 지배자로서 강탈한 문화재 약탈 규모를 직접적으로 보여준다.

영국박물관의 전시관을 모두 다 꼼꼼히 살펴보려면 하루로는 부족하다. 꼭 봐야 할 유물이 있는 전시관을 미리 체크하고 해당 전시관 위주로 동선을 짜는 것이 보다 효율적으로 관람하는 방법. 핵심 유물이 전시되어 있는 주요 전시관을 안내한다.

Room 61~66 고대 이집트 미라관 Ancient Egypt

사막의 건조한 기후로 인해 자연 건조된 5,000여 년 전의 미라부터 방부 처리한 시신으로 만들어진 고대 이집트의 미라까지, 다양한 미라를 만날 수 있는 방이다. 이집트에서는 미라가 들어 있는 관 뚜껑 위에 생전 모습과 최대한 비슷한 그림과 조각을 장식했는데 이런 유물들과 함께 미라를 살펴볼 수 있다. 약 140여 개 국가의 연구기관에서 이집트 미라를 연구하기 위해 이집트가 아닌 바로 이곳 영국박물관을 찾아온다고 알려져 있다.

Room 67 한국관 Korea

규모는 크지 않지만, 세계 최고의 박물관에 전시된 한국의 유물을 보는 것만으로도 의미 있는 전시관이다. 목재로 지어진 한옥을 실제 크기로 구현에 놓았고, 조선백자와 고려청자, 태극기, 불상, 문방사우 등 익숙한 유물들이 전시되어 있다. 우리나라의 유물을 관람하는 외국인의 모습을 관찰하는 것도 색다른 재미가 있다. 한국관과 연결되는 중국 도자기 관(95번 방)도 볼만하다. 한국관에 한해 The British Museum 앱을 통한 한국어 오디오 가이드가 제공된다.

명화의 향연 ······ ②

내셔널 갤러리 National Gallery

빈센트 반 고흐Vincent van Gogh, 클로드 모네Claude Monet, 오귀스트 르누아르Auguste Renoir, 렘브란트Rembrandt, 페테르 파울 루벤스Peter Paul Rubens 등 학창 시절 미술 교과서에서 보았던 명화를 실제로 만나볼 수 있는 영국 최고의 미술관이다. 왕실이나 귀족의 컬렉션을 기반으로 만들어진 유럽의 다른 갤러리들과 달리, 은행가이자 예술 후원가이며 개인 수집가로 활동했던 존 앵거스타인John Julius Angerstein의 소장품 36점을 영국 정부가 구입한 것을 계기로 세워졌다. 그 이후로 이어진 후원자들의 기부와 정부의 매입을 통해 중세 시대부터 19세기 초반에 이르는 유럽의 회화작품 약 2,300여 점을 소장·전시하게 되었다. 모든 작품이 세계 최고라 불릴 만한 수준을 자랑하니 꼭 들러서 수준 높은 명화를 감상해 볼 것을 추천한다. 특별전이나 기획 전시를 제외한 상설 전시는 무료로 관람이 가능하다.

Bakerloo Northern 채링 크로스역에서 도보 2분
Trafalgar Square, London WC2N 5DN
10:00~18:00(금요일은 21:00까지) +44-20-7747-2885
nationalgallery.org.uk

ED RUSCHA
COURSE OF EMPIRE

NATIONAL GALLERY
NATIONAL GALLERY

내셔널 갤러리에서 꼭 봐야 할 명화

처음에는 규모와 작품에 압도되어 감탄하며 감상하기 시작하지만, 몇 분 지나고 나면 모든 그림이 비슷해 보여 꼭 봐야 할 명화를 놓쳐버릴지도 모른다. 핵심 작품과 작품이 전시된 전시관의 번호를 기억하고 우선순위를 정해 관람할 것을 추천한다.

Room 57

빈센트 반 고흐

해바라기

Sunflowers

빈센트 반 고흐Vincent Willem van Gogh의 〈해바라기〉 연작 중 4번째로 그린 작품. 프랑스 남부의 아를에서 그가 존경했던 고갱과 함께 지내는 것을 꿈꾸며 그린 작품이다. 고흐에게 노란색은 행복을 표현하는 색채였고, 해바라기는 태양을 상징하는 꽃이었다. 그의 그림 속의 해바라기는 아직 피지 못한 봉오리, 만개한 꽃, 시든 꽃들이 섞여 있다. 혹자는 그것이 그의 광기를 보여준다고 폄하하기도 하지만, 오히려 그것이 인간이 지닌 열정을 상징하는 것으로 해석되기도 한다. 반 고흐만의 독특한 감수성이 잘 느껴지는 작품으로 직접 보면 그 감동이 훨씬 크다.

Room 43

클로드 모네

수련 연못 The Water-Lily Pond

'빛을 그리는 화가'로 유명한 대표적인 인상파 화가 클로드 모네Claude Monet의 작품. 세상을 떠나기 전까지 머물던 지베르니에서 완성한 〈수련 연못〉 연작 시리즈는 그의 작품 중에서도 가장 걸작으로 꼽힌다. 모네는 그림을 그릴 때도, 몸이 좋지 않아 그림을 그리지 못할 때도 정원에 앉아 연못을 바라보길 좋아했다. 물 위에 떠 있는 수련의 미묘한 움직임, 물에 비친 버드나무 가지가 드리운 그늘, 연못에 비친 구름, 빛의 변화에 따라 어두워지거나 밝아지며 시시각각 다른 빛을 반사하는 수면의 느낌. 모네가 표현하고 싶었던 것은 바로 이것이었다. 또 다른 〈수련 연못〉 연작 시리즈는 프랑스 파리의 오랑주리 미술관에 전시되어 있다.

Room 34

윌리엄 터너

전함 테메레르의 마지막 항해

The Fghting Temeraire

1805년 트래펄가 해전에서 프랑스의 나폴레옹 군을 물리치는 데 큰 역할을 했던 전함 테메레르가 해체 전 견인되는 모습을 보고 영감을 받아 그린 작품이다. 화려하고 위풍당당했던 지난날을 뒤로 한 채, 힘없이 끌려가는 전함의 쓸쓸한 모습을 저물어 가는 붉은 태양과 함께 표현했다. 2005년 영국의 BBC 라디오가 실시한 설문조사에서 '영국인이 생각하는 가장 위대한 그림'으로 꼽히기도 한 작품이다.

Room 57

레오나르도 다빈치

암굴의 성모 The virgin of the Rocks

르네상스기의 천재 화가 레오나르도 다빈치Leonardo da Vinci의 작품. 헤롯 왕을 피해 이집트로 피신 가는 성모 마리아와 아기 예수가 세례자 요한을 만나는 순간을 그렸다. 성모마리아를 중심으로 오른쪽에는 세례 요한, 왼쪽에는 아기 예수와 천사 가브리엘이 바다가 보이는 암굴을 배경으로 앉아 있다. 높이가 2m에 달하는 거대한 작품으로, 소설 〈다빈치 코드〉에서는 이 그림 뒤에 황금열쇠가 숨겨져 있다고 이야기하기도 했다. 어두운 동굴 속에서 빛에 의해 서서히 얼굴이 드러나는 듯한 느낌을 주는데, 이는 앞에 있는 인물의 얼굴은 또렷하게, 멀리 보이는 바다와 하늘, 바위의 모습은 흐릿하게 그린 표현 방식 때문이다. 이는 그가 실험한 '명암으로 원근을 표현하는 기법'을 처음으로 적용한 그림이라 하여 다빈치의 그림 중에서도 손에 꼽히는 작품이라 할 수 있다. 거의 똑같은 그림이 프랑스 파리의 루브르박물관에도 전시되어 있다.

Room 60

산치오 라파엘로

카네이션의 성모 The Madonna of the Pinks

〈카네이션의 성모〉는 산치오 라파엘로Sanzio Raffaello가 24살에 그린 작품이다. 성모는 양손에 카네이션을 한 송이씩 들고 있고, 아기 예수는 오른손에 카네이션을 두 송이 들고 있다. 카네이션은 진정한 사랑, 정신적 치유, 신의 가호를 상징하는 것으로 예수 그리스도가 십자가에 못 박혀 죽을 때, 십자가 아래서 통곡하던 성모 마리아가 들고 있던 꽃이라 전해진다. 아기 예수는 성모 마리아의 다리 위에 앉아 있고, 그 뒤의 작은 창문 너머로 무너진 성곽이 보인다. 이는 아기 예수의 탄생으로 이교도들의 세상은 끝났다는 의미를 담고 있는 것으로 해석되지만 현재까지도 해석에 대한 의견이 분분하다.

Room 44

조르주 쇠라

아스니에르에서의 물놀이 Bathers at Asnieres

동화책 속의 그림처럼 따사롭고 평화로운 이 그림은 조르주 쇠라Georges Seurat가 그린 첫 대형 작품이자 '점묘법'이라는 새로운 화법의 시작을 모습을 보여주는 의미 있는 그림이다. 이 그림을 그릴 때만 해도 아직 점묘법을 완성하지 못했기 때문에 전체적으로 점묘법이 사용되지 않았으나, 나중에 그림의 일부에 점묘법을 적용하여 추가 작업을 했다고 전해진다. 그림 속 소년의 모자에서 주황색과 파란색 점을 덧칠한 흔적을 볼 수 있으며, 이때부터 쇠라의 점묘법이 시작되었다고 볼 수 있다.

런던의 배꼽 ······③

트래펄가 광장

Trafalgar Square

19세기 초, 영국의 넬슨 제독이 이끄는 영국 함대가 나폴레옹이 이끄는 프랑스·스페인 연합군을 상대로 큰 승리를 거둔 트래펄가해전. 트래펄가광장은 전쟁을 이끌었던 넬슨 제독의 업적을 기념하기 위해 만든 곳이다. 넬슨 제독의 기념비를 지키는 네 마리의 사자상은 트래펄가해전 당시, 적이 사용하던 함대의 대포를 녹여 만들었다. 내셔널 갤러리, 국립 초상화 미술관, 소호 거리, 코벤트 가든 등 주요 관광지를 향하는 길목에 놓여 있어 여행 중 꼭 한번은 들르게 되는 곳이다. 지리적, 문화적으로 런던의 중심에 있어 런던의 배꼽이라 불리기도 한다.

Bakerloo Northern 채링 크로스역에서 도보 1분

역사적 인물의 초상화를 만날 수 있는 곳 ······④

국립 초상화 미술관 National Portrait Gallery

영국 역사에 중요한 역할을 했던 인물들의 초상화를 모아둔 세계 최초의 초상화 미술관으로 1856년에 문을 열었다. 회화뿐 아니라 사진, 조각, 드로잉 등 다양한 형태의 초상화를 감상할 수 있다. 이곳에서 꼭 봐야 할 작품은 영국 최고의 시인이자 극작가 윌리엄 셰익스피어William Shakespeare의 초상화. 셰익스피어의 초상화를 구입하는 것으로 이 초상화 미술관이 시작되었다고 해도 과언이 아니다. 작품 감상 후에는 천창을 통해 들어오는 빛이 아늑하고 편안하게 감싸주는 지하 카페에 들러 작품의 여운을 느껴봐도 좋다.

Bakerloo Northern 채링 크로스역에서 도보 3분 St. Martin's Pl, London WC2H 0HE 일~목요일 10:30~18:00, 금·토요일 10:30~21:00 +44-20-7306-0055 npg.org.uk

음악으로 치유하는 교회 ······ ⑤

세인트 마틴 인더 필즈

St Martin-in-the-Fields

1922년부터 오랜 시간 동안 런던을 지켜온 교회. 제1차·제2차 세계대전 당시 빈민과 군인들을 위한 대피소로 사용되기도 했고, 과거부터 현재까지 노숙자들에게 점심 식사를 제공하는 봉사활동도 진행하고 있다. 여행자가 기억해야 할 점은 매주 금요일 오후 1시에 열리는 무료 런치 콘서트다. 종교를 떠나 보다 많은 사람들이 교회에 머물며 심리적인 행복을 찾을 수 있도록 무료 클래식 공연을 연다. 공연 일정과 정보는 홈페이지를 통해 확인할 수 있다.

Bakerloo Northern 채링 크로스역에서 도보 2분
Trafalgar Sq, London WC2N 4JJ
08:30~18:00(주말에는 09:00 오픈)
+44-20-7766-1100
stmartin-in-the-fields.org

사진 작품만 모여 있는 미술관 ······ ⑥

더 포토그래퍼스 갤러리

The Photographers' Gallery

영국 최초의 사진 전문 미술관으로 1971년 개관했다. 층마다 테마를 달리한 사진을 전시하고 있으며, 세계적인 거장의 작품부터 신진 작가의 작품까지 다양한 작가의 사진을 감상할 수 있다. 2~3개월 주기로 전시 작품이 변경되므로 방문 전 홈페이지를 통해 미리 확인하는 것이 좋다. 지하의 서점에서는 쉽게 구할 수 없는 사진집과 포스터를 구매할 수도 있으니, 사진에 관심이 많은 사람이라면 잊지 말고 들러볼 것을 추천한다.

Bakerloo Central Victoria 옥스퍼드 서커스역에서 도보 3분 16-18 Ramillies St, London W1F 7LW 월~수요일, 토요일 10:00~18:00(목·금요일 ~20:00, 일요일 11:00~)
성인 £10, 학생 및 60세 이상 £7, 18세 이하 무료(오후 5시 이후 무료 입장) +44-20-7087-9300
thephotographersgallery.org.uk

런던 최고의 교차로 ······⑦

피커딜리 서커스

Piccadilly Circus

세계적인 쇼핑 거리 리젠트 스트리트와 뮤지컬 극장이 모여 있는 샤프츠버리 애비뉴, 소호 일대를 관통하는 코번트리 스트리트 등이 교차하는 지점으로 런던에서 가장 많은 사람들이 오가는 곳이기도 하다. 피커딜리 서커스의 상징이자 볼거리는 건물의 한쪽 면을 뒤덮은 대형 전광판이다. 유명한 글로벌 브랜드의 광고들이 뿜어내는 다채로운 불빛이 이 거리를 조금 더 역동적으로 만든다. 2019년 6월 아이돌 그룹 방탄소년단의 런던 콘서트를 앞두고 대형 전광판을 통해 그들이 출연한 자동차 광고가 상영되었는데, 광고를 보기 위해 모인 전 세계의 팬들 때문에 피커딜리 서커스 일대가 몇 시간 동안 마비되기도 했다.

⊖ Bakerloo Picadilly 피커딜리 서커스역 바로 앞

엔터테인먼트의 중심 ······⑧

레스터 스퀘어 Leicester Square

영화관, 뮤지컬 극장, 오페라 극장, 카지노 등이 모여 있는 런던 엔터테인먼트의 중심이자 거리 공연의 중심. 주말이면 거리 공연을 구경하는 사람들로 크고 작은 원형의 무리가 만들어지는데, 사람들의 박수 소리와 함성이 음악과 어우러져 광장 일대가 흥겹고 신나는 축제의 장이 된다. 광장 주변으로 대형 영화관 5개가 모여 있어 영화 시사회가 자주 열리므로, 운이 좋으면 시사회에 참석하는 배우를 만날 수도 있다. 유명 뮤지컬 극장의 할인 티켓을 구입할 수 있는 티켓 부스TKTS도 이곳에서 찾을 수 있다.

⊖ Northern Picadilly 레스터 스퀘어역에서 도보 2분 📍 Leicester Square, London WC2H 7LU 🏠 leicestersquare.london

감성을 채우는 완벽한 하루 ⑨

코벤트 가든 Covent Garden

주변의 레스토랑을 방문하거나 쇼핑을 위해서 찾는 사람이 많지만, 코벤트 가든을 제대로 만끽하려면 곳곳에서 열리는 거리 공연을 즐겨야 한다. 세계 최대, 세계 최고 수준의 거리 공연이 거의 매일 펼쳐지기 때문이다. 클래식 공연, 뮤지컬, 기타 연주, 마술 쇼, 저글링, 묘기, 댄스 등 그 장르도 다양하다. 런던에서 유일하게 거리 공연 오디션을 통과한 예술가들만 공연할 수 있는 곳이기에 공연의 수준도 굉장히 높은 편이다. 바닥에 털썩 주저앉아 편하게 즐기는 거리 공연이야말로 여행 중 누리는 자유로움이 아닐까. 공연을 즐긴 후 라이프스타일숍과 패션숍, 빈티지 제품, 공예품 등을 구경하고 근처의 식당에서 배를 채운다면 더할 나위 없이 완벽한 하루를 만들 수 있다.

Picadilly 코벤트 가든역에서 도보 2분
41 The Piazza, London WC2E 8RF
+44-20-7420-5856
coventgarden.london

코벤트 가든 100% 즐기기

다양한 볼거리와 즐길 거리가 가득한 코벤트 가든은 가볍게 둘러보기만 하고 돌아서기엔 섭섭한 여행지다. 다양한 공연과 주변 명소들까지 놓치지 말고 즐겨보자.

1. 거리 공연

코벤트 가든 앞 광장은 1년 내내 거리 공연이 펼쳐지는 예술 명소다. 마임, 마술, 음악, 댄스 등 다양한 무료 공연이 열려 늘 활기가 넘친다. 공연을 즐기는 사람들의 행복한 표정에 덩달아 행복해지는 곳이다.

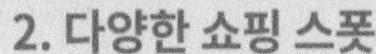

2. 다양한 쇼핑 스폿

각종 공예품, 액세서리, 골동품 등을 비롯해 차, 쿠키, 치즈 등 특산품을 파는 상점이 많이 모여 있다. 뷰티, 패션 등과 관련된 브랜드 숍도 주변에 많이 들어서 있어 한 자리에서 다양한 쇼핑을 즐길 수 있다.

3. 노천 테이블의 여유

코벤트 가든 외부의 레스토랑이나 카페의 노천 테이블에 앉아 코벤트 가든 광장을 바라보며 여행의 여유를 만끽해 보자. 광장에서 거리 공연이 열리고 있다면 즐거움이 배가 된다.

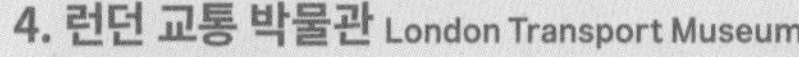

4. 런던 교통 박물관 London Transport Museum

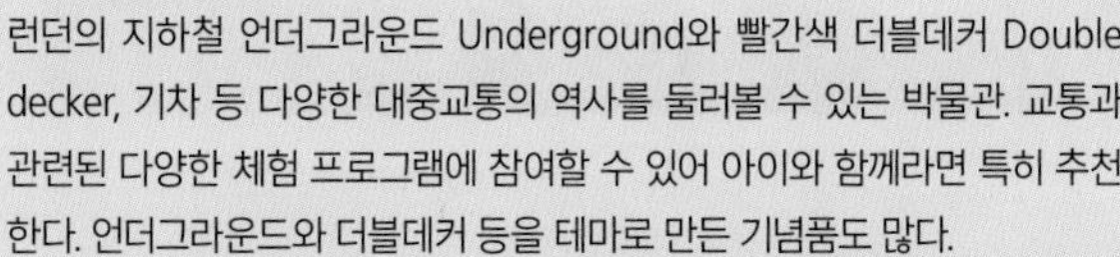

런던의 지하철 언더그라운드 Underground와 빨간색 더블데커 Double decker, 기차 등 다양한 대중교통의 역사를 둘러볼 수 있는 박물관. 교통과 관련된 다양한 체험 프로그램에 참여할 수 있어 아이와 함께라면 특히 추천한다. 언더그라운드와 더블데커 등을 테마로 만든 기념품도 많다.

WC2E 7BB London 10:00~18:00 성인 £25, 17세 이하 무료
www.ltmuseum.co.uk

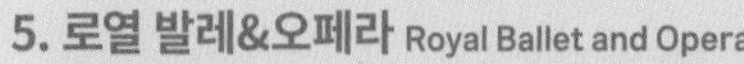

5. 로열 발레&오페라 Royal Ballet and Opera

1732년에 개관한 공연장으로 웅장한 네오클래식 건축 양식이 돋보인다. 클래식 오페라 작품부터 현대 오페라, 클래식 발레, 창작 발레 등 세계적인 명성의 작품을 감상할 수 있다. 특히 영국을 대표하는 발레단 로열 발레 The Royal Ballet의 수준 높은 발레 공연을 만날 수 있어 일부러 찾아오는 사람도 많다. 공연을 관람하지 않더라도 내부나 의상실, 스튜디오 등 특정한 장소를 둘러보는 투어에 참여할 수도 있다.

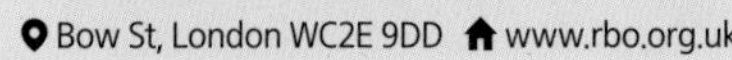

Bow St, London WC2E 9DD www.rbo.org.uk

사진 찍기 좋은 예쁜 골목 ⑩

닐스 야드 Neal's Yard

사람 한 명이 겨우 지나갈 만한 좁은 골목길을 지나면 마법처럼 나타나는 알록달록한 거리다. 눈에 띄지 않는 골목 안쪽에 있기 때문에 일부러 찾아가지 않는다면 그냥 지나치기 쉽다. 많은 사람이 이 작은 거리까지 일부러 찾아와 사진을 찍는 이유는 노란색, 보라색, 연두색, 분홍색 등 예쁘고 화사한 색들로 외벽을 장식한 건물들 때문이다. 알록달록한 배경 덕분에 대충 찍어도 사진이 예쁘게 나오는 곳이니 밤보다는 낮에 가는 것을 추천한다.

Central Northern Elizabeth 토트넘 코트로드역에서 도보 6분

런던 속 작은 중국 ⑪

차이나타운 Chinatown

전 세계 유명 도시마다 어김없이 만날 수 있는 것이 차이나타운이지만, 런던의 차이나타운은 유럽에서 가장 큰 규모를 자랑한다. 중화요리 레스토랑, 중국 식료품점을 비롯해 일본요리, 한국요리 등을 판매하는 식당들까지 모여 있어 런던을 찾는 아시아인들의 발길이 끊이지 않는 곳이다. 런던의 비싼 물가에 비해 저렴한 가격으로 식사를 해결할 수 있으며, 여행 중 얼큰한 국물이 생각나거나 한식과 비슷한 음식을 먹고 싶을 때 찾으면 좋다.

Northern Picadilly 레스터 스퀘어역에서 도보 4분,
Bakerloo Picadilly 피커딜리 서커스역에서 도보 5분
Gerrard St, London W1D 5PT chainatownlondon.org

런던을 대표하는
쇼핑 스트리트 ······①

옥스퍼드 스트리트

Oxford Street

런던을 찾는 사람이라면 누구나 한 번쯤은 들르게 되는 길이다. 노팅힐에서 알드게이트까지 일자로 연결된 약 10km의 길 중에서, 마블아치역부터 토트넘 코트 로드역까지의 약 2km가 옥스퍼드 스트리트에 해당한다. 영국을 대표하는 셀프리지Selfridges, 막스앤스펜서Marks&Spencer, 존 루이스John Lewis와 같은 백화점을 비롯해, 나이키Nike, 프라이마크Primark, 자라Zara, 톱숍Top Shop 등 세계적인 브랜드 매장들이 엄청난 규모로 들어서 있다. 수많은 차들이 끊임없이 오고 가는 길이기에 교통 체증이 심하기로 유명한 길이기도 하다.

⊖ Bakerloo Central Victoria 옥스퍼드 서커스역 바로 앞,
Central Northern Elizabeth 토트넘 코트로드역 바로 앞

유행의 선두 ······②

카나비 스트리트 Carnaby Street

리젠트 스트리트, 본드 스트리트, 옥스퍼드 스트리트와 더불어 런던의 4대 쇼핑 거리로 꼽히지만, 나머지 셋에 비하면 그 규모도 훨씬 작고, 상점의 수도 많지 않다. 그러나 독특한 스타일의 디자인숍이나 라이프스타일숍, 개성 넘치는 빈티지숍 등이 모여 있어 유행을 앞서가고 이끌어가는 곳이다. 리버티 백화점 바로 옆길과 연결되므로 백화점과 함께 묶어 둘러보면 좋다.

⊖ Bakerloo Picadilly 피커딜리 서커스역에서 도보 6분,
Bakerloo Central Victoria 옥스퍼드 서커스역에서 도보 4분

런던을 대표하는 프랜차이즈 서점 ③

포일즈 Foyles

1906년에 문을 연 대형 서점이다. 런던 시내에 4개의 지점이 있지만, 소호의 차링 크로스 로드에 위치한 이곳이 가장 크고 유명하다. 지하 1층, 지상 6층 규모로 거의 모든 분야의 책들이 보기 좋게 진열되어 있다. CD, DVD, 바이닐 등의 음반, 자동으로 지갑이 열리는 문구류, 에코백, 장난감 등도 판매한다. 5층에는 카페가 있어 커피와 함께 간단한 식사를 즐길 수도 있다. 운이 좋으면 6층의 이벤트 홀에서 열리는 연주회를 만날 수도 있다.

Central Northern Elizabeth 토트넘 코트로드역에서 도보 3분
107 Charing Cross Rd, London WC2H 0DT 월~토요일 09:00~21:00, 일요일 11:30~18:00 +44-20-7437-5660 foyles.co.uk

러쉬 제품으로 스파를 ④

러쉬 Lush

런던의 많은 지점 중에서 옥스퍼드 스트리트의 매장이 가장 크고 제품도 많다. 한국보다 20~50% 저렴한 가격에 다양한 제품을 구입할 수 있어 평소 눈여겨본 제품이나 선물을 사기 좋다. 한국어를 할 수 있는 직원이 근무해 쇼핑이 한결 수월하고, 친절하고 밝은 직원들 덕분에 쇼핑이 더욱더 즐겁다. 이곳의 또 다른 특징은 러쉬의 제품으로 스파를 받을 수 있다는 점이다. 얼굴부터 전신까지 단계별로 선택할 수 있으며 홈페이지를 통해 예약 가능하다.

Bakerloo Central Victoria 옥스퍼드 서커스역에서 도보 2분
175-179 Oxford St, London W1D 2JS 월~토요일 10:00~21:00, 일요일 12:00~18:00 +44-20-7789-0001 uk.lush.com

역사와 전통의 커피 스토어 ⑤

알제리안 커피 스토어 Algerian Coffee Stores

런던에서 가장 오래된 커피 스토어로 1887년에 문을 열었다. 전 세계 약 80여 개의 커피와 120여 개의 차를 판매하며 커피와 차를 내리는 데 필요한 도구와 잔 등도 판매한다. 전 세계의 유명카페 체인점과 저마다의 개성으로 무장한 카페들이 런던을 점령한 가운데, 130여 년 동안 같은 자리를 지키며 커피와 차를 판매하고 있다. 매장 내에 테이블이 없어 마시고 갈 수 없지만 테이크아웃할 수 있는 에스프레소와 카푸치노를 각각 £1.2, £2에 판매한다.

Northern Picadilly 레스터 스퀘어역에서 도보 6분 52 Old Compton St, Soho, London W1D 4PB 월~수요일 10:00~18:00, 목~토요일 10:00~19:00 일요일 에스프레소 £1.2, 카푸치노 £2 +44-20-7437-2480 algeriancoffeestores.com

구경만으로도 즐거운 곳 ······ ⑥

도버 스트리트 마켓 Dover Street Market

꼼데가르송의 디자이너 레이 카와쿠보가 2004년에 오픈한 디자이너 편집숍이다. 구찌, 프라다, 톰 브라운, 로에베 등 세계적인 디자이너 브랜드의 제품을 선별해서 판매하며, 이곳에서만 구할 수 있는 꼼데가르송의 한정판 제품도 눈에 띈다. 지하 1층부터 지상 4층까지, 건물을 꽉 채운 멋진 옷과 소품을 구경하는 것만으로도 눈이 즐겁다.

Bakerloo Picadilly 피커딜리 서커스역에서 도보 2분
18-22 Haymarket, London SW1Y 4DG 월~토요일 11:00~19:00, 일요일 12:00~18:00 +44-20-7518-0680
london.doverstreetmarket.com

달콤함에 빠지는 마법 ······ ⑦

엠앤엠즈 월드 M&M's World

알록달록한 초콜릿으로 유명한 엠앤엠즈에서 운영하는 런던 유일의 매장. 남녀노소 구분할 것 없이 모두가 행복한 달콤함에 빠지는 마법 같은 장소다. 엠앤엠즈 초콜릿을 비롯해 캐릭터가 그려진 티셔츠, 가방, 모자, 컵, 우산 등의 제품, 캐릭터를 활용한 장난감과 소품 등 사고 싶은 것이 너무 많아 힘들어지기도 하다.

Northern Picadilly 레스터 스퀘어역에서 도보 3분
1 Swiss Ct, London W1D 6AP 월~토요일 09:00~23:00, 일요일 12:00~18:00 +44-20-7025-7171
mmsworld.com

레고로 만든 런던 ······ ⑧

레고 스토어 LEGO Store

세계 최대 규모를 자랑하는 레고 스토어. 빅 벤, 튜브, 빨간 공중 전화 부스, 타워 브리지 등 런던의 상징을 레고로 조립해 전시하고 있다. 특히 높이 약 6.4m에 달하는 엄청난 규모의 빅 벤은 조립하는 데에만 2,280시간이 걸렸고 20만 개가 넘는 레고 블록이 사용된 것으로 유명하다. 구경하려는 사람들로 늘 붐비니 여유 있게 둘러보려면 주말보다는 주중에 방문하는 것을 추천한다.

Northern Picadilly 레스터 스퀘어역에서 도보 3분, Bakerloo Picadilly 피커딜리 서커스역에서 도보 3분 3 Swiss Ct, London W1D 6AP 월~토요일 10:00~22:00, 일요일 12:00~18:00 +44-20-7665-0413 lego.com/en-gb/stores/store/lsq

200년 가까운 전통과 역사 ······ ⑨

제임스 스미스 앤 선즈 James Smith & Sons

런던에서 가장 오래되고 유명한 우산 및 지팡이 가게로, 1830년에 설립되어 현재까지 전통을 이어오고 있다. 빅토리아 시대의 건축 양식을 그대로 유지하고 있어 건물 자체가 역사적인 의미를 지닌 곳이라 할 수 있다. 19세기부터 이어져 온 장인 정신과 기술을 바탕으로 모든 제품을 수작업으로 제작한다. 단순한 액세서리를 넘어선 런던의 역사와 전통을 담은 작품으로 평가받는다. 소중한 사람에게 선물할 우산이나 지팡이를 찾는다면 가장 먼저 추천하고 싶은 곳이다.

Central Northern Elizabeth 토트넘 코트로드역에서 도보 3분
Hazelwood House, 53 New Oxford St, London WC1A 1BL 월~금요일 10:30~17:30(토요일 ~17:15)
일요일, 공휴일 +44-20-7836-4731
james-smith.co.uk

소호 한복판의 대형 한인 마트 ······ ⑩

오세요 소호 Oseyo Soho

한국인보다 외국인에게 더 인기가 많은 한인 마트. 한국의 라면, 과자, 냉동식품, 음료, 주류 등 다양한 제품을 한자리에서 구매할 수 있다. 한류의 급부상으로 런더너뿐 아니라 런던을 여행 중인 외국의 여행자에게도 꼭 들러야 쇼핑 명소로 꼽힌다. 외국인들이 떡볶이, 짜파게티, 불닭볶음면, 소주, 김치 등을 바구니에 가득 넣고 쇼핑하는 모습을 보면서 왠지 모르게 뿌듯해지기도 하는 곳이다.

Northern Picadilly 레스터 스퀘어역에서 도보 2분 73-75 Charing Cross Rd, London WC2H 0BF 10:00~22:00
+44-20-3973-9701 oseyo.co.uk

느끼하지 않은 피시 앤 칩스 ······①

피시 플레이스 Fish Plaice

한국인이 운영하는 식당으로 영국박물관과 매우 가까운 위치다. 느끼하고 밍밍한 피시 앤 칩스에 실망했다면, 이곳의 피시 앤 칩스를 꼭 먹어보라고 권하고 싶다. 밑간을 거의 하지 않아 심심하게 느껴지는 일반적인 피시 앤 칩스의 맛을 보완하기 위해 소금과 후추 등으로 밑간하고 튀김 반죽에 맥주를 넣어 바삭한 식감을 살렸다. 직접 만든 요거트에 마요네즈와 양파, 피클 등을 푸짐하게 다져 넣은 홈메이드 타르타르소스는 피시 앤 칩스의 느끼함을 훌륭하게 잡아준다. 한국식 양념치킨도 맛있다.

Central Northern Elizabeth 토트넘 코트로드역에서 도보 7분
32 Museum St, Holborn, London WC1A 1LH 월~목요일 11:30~20:00, 금요일 11:30~21:00, 토요일 11:30~19:00 일요일 11:30~18:00 대구(Cod) 피시 앤 칩스 £15.50, 코리안 스타일 프라이드치킨(KSFC) 한 마리 £27.50, 반 마리 £17.50
+44-20-7580-2146 fishplaice.london

줄 서서 먹는 정통 일식 우동 ······②

코야 Koya

깊고 진한 우동 국물과 쫄깃한 면발로 런더너의 입맛을 사로잡은 정통 일본식 우동 가게. 우동을 먹으려는 사람들로 평일, 주말 가리지 않고 줄이 늘어진다. 우동과 더불어 유명한 것은 일본식 아침 식사다. 우동, 밥, 절임 반찬 등으로 구성된 식사 또는 생선구이, 된장국, 쌀밥, 낫토 등으로 구성된 식사를 맛볼 수 있다. 편안하고 따뜻한 일본식 아침 식사를 즐기려는 사람들이 아침 일찍부터 가게 앞에 줄을 선다. 아침 식사 메뉴는 정오 이후에는 주문할 수 없고 우동과 덮밥 등 일반적인 식사만 주문할 수 있다.

Central Northern Elizabeth 토트넘 코트로드역에서 도보 5분
50 Frith St, London W1D 4SQ 10:00~22:00
가케우동 £9.8, 커리우동 £15.5, 일본식 아침식사 £16.9 koya.co.uk

다양하게 즐기는 푸짐한 아침 식사 ······ ③

브렉퍼스트 클럽 소호 Breakfast Club Soho

소시지와 달걀프라이, 베이컨, 토스트, 해시포테이토, 베이크드 빈즈, 블랙 푸딩, 구운 토마토와 구운 버섯까지 모든 것이 다 갖추어진 브렉퍼스트를 맛볼 수 있는 집이다. 에그 베네딕트, 팬케이크, 샥슈카 등 미국식과 영국식, 유럽식 등 푸짐하고 다양한 아침 식사를 즐길 수 있어 현지인과 여행자 모두에게 인기가 좋다. 평일, 주말 구분 없이 사람이 많은 곳이라 어느 정도의 대기는 감수해야 한다. 런던 브릿지, 스피타필즈, 배터시 등에도 지점이 있다.

Bakerloo Central Victoria 옥스퍼드 서커스역에서 도보 7분,
Central Northern Elizabeth 토트넘 코트로드역에서 도보 6분
33 D'Arblay St, London W1F 8EU
월~금요일 07:30~15:00 / 토·일요일 ~16:00
풀몬티(풀 잉글리시 브렉퍼스트) £17.9
+44-20-7434-2571
thebreakfastclubcafes.com

편안한 분위기의 일본 가정식 ······ ④

마치야 Machiya

'마치야'는 일본의 전통적인 목조 가옥을 뜻하는 단어로, 일본 가정식 요리를 현대적인 방식으로 선보인다. 돈부리, 카레, 돈가츠 등 쉽게 접할 수 있는 일본 가정식 요리를 맛볼 수 있다. 특히 신선한 재료로 만든 돈가츠와 규동, 카츠산도 등이 인기 있으며, 호지차 티라미수, 일본 차 등을 찾는 사람도 많다. 편안한 분위기에서 합리적인 가격으로 질 좋은 일본 음식을 즐길 수 있어 현지인과 여행자 모두에게 사랑받는 식당이다.

Bakerloo Picadilly 피커딜리 서커스역에서 도보 2분 5 Panton St, London SW1Y 4DL 12:00~22:00(일요일 ~21:00) 가츠동 £16.85, 돈가츠 £16.95 +44-20-7925-0333 www.machi-ya.co.uk

푸짐하게 즐기는 피시 앤 칩스 ······⑤

골든 유니언 피시 바 Golden Union Fish Bar

소호에서 가장 인기가 좋은 식당 중 하나로 질 좋은 생선튀김과 푸짐한 감자튀김을 맛보려는 사람들의 발길이 끊이지 않는다. 첨가물 없이 담백하게 튀겨낸 생선튀김은 크기도 무척 커서 혼자 한 접시를 다 비우기 힘들 정도다. 현지인들은 달콤한 밀크셰이크를 함께 즐기기도 한다. 매장에서 직접 만든 타르타르소스는 이 식당의 또 다른 자랑거리다.

Bakerloo Central Victoria 옥스퍼드 서커스역에서 도보 4분
38 Poland St, London W1F 7LY 11:30~21:00(목·금·토요일 ~22:00) 대구(Cod) 피시 앤 칩스 £17.95 +44-20-7434-1933
goldenunion.co.uk

행복해지는 마법 ······⑥

씽푸탕 Xing Fu Tang

2019년 타이완에서 건너온 버블티 전문점으로 흑당에 조린 수제 타피오카 펄이 특징이다. 가장 유명한 메뉴는 시그니처 브라운 슈가 보바 밀크. 말랑말랑하고 쫄깃한 타피오카 펄과 진한 흑당이 어우러져 독특한 향과 깊은 단맛을 낸다. 타이완 여행길에서 먹던 그 맛 그대로다. 투명한 컵 벽면을 따라 흑당이 흘러내리고, 음료 윗부분 표면을 토치로 그을려 비주얼 또한 강렬하다.

Northern Picadilly 레스터 스퀘어역에서 도보 5분 29 Frith St, London W1D 5LG 12:00~21:00(금·토요일 ~22:00) 시그니처 브라운 슈가 보바 밀크 £4.95 +44-20-7287-8310 www.xingfutang.co.uk

20년 가까이 자리를 지키는 한식집 ······⑦

아랑 Arang

불고기, 갈비, 비빔밥, 김치찌개 등 전통적인 한식에 현대적인 감각을 더한 요리를 테이블에 올린다. 런던에서 한식이 대중화되기 시작한 2005년부터 자리를 지키고 있는 한식집으로 오랫동안 런더너들의 사랑을 받아온 곳이다. 점심에는 불고기나 갈비, 생선구이, 제육볶음 등의 메뉴가 국, 밥, 밑반찬, 샐러드와 함께 푸짐하게 제공되는 정식 메뉴를 만날 수 있다. 한국인 직원이 있어 좀 더 편하고 따뜻하게 식사할 수 있는 것도 장점이다.

Bakerloo Picadilly 피커딜리 서커스역에서 도보 3분
9 Golden Square, London W1F 9HZ 12:00~23:00(일요일 ~22:00) 갈비 정식 £12, 불고기 정식 £11, 김치찌개 £15, 순두부찌개 £15 +44-20-7434-2073 @aranglondon

천연 재료로 만든 베이글 ⑧

비 베이글 B Bagle

2014년 문을 연 베이글 전문점으로 전통 방식으로 만든 신선한 베이글을 맛볼 수 있어서 인기다. 모든 베이글은 방부제, 첨가물, 착색제를 넣지 않고 천연 재료를 사용해 매장에서 직접 구워낸다. 전통적인 플레인 베이글부터 깨, 무화과, 양파, 통밀, 곡물이 첨가된 옵션까지 선택의 폭이 넓다. 크림치즈 스프레드와 채소, 연어, 치킨, 아보카도, 달걀 등 다양한 재료를 조합할 수 있는 베이글 샌드위치가 특히 인기 있다. 매장 내에서 먹고 갈 경우 작은 샐러드를 세트로 제공한다.

Northern 굿지 스트리트역에서 도보 3분 94 Tottenham Ct Rd, London W1T 4TN 07:00~20:00(일요일 ~17:30) 스모크드살몬&크림치즈 £8.5~, 솔트 비프 £10.5, 에그 마요 £6.5 +44-20-7637-8670 www.bbagel.co.uk

런던 플랫 화이트 커피의 시작 ⑨

플랫 화이트 Flat White

호주와 뉴질랜드에 널리 퍼져 있는 플랫 화이트를 들여와 2005년에 문을 열었다. 이후 런던의 수많은 카페가 커피 메뉴에 '플랫 화이트'를 추가하기 시작했고, 지금은 거의 모든 카페에서 플랫 화이트를 판매한다. 런던의 카페 시장을 뒤흔든 대단한 명성에 비해 카페 규모는 그리 크지 않다. 그러나 진한 커피와 고소한 우유가 어우러진 플랫 화이트의 부드러운 맛은 왜 이곳이 런던을 대표하는 카페 중 하나인지 금세 깨닫게 해준다.

Bakerloo Central Victoria 옥스퍼드 서커스역 17 Berwick St, London W1F 0PT
월~금요일 08:30~17:00, 토요일 09:00~17:30, 일요일 10:00~17:00 플랫 화이트 £4
+44-20-7734-0370 flatwhitesoho.co.uk

AREA ····③

시티 오브 런던 City of London
쇼디치 Shoreditch
해크니 Hackney

세인트 폴 대성당, 런던 탑 등 유서 깊은 명소와 스카이라인을 책임지는 현대적인 건축물, 런던에서 가장 힙한 동네 쇼디치 등 다채로운 볼거리와 분위기가 어우러지는 지역이다. 브루탈리즘 건축 양식의 성지라 불리는 바비칸 센터도 이곳에 있으니 건축에 관심이 많은 사람이라면 꼭 들러야 할 곳이다. 빌딩 숲 사이를 바쁘게 오가는 런더너들의 모습, 담벼락을 장식한 화려한 벽화, 런던을 조망할 수 있는 전망대가 곳곳에 숨어 있다.

시티 오브 런던, 쇼디치, 해크니
추천 코스

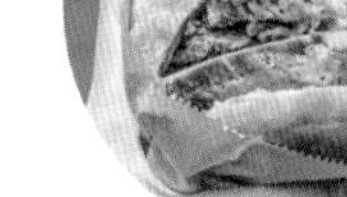

전통과 현대가 공존하는 지역. 브릭 레인과 쇼디치에서는 그래피티 아트와 빈티지 숍을, 바비칸 센터에서는 독특한 건축미를, 세인트 폴 대성당과 호스트 카페에서는 클래식한 분위기를 즐긴다. 도보 이동이 많아 편한 신발이 필수이며, 사람이 많이 모이는 마켓이나 인적이 드문 골목에서는 소지품을 주의할 것.

예상 소요 시간 약 10~11시간

아침 식사
런던 3대 베이글인 베이글 베이크 추천 (24시간 영업)

도보 3분

브릭 레인 마켓
주말 방문 추천

도보 5분

쇼디치
- 개성 넘치는 상점과 거리 곳곳의 그래피티 아트 감상
- 점심 식사(피자 필그림스 또는 피자 이스트 추천)

도보 23분 / 버스 20분

바비칸 센터
브루탈리즘 건축 양식의 예술 문화 공간

도보 15분

호스트 카페
주말엔 교회, 주중엔 카페로 운영되는 아름다운 카페

도보 5분

세인트 폴 대성당
돔 전망대에서 런던 전경 감상

도보 17분

스카이 가든
선셋 또는 야경 감상 (온라인 예약 필수)

시티 오브 런던, 쇼디치, 해크니 상세 지도

런던 필즈 2
런던 필즈역
클림슨 앤 선즈 4
혹스턴역
브로드웨이 마켓 3
7 송 쿠에 카페
7 쇼디치
6 피자 필그림스
해크니 커피 컴퍼니 5
4 레이버 앤 웨이트
캠브리지 히스역
5 피자 이스트
4 올프레스 에스프레소바
3 베이글 베이크
쇼디치 하이스트리트역
1 V&A 아동박물관
1 브릭 레인 마켓
베스널그린역
3 아티카 런던
6 반 고흐 몰입형 갤러리
2
올드 스피탈필즈 마켓

영국을 대표하는 웅장한 성당 ······ ①

세인트 폴 대성당 St. Paul's Cathedral

우리에겐 '사도 바울'이라는 이름으로 익숙한 성 바오로St. Paul를 기리기 위해 7세기 초에 지어진 성당이다. 1666년에 발생한 런던 대화재로 건물의 대부분이 전소되었고, 건축가 크리스토퍼 렌에 의해 지금과 같은 모습으로 복원되었다. 이 성당에서 넬슨 제독과 윈스턴 처칠의 장례식이 거행되었고, 현재 영국 국왕인 찰스 3세와 고 다이애나 왕세자비의 결혼식이 열렸으며, 엘리자베스 2세 여왕의 80세 생일 축하 기념식 등 많은 국가 행사가 열렸다. 입장료를 내면 성당 곳곳을 둘러볼 수 있으며 돔 전망대에 올라가 런던 시내를 360도로 조망할 수 있다. 특히 지름 약 34m, 높이 약 111m에 달하는 돔 천장은 실제로 보면 상상한 이상의 웅장함을 선사한다. 예배에 무료로 참석할 수 있으니 경건한 마음으로 참석해 보는 것도 좋다. 파이프 오르간 연주회나 성가대의 합창으로 이루어진 예배가 열리고, 크리스마스 시즌에는 캐럴 연주나 합창 등의 음악회를 열기도 하니 관심 있다면 홈페이지를 통해 일정을 확인하자.

세인트 폴 대성당에서는 일요일을 포함한 모든 정규 예배에 무료로 참석할 수 있다. 예배에 참여하는 방문객은 누구나 입장할 수 있지만, 돔 갤러리, 지하 납골당 등 주요 관광 구역은 폐쇄되며, 사진 촬영도 할 수 없다. 별도 예약 없이 입장 가능하며, 단정한 복장을 권장한다. 예배 시간 및 특별 예배, 음악회 일정은 공식 홈페이지를 통해 미리 확인하는 것이 좋다.

Central 세인트 폴역에서 도보 2분 St. Paul's Churchyard, London EC4M 8AD 월~토요일 08:30~16:30 (수요일 10:00~), 일요일 08:00~18:00 일요일 입장 불가(예배 참석만 가능) 일반 £26, 학생 및 60세 이상 £23.5, 6~17세 £10, 패밀리티켓1(성인 2명+어린이2~3명) £68.2(온라인 예매 시 £62), 패밀리티켓2(성인 1명+어린이2~3명) £39.6(온라인 예매 시 £36), 예배 참석 무료 +44-20-7246-8350 stpauls.co.uk

런던을 지키는
유서 깊은 건물 ······②

런던 탑 Tower of London

유네스코 세계문화유산으로 지정된 런던 탑은 영국 역사를 상징하는 유서 깊은 건물이다. 오랜 세월의 풍파를 견디면서도 완전한 모습 그대로 보존된 중세의 성채는 영국 왕실 역사의 명암을 간직한 채 템스강을 바라본다. 1078년 정복왕 윌리엄이 자신의 권력을 과시하고 런던을 방어하고자 요새로 건축했고, 940여 년의 세월을 지나며 궁전, 무기고, 감옥, 보물 창고 등 다양한 용도를 거쳐왔다. 이곳을 감옥으로 사용했던 헨리 8세는 6명의 아내 중 2명을 이곳에 감금하고 고문하다가 처형했다. 이를 포함해 런던 탑에서는 수많은 사형이 집행되었는데, 처형된 사람의 대부분은 왕실의 가족이나 친지 또는 그들의 공모자였다. 그 때문에 어떤 이들은 그들의 영혼이 아직도 런던 탑에 남아 떠돌고 있다고 말하기도 한다.

현재는 박물관으로 사용 중이며 중세 시대의 무기와 갑옷 등이 전시된 화이트 타워The White Tower, 왕족의 장신구와 왕관, 보석 등이 전시된 크라운 주얼Crown Jewels, 군사 관련 자료들을 모아놓은 박물관 푸질리어Fusilier, 감옥으로 사용되었던 블러디 타워Bloody Tower와 비첨 타워Beauchamp Tower 등으로 이루어져 있다. 특히 3,250개의 보석이 박힌 엘리자베스 여왕의 왕관, 빅토리아 여왕의 대관식 때 썼던 왕관의 390캐럿짜리 다이아몬드 등이 전시된 크라운 주얼은 1년 내내 관람하기 위해 찾아온 사람들로 붐빈다.

Circle District 타워힐역에서 도보 5분 London EC3N 4AB
월·수~토요일 09:00~17:30(마지막 입장 15:30), 화요일 09:00~16:30, 일요일 10:00~17:30 일반 £39.5, 18세 이상 학생 및 65세 이상 £31.4, 5~17세 £19.8(온라인 예매 시 10% 할인) +44-333-320-6000 hrp.org.uk

런던 탑에는 왜 까마귀가 살고 있을까?

런던 탑을 구경하다 보면 생기는 궁금증이 하나 있다. 닭만큼이나 커다란 까마귀가 영국 역사의 상징인 런던 탑을 제집처럼 누비고 다닌다는 것. 런던 탑에서는 왜 방문객을 귀찮게 하는 까마귀를 방치하는 것일까?

왕실의 특별 관리를 받는 귀하신 몸

런던 탑의 까마귀들은 보통 까마귀가 아니다. 매일 아침 근위병들의 문안 인사를 받고, 일주일에 한 번씩 수의사에게 진료를 받으며, 매일 토끼 생고기 등 특식과 비타민까지 공급받는다. 여우에게 공격을 당해 까마귀 한 마리가 죽고 난 후에는 까마귀를 전담하는 근위병까지 생겨났을 정도다.

영국을 지키는 성스러운 존재

까마귀가 이렇게 극진한 대접을 받는 이유는 영국 역사와 관련이 있다. 과거 영국의 국왕이었던 브란 더 블레스드 왕은 전투 중 죽음을 맞이하면서, 자신의 머리를 잘라 화이트 힐에 묻으라는 유언을 남겼다. 도버 해협이 내려다보이는 화이트 힐에 영원히 남아 자신이 영국을 지킬 것이라는 말이었다. 1078년 화이트 힐에 지금의 런던 탑이 세워졌고, 어디선가 까마귀들이 날아들었다. 사람들은 죽은 왕의 영혼이 까마귀가 되어 나라를 지켜준다고 믿었고, 런던 탑에 까마귀가 사라지면 나라가 몰락하고 불행이 닥친다는 소문이 퍼졌다. 그때부터 영국에서 까마귀는 성스러운 존재이자 행운의 상징으로 여겨졌다. 14세기 유럽 전역에 흑사병이 창궐했을 당시, 까마귀가 자신을 지켜준다고 믿어 까마귀 가면을 착용하는 사람들까지 있을 정도였다. 1660년 영국의 왕 찰스 2세는 까마귀에 대한 소문을 듣고 런던 탑에 6마리의 까마귀를 키울 것을 명령했다. 브란 더 블레스드 왕과 부하들의 수가 6명이었다는 점에서 런던 탑의 까마귀는 그때부터 언제나 6마리를 유지하도록 했다. 천문학자들이 온종일 울어대는 까마귀 때문에 연구에 집중할 수 없다고 항의하자 까마귀를 쫓아내는 대신 그리니치 천문대를 지어주며 이주시킬 정도로 극진히 모셨다. 까마귀를 향한 영국 왕실의 특별 대우는 5세기에 걸친 역사를 가진 셈이다. 그러나 까마귀가 날아가면 나라에 불행이 닥친다는 설 때문에, 날지 못하도록 날개 쪽 신경을 자르고 주기적으로 깃털을 비대칭으로 손질한다는 사실이 알려져 동물 학대라는 비난을 받는 것도 피할 수 없는 진실이다.

무료로 즐기는 전망대 ······③

스카이 가든 Sky Garden

'워키토키'라는 별명을 가진 20 펜처치 스트리트20 Fenchurch Street 빌딩 35층에 근사한 전망대가 있다. 런던 아이, 세인트 폴 대성당, 타워 브리지, 테이트 모던, 런던 탑, 더 샤드 등 런던의 모든 랜드마크가 잘 보이는 위치에 자리해 런던의 전경을 조망하기에 좋다. 내부에는 꽃과 나무를 풍성하게 심어 빌딩 숲 사이에 정원을 만들었다. 커피와 디저트, 간단한 간식을 판매하는 카페도 있고, 한 층 위로 올라가면 해산물 레스토랑과 그릴 레스토랑이 있어 런던의 전경을 감상하며 식사를 즐길 수도 있다. 홈페이지를 통해 예약하면 무료로 입장 가능하다.

Circle District 모뉴먼트역에서 도보 3분
20 Fenchurch St, London EC3M 8AF
월요일 10:00~18:00, 화~수요일 10:00~23:00, 목요일 10:00~24:00, 금요일 10:00~02:00, 토요일 08:30~02:00, 일요일 08:30~23:00 +44-333-772-0020
kygarden.london

과거와 현재가 만나는 시장 ······④

리든홀 마켓 Leadenhall Market

14세기에 형성된 시장으로 빅토리아풍의 화려한 아케이드와 빛이 잘 들어오는 유리 천장으로 둘러싸여 있다. 과거에는 육류와 가축을 거래하던 전통 시장이었지만, 지금은 레스토랑, 와인 바, 고급 상점들이 즐비한 세련되고 고풍스러운 명소가 되었다. 점심 식사를 즐기거나 퇴근 후 맥주 한 잔을 즐기는 직장인들의 웃음소리가 끊이지 않는다. 영화 〈해리포터와 마법사의 돌〉의 '다이애건 앨리' 촬영지, 2023년 개봉한 〈웡카〉의 촬영지로 알려지면서 영화 속 명소를 찾아 인증 사진을 남기는 영화 팬들도 많다. 활기 넘치는 평일과 달리, 주말에는 대부분의 상점이 문을 닫으니 평일에 방문할 것을 추천한다.

Circle District 모뉴먼트역에서 도보 5분
Gracechurch St, London EC3V 1LT 영국
24시간(상점들은 대부분 주말에 문을 닫음)
+44-20-7606-3030 leadenhallmarket.co.uk

영국 브루탈리즘 건축의 대명사 ······ ⑤

바비칸 센터 Barbican Center

바비칸 지구는 1940년 제2차 세계대전 당시 폭탄이 떨어져 약 14만m²(약 4만 2,000평)에 달하는 면적이 파괴되고 폐허가 되었다. 런던시는 오랜 논의를 거쳐 쑥대밭이 된 바비칸 지구를 전쟁의 상처를 뛰어넘은 생명이 숨 쉬는 곳, 문화가 숨 쉬는 곳으로 재생시키는 프로젝트를 진행했고, 총 2,200세대의 대규모 주거단지를 건설했다. 이후 1982년, 엘리자베스 2세 여왕의 후원을 받아 주거단지 바로 옆에 복합문화예술기관 바비칸 센터를 설립했다. 거칠고 투박하며 자유로운 건축 양식을 뜻하는 '브루탈리즘Brutalism'의 대표적인 건축물로, 영국에서 가장 중요한 현대 건축물 중 하나로 평가된다.

2,026석 규모의 콘서트홀, 1,166석과 200석 규모의 공연장 2곳, 영화관 3곳, 전시관 2곳, 공용 공간, 회의실, 도서관, 카페, 레스토랑, 분수 공원 등을 갖추었으며, 이는 런던뿐 아니라 유럽 전체를 통틀어 가장 큰 규모의 문화 시설이다. 세계적인 아티스트와 뮤지션, 오케스트라 등의 공연이 열리며, 런던 심포니 오케스트라와 BBC 심포니 오케스트라의 정기적인 연주회가 열린다.

Circle Hammersmith & City Metropolitan 바비칸역에서 도보 8분 Silk St, Barbican, London EC2Y 8DS
월~금요일 08:00~23:00(토·일요일·공휴일 10:30~)
+44-20-7870-2500 barbican.org.uk

바비칸 온실 Barbican Conservatory 예약 필수

비정기적으로 스르르 문을 열었다가 조용히 닫는 신기루 같은 온실이다. 콘크리트 일색인, 그래서 다소 차갑게 느껴지기도 하는 바비칸 센터에 온실이라니. 어쩐지 어울리지 않을 것 같지만, 온실 내부에 들어서면 생각이 달라진다. 회색의 콘크리트 건물을 싱그러운 초록의 식물들이 뒤덮고 있기 때문이다. 이곳의 주인공은 바비칸이 아니라 식물과 물고기들이다. 2,000여 종의 열대 식물과 작은 연못, 그 안을 한가로이 노니는 물고기를 바라보며 조금은 느리고 게으른 시간을 보내기 좋다. 온실 중앙의 카페에서는 커피와 디저트, 애프터눈 티 등을 맛볼 수 있다.

비정기적으로 오픈. 홈페이지로 오픈 일주일 전 공지
무료

반 고흐 몰입형 갤러리 Van Gogh London Exhibit: The Immersive Experience

빈센트 반 고흐Vincent van Gogh의 작품을 새로운 방식으로 체험할 수 있는 몰입형 갤러리다. 디지털 기술을 활용해 반 고흐의 작품을 거대한 스크린에 투사하고, 360도로 움직이는 미디어아트와 사운드를 통해 관람객이 작품 속에 들어간 듯한 경험을 할 수 있다. 〈별이 빛나는 밤에〉, 〈해바라기〉 등 반 고흐의 유명한 작품들을 거대한 스크린에서 감상할 수 있으며, 작품의 세부적인 요소들을 강조한 미디어아트 연출을 통해 반 고흐의 예술적 스타일과 감정을 더욱 깊이 이해할 수 있다. 가상 현실 기술을 이용하여 반 고흐가 머물던 곳을 탐험하거나 그의 시선으로 세상을 바라보는 특별한 경험을 제공하기도 한다.

Overground 쇼디치 하이스트리트역에서 도보 6분
106 Commercial St, London E1 6LZ
월·수·목요일 10:00~20:00, 금요일 10:00~21:00, 토요일 09:00~21:00, 일요일 10:00~20:00 휴무: 화요일
일반 £24.9, 13~26세 및 65세 이상 £18.9, 4~12세 £15.9, 패밀리티켓 (성인 2명, 어린이 2명) 1인당 £17.9
+44-1344-951371 vangoghexpo.com

예술과 문화가 모이는 동네 ······ ⑦

쇼디치 Shoreditch

이스트 런던에 위치한 트렌디하고 활기찬 지역으로, 창의적인 에너지와 독특한 분위기를 느낄 수 있다. 한때 산업 지대였으나 지금은 런던에서 가장 힙한 동네 중 하나로 변모하여 예술가, 디자이너, 스타트업 창업자들이 모여드는 창의적 허브가 되었다. 국내에서는 2013년 가수 GD가 〈삐딱하게〉의 뮤직비디오를 찍은 곳으로 알려지면서 유명해지기 시작했고, 이제는 런던을 찾는 여행자들이 꼭 들러야 할 지역으로 꼽히게 되었다. 벽마다 다양한 색채와 스타일의 작품뿐 아니라 영국의 그래피티 아티스트 뱅크시Banksy의 작품이 거리 곳곳에 자리하고 있어 거리 전체가 거대한 갤러리처럼 느껴진다.

Overground 쇼디치 하이스트리트역

BARBER & PARL
SOTOS
PAPER & CUP
KILLING TIME
SOCIAL CONTROL
NOT ANYMORE
URBANEARS
URBANEARS
RICH
MIX
MUSIC / CIN EMA / DA
THEATR E / VISUAL
/ COMEDY / S POKEN WO
CABARET / TAL KS / FESTI

시간 가는 줄 모르는 흥겨운 마켓 ······ ①

브릭 레인 마켓 Brick Lane Market

평일에도 문을 열기는 하지만, 일요일에 가야 마켓의 진정한 매력을 느낄 수 있어 '브릭 레인 선데이 마켓'이라 부르기도 한다. 빈티지 의류, 수공예품, 중고 서적, 가구, 식기, 골동품 등 개성 넘치는 물건을 구경하는 재미에 시간 가는 줄 모르는 곳이다. 다양한 종류의 거리 음식과 공연이 마켓의 활기를 더한다. 창의적이고 기발한 그래피티와 예술품들이 거리 곳곳에 설치되어 있어 볼거리가 무척 풍성하다. 젊은 예술가들이 자신의 작품을 직접 판매하는 가판도 많아 런던 아티스트들의 창의적인 작품을 가까이에서 만나볼 수 있다. 오래전부터 방글라데시 이민자들이 모여 살던 동네로 근방에 방글라데시 음식점과 상점이 많은 것도 특징이다.

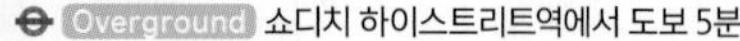
Overground 쇼디치 하이스트리트역에서 도보 5분

91 Brick Ln, London E1 6QL

과거와 현재가 만나는 시장 ······ ②

올드 스피탈필즈 마켓 Old Spitalfields Market

17세기에 처음 설립된 시장으로, 시간이 지나며 현대와 전통이 조화를 이루는 독특한 시장으로 자리 잡았다. 빅토리아 시대의 고풍스러운 철제 구조물과 유리 지붕이 어우러져 있는 독특한 건축 양식으로도 유명하다. 패션, 예술, 수공예품, 골동품 등 다양한 품목을 판매하는 상인들이 모여 있으며, 다양한 나라의 음식을 판매하는 부스도 많이 입점해 있다. 주말에는 플리마켓과 라이브 공연 등의 행사가 열리기도 하여 더욱 활기를 띤다.

Overground 쇼디치 하이스트리트역에서 도보 8분 16 Horner Square, London E1 6EW 영국 월·화·수·금요일 10:00~20:00, 목요일 08:00~18:00, 토요일 10:00~18:00, 일요일 10:00~17:00
oldspitalfieldsmarket.com

더티 베이글 Dirty Bagles

스피탈필즈 마켓에서 가장 유명한 베이글 샌드위치 전문점이다. 넘치도록 푸짐하게 넣은 고기와 소스가 흘러내리는 모습을 보고 '더티 베이글'이라 이름 지었다. 부드럽게 익힌 돼지고기를 잘게 찢은 후 달콤하고 짭조름한 바비큐 양념을 더 해 속을 채운 베이글 샌드위치가 가장 유명하다. 이 샌드위치를 먹기 위해 일부러 스피탈필즈 마켓을 찾는 사람도 많다. 취향에 따라 치즈와 매운 소스를 추가할 수 있으며 빵은 베이글과 브리오슈 중 선택할 수 있다. 개인적으로 오리지널 레시피인 베이글을 좀 더 추천한다.

Overground 쇼디치 하이스트리트역에서 도보 8분
16 Horner Square, London E1 6EW 영국
월·화요일 11:00~20:00, 수~금요일 11:30~20:00, 토요일 10:30~21:00, 일요일 10:30~20:00
더티베이글 £9~
dirtybagels.co.uk

보물이 숨어 있는
빈티지 숍 ……③

아티카 런던 Atika London

빈티지 마니아들 사이에서는 이미 유명한 빈티지 숍으로 약 6만 개 이상의 빈티지 아이템을 보유하고 있다. 지하 1층과 1층, 2개 층에 걸쳐 1970년대, 1980년대, 1990년대 등 특정 시대의 의류와 액세서리를 시대별로 분류해 놓았다. 빈티지 청바지와 재킷, 드레스, 운동화, 모자 등 다양한 아이템을 자유롭게 착용해 볼 수 있으며, 쇼핑을 하는 동안 직원이 따라다니거나 불필요한 말을 걸지 않아 더 편안한 쇼핑을 즐길 수 있다.

Overground 쇼디치 하이스트리트역에서 도보 10분 55, 59 Hanbury St, London E1 5JP 11:00~19:00(일요일 11:30~18:00) +44-20-7377-8828 www.atikalondon.co.uk

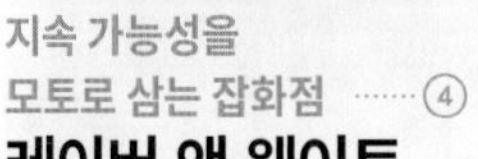

지속 가능성을
모토로 삼는 잡화점 ……④

레이버 앤 웨이트
Labour and Wait

2000년에 문을 연 잡화점으로 일상에서 사용할 수 있는 다양한 생활용품과 주방용품, 문구 등을 판매한다. 일회용품이나 패스트 패션이 아닌, 시간이 지나도 질리지 않고 오랫동안 사용할 수 있는 좋은 품질의 제품을 제공하는 것을 최우선으로 삼는다. 대부분 영국 내의 소규모 제조업체나 장인들이 만든 제품으로 매장을 채운다. 핸드메이드로 제작된 테이블 리넨, 빗자루, 식기 등 이곳에서 판매되는 물건들은 대부분 클래식한 디자인을 갖추고 있으며 시간이 지나도 변함없는 가치를 지닌다.

Overground 쇼디치 하이스트리트역에서 도보 4분 85 Redchurch St, London E2 7DJ 11:00~18:00 +44-20-7729-6253 www.labourandwait.co.uk

영국을 대표하는 홍차 ⑤

트와이닝 플래그십 스토어

Twinings Flagship Store

트와이닝은 영국 홍차를 대표하는 브랜드로 무려 300년이 넘는 역사를 자랑한다. 전 세계에 셀 수 없이 많은 지점을 열었지만, 1706년 창립 이후로 300년이 넘는 시간 동안 한 자리를 지켜온 본점에는 이 브랜드만의 역사와 전통이 뚝뚝 묻어난다. 이제는 슈퍼마켓이나 편의점에서도 쉽게 구할 수 있는 대중적인 브랜드가 되었지만, 한정판으로 생산된 프리미엄 티와 커피 등은 이곳 본점에서만 구입할 수 있으니 꼭 들러볼 것을 추천한다. 매장 한쪽에는 브랜드의 역사를 볼 수 있는 작은 박물관과 시음 코너도 마련되어 있다.

Circle District 템플역에서 도보 5분
216 Strand, Temple, London WC2R 1AP
11:00~18:00(목요일 11:30~18:30)
+44-20-7353-3511
twinings.co.uk

TWG와 Twinings의 차이

TWG와 Twinings는 완전히 다른 브랜드다. TWG는 싱가포르의 차 브랜드로 굳이 런던에서 구입할 필요가 없으니 혼동하지 않도록 주의할 것.

카페로 변신하는 교회 ······ ①

호스트 카페 Host Café

세인트 폴 대성당 근처의 호스트 카페는 카페지만 교회인 곳이다. 바꾸어 말하면, 카페도 맞고 교회도 맞다. 일요일에는 예배를 드리는 교회로 문을 열고, 주중에는 종교와 상관없이 누구나 들어와 커피를 즐길 수 있는 카페로 문을 열기 때문이다. 때문에 보통의 카페와는 달리 대부분의 좌석은 예배당에서 사용하는 길쭉한 나무 의자를 그대로 사용한다. 성경책을 올려두는 선반에 커피와 케이크를 올려두고, 사람들은 나란히 앉아 낮은 목소리로 대화를 나눈다. 아치형 천장에 장식된 정교하고 화려한 조각과 스테인드글라스를 통해 들어오는 빛의 조각이 한데 어우러져, 아름답고 성스러운 분위기를 만들어내는 특별한 카페다.

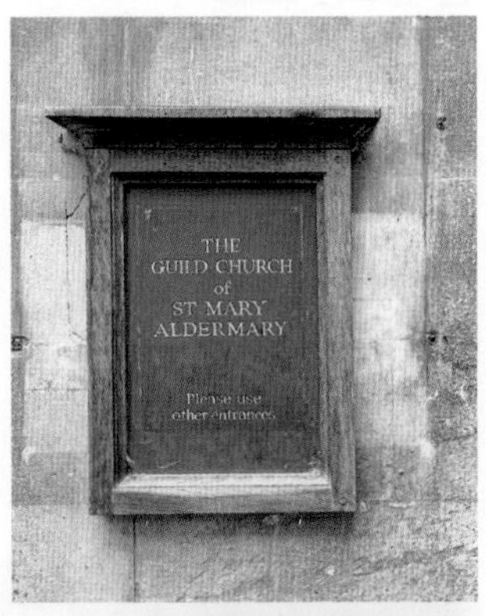

Circle District 맨션 하우스역에서 도보 2분 St Mary Aldermary, Watling St, London EC4M 9BW 카페 월~금요일 07:30~16:00, **교회** 일요일 10:30~ 토요일 음료 £2.6~ +44-7873-438774 hostcafelondon.com

제대로 만든 멕시칸 요리 ······ ②

칠랑고(챈서리레인 점) Chilango(Chancery Lane)

정통 멕시코 스타일의 부리토와 멕시칸 샐러드를 맛볼 수 있는 멕시칸 요리 전문점. 런던에도 제대로 된 멕시코 음식점이 있어야 한다는 목표를 가지고 멕시코와 미국을 돌며 영감을 얻었고, 그 영감을 바탕으로 2007년 런던의 이즐링턴에 첫 번째 매장을 열었다. 원하는 대로 주문하면 즉시 만들어 주는 시스템으로 신선한 재료들로 만든 부리토를 맛볼 수 있다. 회전율도 높은 편. 소호, 사우스워크 등 런던 시내에 총 10개의 지점을 운영 중이고, 그중 시티와 홀본 지역에만 5개의 매장이 집중되어 있다.

Central 챈서리레인역에서 도보 3분 76 Chancery Ln, London WC2A 1AD 11:00~15:00 주말 약 £10~(부리또, 타코, 볼 등에 추가하는 재료에 따라 금액 상이) +44-20-4580-1266 chilango.co.uk

브릭 레인에 가는 이유 ······ ③

베이글 베이크 Beigel Bake

브릭 레인에 위치한 전설적인 베이글 가게로, 24시간 문을 연다. 1974년에 영업을 시작해 오늘날까지 전통적인 방식으로 베이글을 구워낸다. 가장 대표적인 메뉴는 소금에 절인 쇠고기를 넣은 솔트 비프. 베이글의 쫄깃한 식감과 짭조름하고 부드러운 소고기가 완벽한 조화를 이루어 현지인과 여행자 모두에게 큰 인기를 끌고 있다. 오이 피클과 머스터드소스를 추가하면 좀 더 풍성한 맛을 즐길 수 있다. 신선한 훈제 연어와 부드러운 크림치즈가 어우러진 스모크드 살몬&크림치즈도 인기 있다.

Overground 쇼디치 하이스트리트역에서 도보 5분 159 Brick Ln, London E1 6SB 24시간 솔트 비프 £6.2, 스모크드 살몬&크림치즈 £3.6
+44-20-7729-0616
bricklanebeigel.co.uk

커피의 정석 ······ ④

올프레스 에스프레소바 Allpress Espresso Bar

1986년 뉴질랜드에서 시작된 커피 브랜드로, 쇼디치에 런던의 첫 번째 매장을 열었다. 이곳의 특징은 무엇보다도 깔끔하고 깊이 있는 커피다. 전통적인 에어로스팅 방식을 사용해 원두 고유의 맛을 극대화하고 풍미가 살아있는 커피를 맛볼 수 있다. 에스프레소 기반의 음료뿐 아니라 필터 커피, 콜드 브루 등 다양한 커피 메뉴를 갖추고 있으며, 빵과 디저트 메뉴도 많다. 커피 한잔하러 들어갔다가 원두까지 사 들고 나오게 되는 마법의 카페다.

Overground 쇼디치 하이스트리트역에서 도보 3분
58 Redchurch St, London E2 7DP 08:00~16:00(토·일요일 09:00~)
음료 £2.6~ +44-20-7749-1780 uk.allpressespresso.com

분위기까지 맛있는 피자집 ······ ⑤

피자 이스트 Pizza East

2009년에 문을 연 나폴리 스타일의 화덕 피자 전문점. 공장으로 쓰이던 건물을 개조해 빈티지하면서 세련된 분위기의 공간이다. 얇고 바삭한 도우 위에 신선한 재료를 아낌없이 올린 화덕 피자를 맛볼 수 있어 현지인들이 많이 찾는다. 유쾌하고 친절한 직원들, 피자가 만들어지는 과정을 볼 수 있는 오픈 키친 등 친근하고 활기찬 분위기 덕에 저절로 기분이 좋아진다.

Overground 쇼디치 하이스트리트역에서 도보 2분 56 Shoreditch High St, London E1 6JJ 월·수·목요일 10:00~20:00, 금요일 10:00~21:00, 토요일 09:00~21:00, 일요일 10:00~20:00 화요일 화덕피자 £13.5~, 라자냐 £19, 사이드 메뉴 £6.5~ +44-20-7349-9650 www.pizzaeast.com/shoreditch

도우부터 맛있는 피자 ······ ⑥

피자 필그림스 Pizza Pilgrims

2011년 이탈리아 나폴리에서 피자 레시피를 배우고 영감을 얻은 두 형제가 푸드트럭으로 런던 곳곳에서 피자를 만들어 팔던 것에서 시작된 곳이다. 현재는 런던을 비롯한 영국 전역에 22개의 매장을 거느린 피자 체인점 중 하나로 성장했다. 하루 동안 발효시킨 반죽 위에 다양한 토핑을 올리고 고온의 화덕에서 빠르게 구워져, 쫄깃하면서도 바삭한 크러스트가 특징. 마르게리타, 페퍼로니와 같은 클래식 피자부터 다양한 토핑을 올린 창의적인 피자까지 다양한 피자를 만든다.

Overground 쇼디치 하이스트리트역에서 도보 8분 136 Shoreditch High St, London E1 6JE 월~수요일 11:30~22:00, 목요일 ~22:30, 금·토요일 ~23:00, 일요일 12:00~21:00 화덕피자 £11.5~, 샐러드 £5 +44-20-3019-7620 pizzapilgrims.co.uk

런던 최고의 베트남 쌀국수 ⑦

송 쿠에 카페 Sông Quê Café

2010년부터 영업을 시작한 베트남 음식 전문점이다. 신선한 재료를 사용해 전통적인 레시피로 정성껏 끓여낸 깊고 진한 쌀국수를 맛볼 수 있어 현지인들이 무척 많이 찾는 곳이다. 한국인 여행자에게는 뜨끈한 국물이나 한식이 그리울 때, 그리움을 달래줄 훌륭한 선택지다. 영국의 유명 여행 매거진 〈타임아웃Time out〉에서 이곳의 쌀국수를 런던 최고의 쌀국수라고 극찬한 바 있다. 쌀국수를 비롯해 베트남식 샌드위치 반미, 볶음면, 스프링롤 등 다양한 베트남 요리를 만든다.

Overground 혹스턴역에서 도보 3분 134 Kingsland Rd, London E2 8DY
12:00~23:00 (15:00~17:30 브레이크타임, 토요일은 브레이크타임 없음), 일요일 ~22:30 쌀국수(PHO) £14.9~, 스프링롤 £8 +44-20-7613-3222
www.songque.co.uk

REAL PLUS

런던 북쪽에 숨은 트렌디한 동네

해크니 Hackney

런던 동북쪽에 산업 노동자 계층이 모여 있던 지역이었다. 런던 도심에 비해 부지가 넓고 부동산 가격이 저렴해 갤러리, 공연장, 극장 등 예술 시설들이 하나둘 들어서기 시작한 것이 오늘날 해크니의 시작이다. 이제 다양한 예술이 공존하는 문화의 교류지로 변모해 해크니만의 고유한 분위기를 만들어가고 있다. 인근의 쇼디치와 함께 묶어 둘러보기 좋으며 복잡한 런던 도심에서 벗어나 한적하고 여유로운 런던을 만나고 싶을 때 찾으면 좋다.

런던 필즈 2
런던 필즈역
클링슨 앤 선즈 4
브로드웨이 마켓 3
해크니 커피 컴퍼니 5
캠브리지 히스역
1 V&A 아동박물관
쇼디치 방향
베스널그린역

어린이를 위한 놀이 박물관 ······ ①

V&A 아동박물관 Young V&A

켄싱턴에 있는 빅토리아 앤 알버트 박물관의 분점이다. 1872년에 설립되었다. 놀이, 교육, 가족생활과 같은 주제를 위주로 수 세기에 걸쳐 아이들의 삶이 어떻게 변화했는지에 대해 어린이의 눈높이에 맞춰 전시한다. 테디베어, 인형의 집, 바비, 오락 게임기 등 각종 장난감의 시대별 변천사를 살펴볼 수 있고 각 시대의 아동용 도서와 교육 자료도 체험해 볼 수 있다. 전시를 둘러보는 것에 그치지 않고 직접 만져보고 경험할 수 있도록 하여 어린이들의 참여를 높이고 호기심을 자극하는 흥미로운 박물관이다. 어린이에게는 즐거운 추억을, 어른에게는 어린 시절의 향수와 동심을 선사한다.

Central 베스널그린역에서 도보 2분
Cambridge Heath Rd, Bethnal Green, London E2 9PA
10:00~17:45 +44-20-8983-5200
www.vam.ac.uk/young

여행도 잠시 쉬어가는 곳 ······ ②

런던 필즈 London Fields

해크니의 여유로움을 만끽할 수 있는 탁 트인 공원이다. 피크닉, 야외 스포츠, 산책 등 여유로운 시간을 보내는 런더너들을 바라보면 마음이 편안해진다. 크리켓 경기장, 테니스 코트, 온수 수영장 등 스포츠를 위한 편의 시설도 잘되어 있어 일부러 찾아오는 사람도 많다. 야외 영화 상영, 음악 축제, 피트니스 수업을 포함하여 1년 내내 다양한 행사가 열리며 매주 토요일에는 런던 필즈 서쪽 끝자락에서 브로드웨이 마켓이 열린다. 오버그라운드 런던 필즈역 바로 앞에 자리해 접근성도 좋다.

Overground 런던 필즈역 바로 앞 London Fields West Side, London E8 3EU

주말에만 열리는 깜짝 마켓 ······ ③

브로드웨이 마켓 Broadway Market

런던 필즈 끝자락에서 주말에만 열리는 마켓. 신선한 농산물, 장인이 만든 빵, 유기농 식재료, 수공예품, 빈티지 의류 등 다양한 제품을 접할 수 있다. 중동, 아시아, 지중해 등 다양한 나라의 음식들을 가볍게 즐길 수 있는 음식 코너도 많고 홈메이드 치즈와 햄, 잼 등 건강하게 만든 가공식품을 구입하기에도 좋다. 런던 필즈의 여유로움을 함께 즐기기 좋으며 마켓 옆으로 음악, 마술 등의 거리 공연이 열려 활기를 더한다.

Overground 런던 필즈역에서 도보 8분 35 Broadway Market, London E8 4PH 매주 토요일 09:00~17:00, 일요일 10:00~17:00 broadwaymarket.co.uk

일부러 찾아가는 로스터리 카페 ······ ④

클림슨 앤 선즈 Climpson & Sons

2002년에 문을 연 로스터리 카페로 스페셜티를 비롯한 고품질의 커피를 즐길 수 있는 곳이다. 단순한 카페가 아니라 커피 전문 로스터들이 근무하며 엄선된 원두를 세심하게 블렌딩하여 커피를 만든다. 에스프레소 기반의 커피를 비롯해 콜드 브루, 필터 커피 등 모든 커피가 훌륭해 일부러 찾아오는 사람도 많다. 브로드웨이 마켓 내에 자리하고 있어 주말에는 빈 자리 찾기가 힘들다.

Overground 런던 필즈역에서 도보 7분 67 Broadway Market, London E8 4PH 07:00~17:00 (토요일 08:30~, 일요일 09:00~) 음료 £2.8~ +44-20-7254-7199 www.climpsonandsons.com

마음이 편안해지는 커피 ······ ⑤

해크니 커피 컴퍼니 Hackney Coffee Company

빅토리아 시대에 만들어진 창고를 개조한 곳으로 빈티지한 분위기의 카페다. 빛이 잘 드는 실내공간에 초록 식물이 어우러져 편안하고 싱그럽다. 직접 로스팅하고 블렌딩해 신선하고 품질 좋은 커피가 특징이다. 토스트, 페이스트리, 샌드위치 등 커피와 함께 즐길 수 있는 간단한 음식을 비롯해 수제 맥주, 와인, 차 등 다양한 메뉴를 갖추고 있다.

Overground 캠브리지 히스역에서 도보 2분 499 Hackney Rd, London E2 9ED 월·화요일 08:00~16:00, 수·목요일 08:00~17:00, 금 08:00~18:00, 토 09:00~18:00, 일 09:00~17:00 음료 £3.2~ +44-20-3983-5571 www.hackneycoffee.co

AREA ····④

사우스뱅크 Southbank
사우스워크 Southwark

템스강 남쪽에 자리한 사우스뱅크와 사우스워크는 역사적 명소와 현대적인 건축물이 조화를 이루고 있어 런던의 과거와 현재를 동시에 느낄 수 있는 지역이다. 런던의 상징이라 할 수 있는 타워 브리지와 런던 아이, 테이트 모던, 버로우 마켓 등 여행자들이 사랑하는 명소들이 모여 있어 여행 중 한 번쯤 들르게 되는 곳이다. 템스강변을 따라 걷다 보면 세인트 폴 대성당, 빅 벤, 웨스트민스터 사원 등 템스강 북쪽의 랜드마크를 한눈에 담을 수 있다.

사우스뱅크, 사우스워크
추천 코스

템스강 남쪽을 따라 예술과 문화를 즐길 수 있는 지역. 타워 브리지, 런던 아이, 더 샤드 같은 랜드마크를 감상하고, 버로우 마켓에서 로컬 음식을 맛본다. 템스강변을 산책하며 여유를 즐기고, 뉴포트 스트리트 갤러리에서 현대 미술을 감상하며 하루를 마무리한다.

예상 소요 시간 약 8시간 30분~9시간

타워 브리지

오전 일찍 방문해 한적하게 사진 촬영

도보 15분

버로우 마켓

- 런던에서 가장 오래된 식료품 시장
- 다양한 간식 즐기기

도보 1분

점심 식사

버로우 마켓 식재료로 요리하는 엘리엇츠

도보 6분

더 샤드

68층 부터 72층까지 전망대로 개방

도보 19분 / 지하철 또는 버스 15분

테이트 모던

- 6층 카페 또는 10층의 테라스에서 감상하는
- 런던의 전경을 놓치지 말 것

도보 22분 템스강변 산책

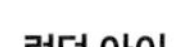

런던 아이

해 질 무렵 탑승 추천

도보 19분

뉴포트 스트리트 갤러리

데미안 허스트의 현대 미술관

사우스뱅크, 사우스워크
상세 지도
N
W
E
S
0
200m
템스강
6 사우스뱅크 센터
사우스워크역
워털루역
7 런던 아이
리크 스트리트 아치스 8
렘버스노스역
9 뉴포트 스트리트 갤러리

5 밀레니엄 브리지
2 테이트 모던
버로우 마켓 3
엘리엇츠 2
몬머스 커피 1
런던 브리지역
1 타워 브리지
3 파델라
4 더 샤드
4 프레타망제

런던의 랜드마크 ①

타워 브리지 Tower Bridge

런던의 대표적인 랜드마크 중 하나로 1894년부터 이어진 긴 역사를 갖는다. 다리 양 끝에 2개의 타워가 마주 보고 있어 '타워 브리지'라는 이름이 붙었다. 타워 안쪽에는 전망대와 전시관이 있고, 2개의 타워를 연결하는 유리 다리를 통해 양쪽의 타워를 오갈 수 있다. 타워에 오른 사람들은 바닥 유리에 앉거나 누워서 타워 브리지를 바쁘게 오가는 사람들과 자동차를 배경으로 사진을 찍는다. 빨간색 이층버스가 지나가는 순간, 혹은 아래쪽의 다리가 양쪽으로 열리는 순간에 사진을 찍으면 인생 사진을 건질 수도 있다. 근처의 런던 브리지와는 다른 곳이므로 혼동하지 않도록 주의하자.

Circle District 타워 힐역에서 도보 7분 (템스강 북쪽에서 갈 때), Jubilee Northern 런던 브리지역에서 도보 10분 (템스강 남쪽에서 갈 때) Tower Bridge Rd, London SE1 2UP 09:30~18:00
일반 £13.4, 16세 이상 학생 및 60세 이상 £10, 5~15세 £6.7
+44-20-7403-3761 towerbridge.org.uk

미술관으로 변신한 화력발전소 ······ ②

테이트 모던 Tate Modern

영국의 미술 작품을 소장, 관리하는 국가 재단 테이트Tate에서 운영하는 미술관 중 하나로, 1900년부터 현재까지의 국가 소장품과 현대 예술 작품을 전시하는 현대미술관이다. 화력발전소를 개조해 만들었으며 본관과 신관 두 건물로 이루어져 있다. 테이트 모던은 세계에서 가장 큰 현대미술관 중 하나로 2024년 약 460만 명이 이곳을 방문했다. 특별전과 기획전을 제외한 상설 전시는 무료로 관람할 수 있으며, 매년 글로벌 기업의 후원을 받아 엄청난 규모로 설치되는 1층(LEVEL 0) 터바인 홀의 전시가 특히 유명하다. 본관 6층의 카페와 신관 10층의 테라스에서는 템스강과 세인트 폴 대성당, 밀레니엄 브리지가 어우러지는 런던의 전경을 무료로 감상할 수 있다.

Jubilee 사우스워크역에서 도보 10분
Bankside, London SE1 9TG 10:00~18:00
+44-20-7887-8888 tate.org.uk

SEE GREAT ART FROM AROUND THE WORLD

가장 오래된 것이
가장 아름답다 ······③

버로우 마켓 Borough Market

런던에서 가장 오래된 식료품 시장으로 1,000년 이상의 역사를 자랑한다. 상인들이 모여 채소와 생선 등을 팔기 시작하면서 자연스럽게 형성된 시장이기에 정확한 설립 연도는 알 수는 없으나 대략 1014년경으로 추정된다. 영국의 유명 셰프 고든 램지와 제이미 올리버가 장을 보는 시장으로 알려지면서 런던에서 가장 유명한 시장이 되었다. 좋은 재료로 만든 빵과 쿠키, 치즈, 버터, 초콜릿, 잼, 각종 향신료 등을 파는 식료품 상점이 가장 많고, 신선한 해산물과 육류, 채소, 과일, 와인, 맥주 등을 판매하는 곳도 많다. 그뿐 아니라 햄버거나 소시지, 스페인식 빠에야 등 다양한 먹거리도 만날 수 있어 눈과 입이 즐겁다.

Jubilee Northern 런던 브리지역에서 도보 5분 영국 SE1 9AL London
10:00~17:00(토요일 09:00~, 일요일~16:00) 월요일 +44-20-7407-1002
boroughmarket.org.uk

버로우 마켓 인기 먹거리

봄바 빠에야
Bomba Paella

언제나 긴 줄을 서야 하는 매장으로, 스페인식 리조또 '빠에야'를 판매한다. 닭고기 또는 해산물과 각종 채소를 푸짐하게 넣고 커다란 팬 위에서 쉴 새 없이 만들어지는 빠에야가 지나가는 사람의 발걸음을 붙잡는다. '봄바'라는 이름은 빠에야에 사용되는 쌀의 종류인 '봄바'에서 유래한 것으로 스페인 현지와 최대한 비슷한 맛을 내려 노력한다. 테이블이 없어 대부분 매장 앞 길가에 서서 먹거나 공용 테이블이 있는 구역으로 이동해서 먹는다.

📍 a market en, London SE1 9AF 🕓 버로우 마켓과 동일
£ 빠에야 £10

브래드 어헤드
Bread Ahead

부드럽고 촉촉한 도넛에 다양한 필링을 넣은 도넛으로 유명한 제과점이다. 우리나라의 노티드 도넛이 이곳을 벤치마킹한 것으로 유명하다. 바닐라, 초코, 말차, 땅콩 등 클래식한 크림 도넛부터 딸기, 사과, 라즈베리 등 시즌별로 달라지는 과일맛 크림을 넣은 도넛 등 다양한 맛의 도넛을 맛볼 수 있다. 피스타치오, 크림브륄레, 커스터드, 초코 등이 가장 인기 있다.

📍 Borough Market, Cathedral St, London SE1 9DE
🕓 09:00~17:00(일요일 10:00~16:00) ⊗ 월요일 £ 도넛 £4~

터닙스
Turnips

신선한 딸기에 진한 초콜릿을 듬뿍 끼얹어 먹는 달콤한 간식을 파는 곳이다. 한쪽에선 쉴 새 없이 딸기를 손질하고, 다른 한쪽에선 컵에 담긴 딸기에 진한 초콜릿을 부어 준다. 2~3겹으로 줄을 서서 사 먹는 버로우 마켓 인기 메뉴다. 초코 딸기가 시그니처 메뉴지만 계절에 따라 다른 제철 과일을 활용하기도 한다.

📍 43, Borough Market, London SE1 9AH
🕓 버로우 마켓과 동일 £ 초코 딸기 £8.5

더 진저 피그
The Ginger Pig

육류를 판매하는 정육점이지만, 미트파이와 스카치 에그, 소시지 롤 등 간식거리로 더 유명한 곳이다. 정육점에서 바로 공수한 품질 좋은 고기로 신선하고 풍미가 살아있는 음식을 맛볼 수 있어 줄 서는 사람이 많다.

📍 Borough Market, Borough High St, London SE1 1TL
🕓 08:30~17:00(일요일 10:00~16:00) ⊗ 월요일
£ 미트파이 £6, 소시지 롤 £6

런던의 뉴 랜드마크 ······ ④

더 샤드 The Shard

높이 310m, 총 95층의 초고층 빌딩으로 런던에서 가장 높은 건물이다(2024년 기준). 이탈리아 출신의 세계적인 건축가 렌조 피아노Renzo Piano가 2000년에 설계를 시작해 2012년 7월에 완공했으며, 완공하자마자 런던의 새로운 랜드마크에 이름을 올렸다. 런던의 햇빛과 하늘을 반사하기 위해 총 1만 1,000여 장의 유리를 사용해 건물 전체를 유리로 마감했다. 맑은 날과 흐린 날, 비가 오는 날과 눈이 오는 날, 계절의 변화에 따라 건물의 외관도 달라진다는 건축가의 의도를 담았다. 뾰족하고 날카로운 외관과는 다르게 낭만적인 의미를 담은 반전의 건축물이라 할 수 있다. 2층부터 65층까지는 사무실과 호텔, 레스토랑, 주거용 아파트로 사용되고, 68층부터 72층은 전망대로 개방된다.

Jubilee Northern 런던 브리지역에서 도보 3분
32 London Bridge St, London SE1 9SG
the-shard.com

더 뷰 프롬 더 샤드 The View from The Shard

더 샤드 68~72층에 자리한 전망대로 런던에서 가장 높은 곳에 자리한 전망대다. 런던 시내를 360도로 조망하며 런던 아이, 타워 브리지, 세인트 폴 대성당, 빅 벤 등의 주요 랜드마크를 한눈에 담을 수 있다. 전망대 입장권은 일반권과 올인클루시브 두 종류로 나뉜다. 올인클루시브 티켓에는 샴페인 또는 음료 1잔, 더 샤드 내에서 사용할 수 있는 £5 크레딧, 환불 보장 서비스 티켓 플랜Ticket Plan(대중교통의 파업이나 고장, 기상청, 경찰의 여행금지 권고에 따른 여행 취소 등의 사유로 예약한 입장권을 사용하지 못할 경우 환불해주는 제도)이 포함된다. 입장권에 인쇄된 시간으로부터 최대 30분 이내에 입장해야 하며, 전망대에서는 시간제한 없이 런던의 전경을 즐길 수 있다.

매월 운영 시간과 휴무일을 홈페이지에 공지
일반권 일반(4세 이상) £38, 올인클루시브 일반 £45
+44-344-499-7222
www.theviewfromtheshard.com

뷰 개런티View Guarantee란?

방문 당일 흐린 날씨로 인해 런던의 주요 랜드마크 5개(런던 아이, 펜처치 빌딩, 타워 브리지, 원 캐나다 스퀘어, 세인트 폴 대성당) 중 3개 이상이 보이지 않을 경우, 재방문 기회를 제공하는 제도다. 일반 티켓과 올인클루시브 티켓 모두 적용되며, 퇴장 전에 반드시 현장 직원에게 요청해 바우처를 받아야 한다. 해당 바우처는 일정 기간 내에 다시 예약할 때 사용할 수 있다.

세인트 폴 대성당과 테이트 모던을 연결하는 다리 ······⑤

밀레니엄 브리지 Millennium Bridge

영국은 2000년을 맞이해 새로운 랜드마크를 만드는 대규모 건축 사업 이른바 '밀레니엄 프로젝트'를 진행했다. 밀레니엄 브리지는 해당 프로젝트 중 하나로 테이트 모던 미술관과 함께 2000년에 공개된 보행자 전용 다리이다. 템스강을 사이에 두고 북쪽으로는 세인트 폴 대성당, 남쪽으로는 테이트 모던 미술관을 연결하며, 영국의 유명한 건축가 노먼 포스터가 설계한 것으로도 유명하다. 조명을 입어 화려하게 빛나는 밀레니엄 브리지와 세인트 폴 대성당이 어우러지는 야경은 런던 하면 떠오르는 풍경 중 하나다.

Circle District 블랙 프리아스역에서 도보 8분
Thames Embankment, London SE1 9JE

템스강변의 문화 플랫폼 ······⑥

사우스뱅크 센터 Southbank Centre

템스강 남쪽 강변에 자리한 대규모 예술 단지다. 클래식 음악과 오페라 공연장인 로열 페스티벌 홀, 현대 음악, 연극 등이 열리는 퀸 엘리자베스 홀, 현대 미술 전시를 전문으로 하는 헤이워드 갤러리 등이 모두 이곳에 모여 있다. 1년 내내 다양한 공연과 전시, 행사 등이 열려 풍성한 예술을 경험할 수 있는 문화 플랫폼이라 할 수 있다. 식당과 카페, 서점 등의 상업 시설도 입점해 있어 템스강을 바라보며 여유를 즐길 수 있다.

Bakerloo Jubilee Northern Waterloo & City 워털루역에서 도보 4분
Belvedere Rd, London SE1 8XX
10:00~23:00(월·화요일 ~18:00)
+44-20-3879-9555
www.southbankcentre.co.uk

런던 하늘을 수놓는 대관람차 ······ ⑦

런던 아이 London Eye

런던을 대표하는 랜드마크 중 하나로 2000년에 운행을 시작해 밀레니엄 휠Millennium Wheel이라고도 부른다. 개관 당시에는 템스강변의 고풍스러운 풍경과 어울리지 않는다는 이유로 시민들과 여러 단체로부터 항의를 받으면서 5년만 운행하고 철거될 운명이었다. 그러나 오픈하자마자 런더너뿐만 아니라 전 세계의 여행자가 찾아오는 명소가 되었고, 이제는 세계적인 기업의 후원을 받는 런던의 랜드마크가 되었다. 높이 135m, 32칸의 캡슐로 이루어져 있으며 한 캡슐에 최대 25명이 탑승할 수 있다. 한 바퀴를 도는 데에는 25~30분 정도 소요된다. 샴페인을 마시며 런던의 전경을 감상할 수 있는 샴페인 패키지, 대기 없이 바로 탑승할 수 있는 패스트 트랙 티켓, 캡슐 1칸을 프라이빗하게 이용할 수 있는 프라이빗 티켓 등도 판매하며 홈페이지를 통해 최소 하루 전 예약할 경우 약 15~20% 할인을 받을 수 있다. 템스강 건너편에서 런던 아이의 모습을 보고 싶다면 웨스트민스터역 근처의 강변으로 가면 된다.

Bakerloo Jubilee Northern Waterloo & City 워털루역에서 도보 5분 Riverside Building, County Hall, London SE1 7PB
10:00~20:30 스탠더드 일반 £42, 15세 이하 £38, 패스트 트랙 일반 £57 15세 이하 £53, 샴페인 패키지 £62/2세 이하 무료
+44-20-7967-8021 londoneye.com

그래피티 아트로 채워진 터널 ······⑧

리크 스트리트 아치스 Leake Street Arches

워털루역 선로 아래를 지나는 약 300m의 터널이다. 터널 안쪽 벽면을 가득 채운 그래피티 아트 때문에 '그래피티 터널The Graffiti Tunnel'이라 부르기도 하며, 영국을 기반으로 활동하는 그래피티 예술가 뱅크시Banksy로부터 시작된 곳이라서 뱅크시 터널Banksy Tunnel이라고 부르기도 한다. 터널 중간중간에 작은 식당과 카페, 상점이 영업하고 있어서 위험하거나 으슥하지 않다. 그래피티 아트, 스트리트 아트의 성지로 알려지면서 점점 더 많은 사람이 찾는 런던의 명소가 되어가고 있다.

Bakerloo Jubilee Northern Waterloo & City 워털루역에서 도보 3분
Leake St, London SE1 7NN 영국 leakestreetarches.london

데미언 허스트의 컬렉션 ······⑨

뉴포트 스트리트 갤러리

Newport Street Gallery

영국의 유명한 아티스트이자 컬렉터 데미언 허스트Damien Hirst에 의해 설립된 현대 미술관이다. 데미언 허스트가 1980년대부터 수집한 개인 컬렉션을 전시하기 위해 2015년 10월에 설립되었다. 영국의 화가 프랜시스 베이컨Francis Bacon, '풍선개Balloon Dog'로 유명한 아티스트 제프 쿤스Jeff Koons, 뱅크시Banksy 등 현대미술을 대표하는 아티스트를 포함해 다양한 현대 미술 작품을 관람할 수 있다. 미술관 3층에는 데미언 허스트가 기획하고 연출한 카페 'Phamacy2'가 자리하고 있다. 약국을 테마로 만든 공간 디자인 작품 안에서 쉬어갈 수 있는 특별한 경험을 할 수 있다.

Bakerloo 렘버스노스역에서 도보 12분
1, 9 Newport St, London SE11 6AJ
10:00~18:00 월요일 +44-20-3141-9320
www.newportstreetgallery.com

일부러 찾아가는 커피 전문점 ······ ①

몬머스 커피(버로우점)

Monmouth Coffee(Borough)

현재 런던에서 가장 유명한 커피를 맛볼 수 있는 곳. 1978년, 코벤트 가든의 몬머스 스트리트에 매장을 열고 지하에서 직접 로스팅한 커피를 판매했다. 원두를 구매하는 손님들에게 직접 내린 커피를 맛보기용으로 제공했던 것을 시작으로 런던에서 가장 유명한 카페로 성장했다. 공정무역을 통해 공급받은 세계 각지의 원두를 구입할 수 있으며, 핸드드립으로 내린 커피를 맛볼 수 있다. 일반 커피뿐 아니라 라테, 카푸치노 등의 커피도 핸드드립을 기본으로 만들어진다. 코벤트 가든, 버로우 마켓, 버몬지 세 곳의 매장 중 버로우 마켓 바로 앞의 매장이 가장 쾌적하고 넓다.

Jubilee Northern 런던 브리지역에서 도보 5분

2 Park St, London SE1 9AD

07:30~18:00 · 일요일 · 음료 £2.5~

+44-20-7232-3010 · monmouthcoffee.co.uk

버로우 마켓의 식재료로 차린 식탁 ······②

엘리엇츠 Elliot's

버로우 마켓 근처의 아담한 레스토랑. 버로우 마켓에서 공수한 재료들로 대부분의 음식을 만든다. 신선하고 품질 좋은 육류와 생선, 제철 채소와 과일로 매일매일 다른 메뉴를 만들어 선보인다. 복잡하거나 화려하지는 않지만, 재료 본연의 맛을 살린 간결하고 깔끔한 음식으로 런더너 사이에서 인기가 좋다. 엘리엇만의 메뉴로 구성된 브런치를 즐기는 사람도 많고, 점심시간에만 한정적으로 판매하는 치즈 버거를 맛보기 위해 대기하는 사람도 많다.

Jubilee Northern 런던 브리지역에서 도보 5분 📍 12 Stoney St, London SE1 9AD
🕒 12:00~22:00(일요일 ~21:00)
£ 메인 메뉴 £15~ 📞 +44-20-7403-7436
🏠 www.elliots.london

가성비 좋은 생면 파스타 ······ ③

파델라 Padella

버로우 마켓 근처의 이탈리안 레스토랑으로, 신선한 생면 파스타로 특히 유명한 곳이다. 음식의 비주얼에 힘쓰는 것보다 좋은 식재료로 정성껏 조리해 뛰어난 품질과 맛을 내는 것을 더 중요시 여긴다. 런더너 사이에서 인기 있는 식당이라 식사 시간에는 어김없이 줄을 서야 한다. 예약을 받고 있지 않아 매장 앞에서 대기해야 하는 불편함이 있지만, 합리적인 가격에 맛있는 파스타를 즐길 수 있어 찾는 사람이 무척 많다.

Jubilee Northern 런던 브리지역에서 도보 3분 📍 6 Southwark St, London SE1 1TQ 🕓 월~수요일 11:30~22:00, 목·금·토요일 11:30~22:30, 일요일 11:30~21:30(브레이크 타임 15:45~17:00) £ 라구 파스타(Pappardelle with 8hours dexter beef shin ragu) £16.5, 샐러드(Burrata with le ferre olive oil) £9.5 🏠 padella.co

런더너의 일상 ······ ④

프레타망제(버로우 하이스트리트점) Pret A Manger(Borough High Street)

런던을 여행하다 보면 가장 많이 보게 될 카페 프레타망제는 런던을 대표하는 프랜차이즈로 영국에만 530여 개의 매장을 두고 있다. 커피와 음료 외에도 샐러드, 샌드위치, 수프, 파니니 등 간단한 식사나 간식류도 판매한다. 체인점이지만 공장에서 생산되는 음식은 판매하지 않으며, 매장에서 직접 만든 신선한 음식을 내놓는 것을 원칙으로 한다. 런던 어디에서나 쉽게 찾을 수 있고, 대부분의 매장이 널찍하고 쾌적해서 부담 없이 들르기 좋다.

Jubilee Northern 런던 브리지역에서 도보 2분
📍 11-15 Borough High St, London SE1 9SE 🕓 05:30~20:30
£ 음료 £2~, 샌드위치 £4.2~ 📞 +44-20-7089-9067 🏠 pret.co.uk

AREA ····⑤

노팅힐 Notting Hill
켄싱턴 Kensington
나이츠브리지 Knightsbridge
첼시 Chelsea

런던 서쪽에 자리한 노팅힐, 켄싱턴, 나이츠브리지, 첼시는 각기 다른 매력을 가지고 있어 다채로운 분위기를 느끼기 좋다. 노팅힐은 포토벨로 로드 마켓을 비롯해 영화 〈노팅힐〉에 등장한 서점과 거리, 다양한 색으로 채색된 주택을 구경하는 재미가 있다. 런던에서 가장 부유한 지역 중 하나로 빅토리아 앤 알버트 박물관, 자연사 박물관 등이 모여 있는 켄싱턴, 해롯 백화점이 있는 고급스러운 동네 나이츠브리지, 현대 미술 애호가라면 꼭 들러야 할 사치 갤러리 등 볼거리가 많아 하루만으로는 부족하다.

노팅힐, 켄싱턴, 나이츠브리지, 첼시 추천 코스

감성과 역사, 예술이 조화롭게 어우러진 지역.
노팅힐의 감각적인 골목과 포토벨로 로드 마켓의 빈티지한 매력을 즐기고, 하이드 파크에서 도심 속 여유를 만끽한다. 해롯 백화점에서 런던의 클래식한 고급스러움을 경험한 뒤, 빅토리아 앤 앨버트 박물관 또는 자연사 박물관에서 예술과 자연의 정수를 감상하며 하루를 마무리한다.

예상 소요 시간 9시간 30분~10시간

아침 식사
가성비 좋은 잉글리시 브렉퍼스트
마이크스 카페 추천

도보 1분

노팅힐
- 알록달록 예쁜 건물들 배경으로 사진 찍기
- 영화 〈노팅힐〉 속 명소 찾아보기

포토벨로 로드 마켓
- 활기 넘치는 마켓을 구경하고 싶다면 주말 방문 추천
- 한적하게 구경하고 싶다면 주중 방문 추천

지하철 25분

하이드 파크

도보 11분

점심 식사
혹스무어 나이츠브리지

도보 5분

해롯 백화점

도보 9분

빅토리아 앤 알버트 박물관 또는 국립 자연사 박물관
(해롯 백화점에서 도보 13분)
뮤지엄 카페 & 뮤지엄 숍 함께 둘러 보기

노팅힐, 켄싱턴, 나이츠브리지, 첼시 상세 지도

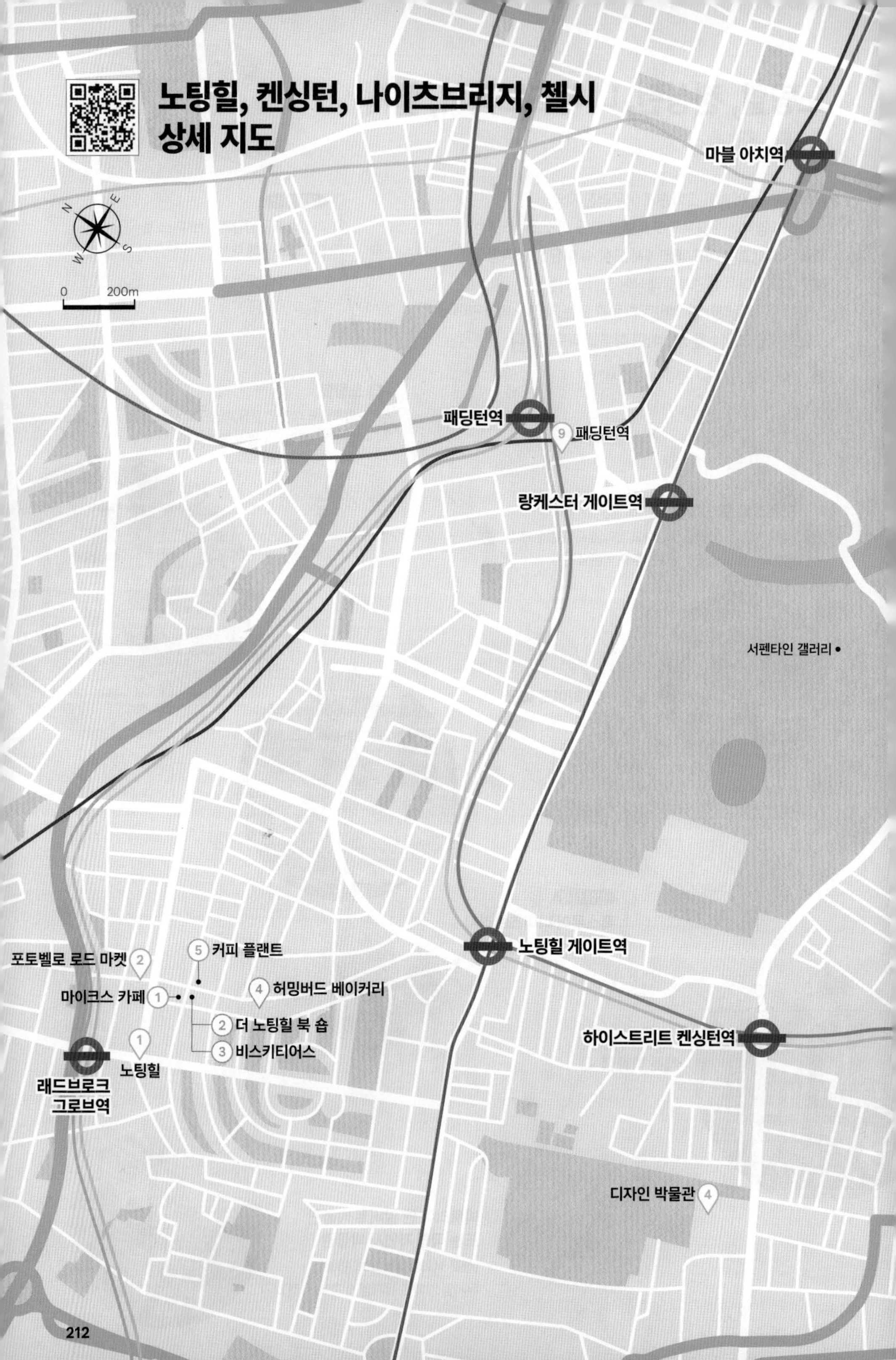

하이드 파크 코너역
7 하이드 파크
나이츠브리지역
1 해롯 백화점
슬론스퀘어역
8 사치 갤러리
3 혹스무어 나이츠브리지
빅토리아 앤 알버트 박물관 3
사우스 켄싱턴역
6 과학 박물관
6 하겐 에스프레소 바
템스강
5 국립 자연사 박물관
2 팻 푹 누들바
4 파이브 가이즈

영화 속 음악이 들리는 것 같은 동네 ······ ①

노팅힐 Notting Hill

노팅힐은 휴 그랜트와 줄리아 로버츠의 영화 〈노팅힐〉을 통해 전 세계적으로 유명해진 지역이다. 주인공 휴 그랜트가 거닐던 노팅힐 거리, 일하던 서점, 살던 집 등 영화에 등장한 장소들은 25년이 지난 지금까지도 사람들을 불러 모은다. 노팅힐의 거리를 걷고 있으면 어디선가 영화 〈노팅힐〉의 음악이 들리는 것만 같고 영화 속 장면이 떠올라 마음이 설렌다. 알록달록한 색으로 채색된 건물은 노팅힐의 상징. 예쁜 건물이 가득한 거리를 걷는 것만으로도 기분이 좋아진다. 노팅힐 게이트역 앞에서 시작되는 포토벨로 로드에서는 매일 다양한 마켓이 열린다. 매주 토요일에는 앤티크, 빈티지, 패션, 액세서리, 꽃, 채소, 과일, 음식, 가구 등 모든 마켓의 가판이 거리로 나와 활기찬 분위기를 느낄 수 있다. 매년 8월 마지막 주에 열리는 유럽 최대의 카니발 '노팅힐 카니발'로도 유명하다.

⊖ Central Circle District 노팅힐 게이트역에서 도보 2분

노팅힐 카니발 Notting Hill Carnival

매년 8월 마지막 주 토요일부터 월요일까지 노팅힐 일대에서 열리는 축제. 카리브해의 문화와 음악, 춤을 중심으로 한다. 이 지역에 모여 살던 아프로-카리브Afro-Caribbean 이민자들이 자신들의 문화와 전통을 알리고자 1964년에 처음 시작했다. 다양한 인종의 사람들이 저마다의 의미와 개성을 담은 분장을 하고 흥겨운 밴드 음악이 흐르는 거리를 행진한다. 매년 1백만 명 이상이 참가하는 대규모 축제로 유럽에서 가장 규모가 큰 거리 축제다. 엄청난 인파가 몰리고 몹시 혼잡하므로 안전에 각별히 신경 써야 한다.

시간 가는 줄 모르는 쇼핑 타임 ②

포토벨로 로드 마켓 Portobello Road Market

노팅힐을 떠올리면 가장 먼저 생각나는 것 중 하나가 알록달록한 거리 위에 펼쳐진 포토벨로 로드 마켓이다. 특히 거리 양쪽의 가게와 가판이 모두 출동하는 토요일에는 런던에서 가장 활기차고 즐거운 동네가 된다. 1,000여 개의 가판이 늘어서 골동품, 앤티크 소품, 액세서리, 은수저, 찻잔 등 시중에서 쉽게 구할 수 없는 진귀한 물건을 구경할 수 있다. 마켓을 구경하며 출출한 배를 채울 수 있는 맛있는 음식도 즐길 수 있으며, 선물용으로 좋은 다양한 기념품을 한자리에서 비교하며 고를 수도 있다. 오후 4시 이후에는 정리하는 가판들이 많으니 점심시간 전후에 방문하는 것을 추천한다.

Central Circle District 노팅힐 게이트역에서 도보 5분
09:00~19:00 www.portobelloroad.co.uk

아름다움의 집합체 ······③

빅토리아 앤 알버트 박물관 Victoria and Albert Museum(V&A)

빅토리아 여왕과 그의 남편 알버트 공의 이름을 딴 미술관으로 세계 최대 규모의 장식·디자인 전문 미술관이다. 총 6층 규모의 박물관은 라파엘로 갤러리, 인도 미술, 중국 미술, 이슬람 미술, 20세기 갤러리, 금속 공예, 유리 공예, 장신구, 의상 컬렉션 등 아름답고 화려한 전시관으로 채워져 있다. 영국 왕실의 컬렉션과 아시아 컬렉션, 그리고 영국의 식민지였던 인도 컬렉션이 특히 볼만하다. 이 박물관이 자랑하는 것 중 하나는 1600년 이후의 의상을 전시하는 화려한 의상 컬렉션이다. 17세기의 장식적이고 화려한 드레스부터 현대까지의 변천사와 산업 혁명으로 번성했던 영국의 섬유 산업의 역사를 한눈에 볼 수 있다. 이와 함께 명품 브랜드의 역사와 제품을 한눈에 볼 수 있는 특별전이 열리기도 한다. 샤넬, 발렌시아가, 크리스찬 디올 등 세계적인 명품 브랜드의 특별 전시회가 이곳에서 열렸다. 박물관 1층의 굿즈 숍은 런던의 박물관 중에서도 상품이 예쁘기로 유명하다. 특히 명품 브랜드의 특별전이 열릴 때는 에코백, 파우치, 노트 등 특별전 굿즈를 사기 위해 줄을 서기도 하고 프리미엄을 붙여 판매하는 사람까지 있을 정도니 빼놓지 말고 꼭 들러보자. 화려하게 장식된 미술관 내의 카페와 아름다운 분수가 있는 정원까지 빠짐없이 아름답다.

Picadilly Circle District 사우스 켄싱턴역에서 도보 4분
Cromwell Rd, Knightsbridge, London SW7 2RL 10:00~17:45(금요일 ~22:00)
상설 전시 무료, 특별전·기획 전시 입장료 별도 +44-20-7942-2000 vam.ac.uk

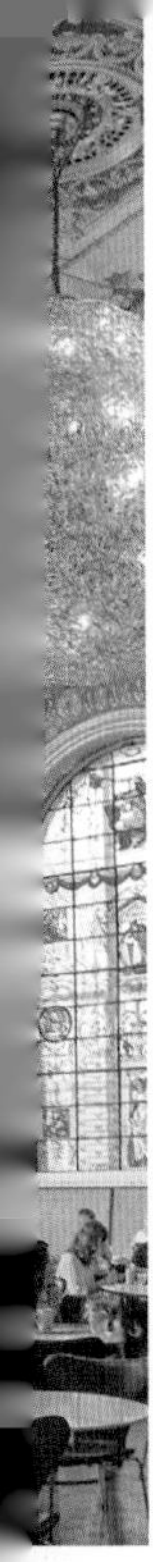

VICTORIA AND ALBERT MUSEUM

영국 산업 디자인의 모든 것 ······④

디자인 박물관 The Design Museum

콘란숍의 창립자 테렌스 콘란Terence conran이 설립한 박물관이다. 테렌스 콘란은 영국의 전설적인 디자이너로 콘란 디자인 그룹을 설립하여 현대식 가구와 인테리어를 제안했고, 클래식 일색이었던 영국의 인테리어 산업에 엄청난 변화를 불러일으킨 인물이다. 박물관의 시작은 빅토리아 앤 알버트 뮤지엄 지하 공간에서 열린 작은 전시였으며 1989년 템스강변의 버틀러스 워프에 박물관을 설립해 본격적인 전시를 시작했다. 이후 점차 규모를 늘려 2016년 11월 현재의 사우스 켄싱턴에 이전보다 큰 규모의 박물관을 건축해 이전하게 되었다. 시간에 따른 디자인의 흐름, 디자인이 변화시킨 사소하지만 특별한 생활의 변화 등 디자인과 생활에 관련한 전시를 상설로 진행하는데 무료로 관람이 가능하다. 세계적인 기업이나 산업 디자이너의 제품, 가구, 자동차, 건축 등과 관련된 특별전도 1년 내내 만나볼 수 있다.

Circle District 하이스트리트 켄싱턴역에서 도보 8분
224-238 Kensington High St, Kensington, London W8 6AG
10:00~17:00(금·토·일요일 ~18:00)
상설 전시 무료, 특별전·기획 전시 입장료 별도
+44-20-3862-5937 designmuseum.org

세계 5대 자연사 박물관 ······ ⑤

국립 자연사 박물관 Natural History Museum

마치 성처럼 웅장한 외관의 자연사 박물관은 연간 500만 명 이상이 방문하는 세계 5대 자연사 박물관 중 하나다. 자연 과학에 관심이 많거나, 아이와 함께인 여행자에게 제일 먼저 추천하고 싶은 곳으로, 주중이나 주말 구분 없이 언제나 많은 사람으로 붐빈다. 특히 방학 시즌이나 공휴일, 주말에는 박물관 앞으로 길게 줄을 선다. 이처럼 많은 사람이 자연사 박물관을 찾는 이유는 총 8,000만 점 이상의 풍부한 볼거리 때문이다. 지구상의 동식물과 곤충, 보석, 화석 표본 등을 비롯해 실제 크기로 만들어진 동물의 모형과 거대한 공룡 모형 등 어른과 아이 모두가 좋아할 만한 것들로 박물관을 꽉 채웠다. 겨울에는 박물관 앞뜰에 아이스링크를 만들고 반짝이는 조명을 설치한다. 고풍스러운 자연사 박물관과 아름다운 조명 아래서 도심 속 스케이팅을 즐길 수 있다.

Picadilly Circle District 사우스 켄싱턴역에서 도보 4분
Cromwell Rd, South Kensington, London SW7 5BD
10:00~17:50(마지막 입장 17:30) +44-20-7942-5000
nhm.ac.uk

신나고 재미있는 과학의 세계 ······ ⑥

과학 박물관 Science Museum

1857년에 설립된 역사 깊은 과학 박물관으로, 과학과 기술의 발전을 기록하고 교육적인 정보를 제공하는 것을 목표로 한다. 설립 당시에는 '사우스 켄싱턴 뮤지엄South Kensington Museum'이라는 이름이었으며, 1909년 과학 박물관으로 개칭되었다. 다양한 전시물을 통해 산업혁명, 항공우주, 의료, 정보 기술 등 과학의 진화를 다룬다. 최신 기술과 체험형 전시도 갖추고 있다. 특히 아이와 함께라면, 거대한 크기의 스크린을 통해 3D 과학 다큐멘터리를 감상할 수 있는 아이맥스 상영관, 아이들을 위한 인터랙티브 전시 공간 '원더랩'은 놓치지 말고 방문하길 권한다. 박물관 입장료는 무료지만, 관람 인원 조정을 위해 홈페이지를 통해 방문 시간을 지정하고 예약해야 입장할 수 있다. 사전 예약을 깜빡했다면, 박물관 안내 부스에서 당일 예약도 가능하다.

Picadilly Circle District 사우스 켄싱턴역에서 도보 4분 Exhibition Rd, South Kensington, London SW7 2DD 10:00~18:00, 마지막 입장 17:15 +44-330-058-0058 www.sciencemuseum.org.uk

원더랩 Wonderlab

3층의 원더랩Wonderlab은 어린이와 가족을 위해 설계된 인터랙티브 전시 공간으로, 실험과 놀이를 통해 과학적 원리를 체험할 수 있는 곳이다. 중력, 마찰, 속도, 화학, 전기 등 과학의 여러 분야를 놀이와 체험을 통해 경험하고, 쉽게 이해할 수 있도록 호기심을 자극해 과학을 즐길 수 있도록 하는 것을 목표로 한다. 아이들을 위한 재미있는 쇼와 워크숍이 주기적으로 열리며, 가상현실(VR)과 증강 현실(AR) 기술을 활용한 전시도 체험할 수 있다.

과학 박물관 3층 10:00~17:40 £15, 3세 이하 무료

©Wonderlab

한낮의 여유 ······ ⑦

하이드 파크 Hyde Park

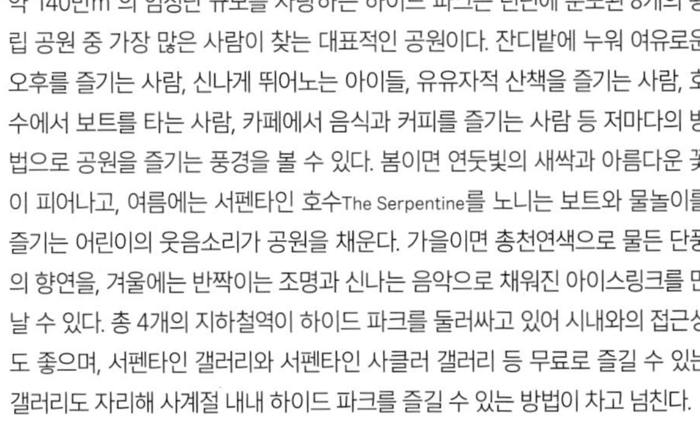

약 140만m^2의 엄청난 규모를 자랑하는 하이드 파크는 런던에 분포된 8개의 왕립 공원 중 가장 많은 사람이 찾는 대표적인 공원이다. 잔디밭에 누워 여유로운 오후를 즐기는 사람, 신나게 뛰어노는 아이들, 유유자적 산책을 즐기는 사람, 호수에서 보트를 타는 사람, 카페에서 음식과 커피를 즐기는 사람 등 저마다의 방법으로 공원을 즐기는 풍경을 볼 수 있다. 봄이면 연둣빛의 새싹과 아름다운 꽃이 피어나고, 여름에는 서펜타인 호수The Serpentine를 노니는 보트와 물놀이를 즐기는 어린이의 웃음소리가 공원을 채운다. 가을이면 총천연색으로 물든 단풍의 향연을, 겨울에는 반짝이는 조명과 신나는 음악으로 채워진 아이스링크를 만날 수 있다. 총 4개의 지하철역이 하이드 파크를 둘러싸고 있어 시내와의 접근성도 좋으며, 서펜타인 갤러리와 서펜타인 사클러 갤러리 등 무료로 즐길 수 있는 갤러리도 자리해 사계절 내내 하이드 파크를 즐길 수 있는 방법이 차고 넘친다.

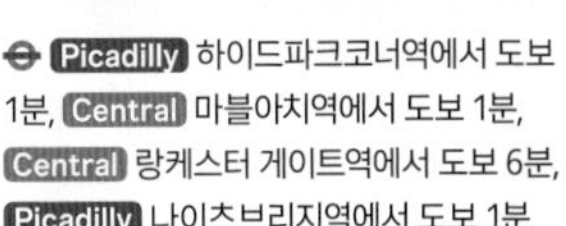

⊖ Picadilly 하이드파크코너역에서 도보 1분, Central 마블아치역에서 도보 1분, Central 랑케스터 게이트역에서 도보 6분, Picadilly 나이츠브리지역에서 도보 1분

📍 Hyde Park, London W2 2UH
🕓 05:00~24:00 📞 +44-300-061-2000
🏠 royalparks.org.uk

서펜타인 갤러리 Serpentine Gallery

하이드 파크 안에 자리한 현대 미술 갤러리. 1970년에 설립된 곳으로 서펜타인 호수 근처에 자리하고 있다. 현대미술의 회화, 조각, 설치 미술, 영상 미술 등 다양한 분야의 예술을 두루 전시하며, 전통적인 갤러리의 개념을 넘어서는 독특한 전시와 프로젝트로 현대미술 애호가들 사이에서 유명한 곳이다. 서펜타인 갤러리는 1934년에 지어진 클래식한 분위기의 미술관 본관, 호수 건너편의 서펜타인 노스, 서펜타인 노스와 유기적으로 연결된 프렌즈 오브 아워스 총 세 개의 공간으로 나뉘어져 있다. 그 중 프렌즈 오브 아워스는 세계적인 건축가 자하 하디드Zaha Hadid의 2013년 작품으로 카페 겸 레스토랑으로 운영된다.

⊖ Picadilly 하이드파크코너역에서 도보 23분, Central 마블아치역에서 도보 22분, Central 랑케스터 게이트역에서 도보 12분, Picadilly 나이츠브리지역에서 도보 17분
🕓 06:00~18:00 ⊗ 월요일 📞 +44-20-7402-6075
🏠 serpentinegalleries.org

현대미술의 메카 ⑧

사치 갤러리 Saatchi Gallery

런던에서 가장 고급스럽고 부유한 동네로 꼽히는 첼시의 사설 미술관으로, 세계적인 광고회사 사치 앤 사치Saatchi & Saatchi의 대표이자 미술품 수집가인 찰스 사치의 개인 소장품을 바탕으로 만들어졌다. 세계적으로 유명한 아티스트의 작품을 전시하기보다 YBAYoung British Artist라 불리는 젊고 가능성 있는 신진 아티스트를 발굴하고 후원하며 전시한다. 영국 예술의 현재와 미래를 위한 신진 아티스트들에게 오아시스 같은 미술관이라 평가받는다. 이 같은 사치 갤러리의 행보는 현대미술과 미술 경매시장 등에 강력한 영향력을 행사하며, 영국 미술계에 커다란 바람을 불러일으켰다. 현대미술의 거장이라 불리는 데미언 허스트Demian Hirst는 찰스 사치가 발굴한 대표적인 예술가로, 그의 성장과 함께 사치 갤러리의 명성은 물론 갤러리가 소장한 YBA 작품의 예술적인 가치도 급상승했다. 현대미술에 관심 있는 사람이라면 아마도 가장 흥미롭게 즐길 수 있는 미술관이 아닐까 싶다. 방문 전 홈페이지를 통해 현재 전시 중인 프로그램을 꼭 확인해야 한다.

Circle District 슬론스퀘어역에서 도보 4분 Duke of York's HQ, King's Rd, Chelsea, London SW3 4RY 10:00~18:00 1층 상설관 무료, 2층 특별전 £6 / 일반 £16, 6~16세 및 65세 이상 £10, 패밀리티켓(성인 2명, 18세미만 2명) £38, 6세 미만 무료 +44-20-7811-3070 saatchigallery.com

패딩턴 베어를 만나는 곳 ······ ⑨

패딩턴역 Paddington Station

1854년 개장된 역사적인 기차역으로, 런던의 중심지와 옥스퍼드, 바스, 히스로 공항 등 주요 근교 도시 및 공항을 연결하는 중요한 교통 허브다. 히스로 공항을 오가는 히스로 익스프레스가 출발, 정차하는 곳이라 히스로 익스프레스를 이용하는 여행자들이 처음 만나는 런던의 모습이기도 하다. 특히 2014년 패딩턴역을 배경으로 한 영화 〈패딩턴 Paddington〉이 개봉하면서 더욱 유명해졌다. 영화의 인기에 힘입어 역사 내에 패딩턴 굿즈 숍과 카페, 패딩턴 동상 등이 있어 일부러 찾아와 사진을 남기는 사람도 많다.

Elizabeth Bakerloo Heatgrow Express 패딩턴역
Praed St, London W2 1HU 영국 +44-345-711-4141
networkrail.co.uk/stations/paddington

유럽 최고의 고급 백화점 ······ ①

해롯 백화점 Harrods

유럽에서 가장 큰 백화점이자 가장 고급스러운 백화점으로 명성이 높은 곳이다. 처음 문을 연 1849년부터 현재까지 세계적인 유명 인사와 영국 왕실 등 상류층을 주 고객으로 두고 있지만, 런던을 찾은 여행자들이 끊임없이 드나드는 곳이기도 하니 괜히 움츠러들 필요는 없다. 이곳에서는 대부분 고가의 명품 브랜드 제품을 판매한다. 한국에서 출시되지 않은 상품을 미리 만날 수도 있고, 이곳에서만 구할 수 있는 한정판 상품을 구매할 수도 있다. 패션과 잡화, 가구, 리빙 제품 등을 판매하는 매장 외에도 스파, 미용실, 테일러 숍, 재정 상담소까지 갖추고 있다. 명품 쇼핑은 하지 않더라도 해롯 백화점에서 제작한 인형과 가방을 비롯해 초콜릿, 홍차, 과자 등을 판매하는 지하의 기념품점은 꼭 들러볼 것을 추천한다.

Picadilly 나이츠브리지역에서 도보 4분 · 87-135 Brompton Rd, Knightsbridge, London SW1X 7XL
10:00~21:00(일요일 11:30~) · +44-20-7730-1234
harrods.com

휴 그랜트의 서점 ······ ②

더 노팅힐 북 숍 The Notting Hill Bookshop

영화 〈노팅힐〉에서 주인공 휴 그랜트가 운영하던 서점의 모티브가 된 곳으로 1979년에 문을 연 오래된 서점이다. 원래는 여행 관련 서적을 전문으로 판매하는 서점이었으나, 현재는 다양한 장르의 책들을 판매하고 있다. 실제 촬영 장소는 이곳에서 조금 떨어진 곳의 다른 서점이지만, 실제 촬영지보다 영감을 준 이곳이 훨씬 더 인기를 끌었다. 영화가 흥행하면서 엄청난 유명세를 얻으며 전 세계에서 온 여행자들의 필수 방문지가 되었다. 서점의 파란 간판은 노팅힐의 아이콘 중 하나로 자리 잡았고, 서점 앞과 내부에는 사진을 찍는 사람들의 발길이 끊이지 않는다.

Circle Hammersmith 레드브로크 그로브역에서 도보 7분
13 Blenheim Cres, London W11 2EE 영국 09:00~19:00
+44-20-7229-5260 thenottinghillbookshop.co.uk

런던을 담은 비스킷 ③

비스킷티어스 Biscuiteers

외관부터 심상치 않은 이곳은 비스킷과 컵케이크, 마카롱 등을 판매한다. 노팅힐이 있는 노팅힐 게이트역의 언더그라운드 마크, 노팅힐의 알록달록한 집들, 런던을 상징하는 근위병 등 런던의 랜드마크는 물론이고 귀여운 동물과 캐릭터까지 먹기 아까울 정도로 예쁘게 아이싱 된 비스킷이 진열되어 있다. 상점의 외관을 그대로 그려 넣은 박스에 원하는 것을 골라 담을 수도 있고, 세트로 구성된 제품을 살 수도 있다. 아이싱 비스킷의 유통기한은 약 6개월 정도로 긴 편이니 구입 시 참고하자. 커피와 차 등 음료수도 판매하지만, 테이블이 많지 않아 여유 있게 즐기기는 힘들다.

Circle Hammersmith 레드브로크 그로브역에서 도보 7분
194 Kensington Park Rd, Notting Hill, London W11 2ES
10:00~18:00(일요일 11:00~17:00) +44-20-7727-8096 biscuiteers.com

런던에서 만나는 미국식 컵케이크 ④

허밍버드 베이커리

The Hummingbird Bakery

미국에서 경험한 미국식 홈메이드 디저트를 런던에 도입해 2004년 처음 문을 열었다. 런던 내에 총 5개의 지점이 있으며 그 중 노팅힐 매장이 본점이다. 이곳의 가장 큰 특징은 다양한 맛과 디자인이 인상적인 컵케이크다. 벨벳처럼 부드러운 레드벨벳 컵케이크, 클래식한 바닐라 컵케이크, 녹진한 초콜릿 맛의 데블스 푸드 컵케이크 등이 시그니처다. 모든 메뉴는 신선한 재료를 사용해 매일 소량씩 직접 구워낸다.

Central Circle District 노팅힐 게이트역에서 도보 12분
133 Portobello Rd, London W11 2DY 10:00~18:00 (토요일 ~18:30, 일요일 ~17:00) hummingbirdbakery.com

든든하게 시작하는 아침 ……①

마이크스 카페 Mike's café

비싼 물가로 유명한 런던에서 비교적 저렴한 가격에 푸짐한 영국식 아침 식사를 즐길 수 있는 카페 겸 레스토랑이다. 여행자보다는 현지인이 즐겨 찾는 곳으로, 문을 연 지 60년이 넘어 나이 지긋하신 단골도 많다. 음식이 한 접시 가득 채워진 풀 잉글리시 브렉퍼스트나 에그 베네딕트, 팬케이크 등의 아침 식사가 제공되는데, 식사에 커피나 차 1잔도 포함되어 있다. 본격적인 노팅 힐 여행을 시작하기 전, 이곳에 들러 든든하게 배를 채우고 가면 좋다. 오후 3시에 문을 닫으니 그 전에 방문해야 한다.

Circle Hammersmith 레드브로크 그로브역에서 도보 7분
12 Blenheim Cres, London W11 1NN 08:30~15:00(일요일 09:00~)
월·화요일 풀 잉글리시 브렉퍼스트 £18, 에그 베네딕트 £18, 팬케이크 £17
+44-20-7229-3757

팻 푹 누들바 Phat Phuc Noodle Bar

첼시에 위치한 아시안 음식 전문점이다. 베트남, 태국, 싱가포르 등 동남아시아 지역의 면 요리를 주로 만든다. 딤섬, 스프링롤 등의 사이드 메뉴도 갖추고 있다. 가장 인기 있는 메뉴는 베트남 쌀국수 '포Pho'와 싱가포르의 쌀국수 '락사Laksa'다. 신선한 재료와 진한 국물, 풍성한 향신료가 어우러져 현지와 비슷한 맛을 낸다. 비교적 저렴한 가격에 푸짐하게 배를 채울 수 있어 줄을 서는 날도 많다.

Picadilly Circle District 사우스 켄싱턴역에서 도보 11분
The Courtyard, 151 Sydney St, London SW3 6NT 11:00~18:00
소고기 쌀국수 £13, 새우 락사 £11, 딤섬£7 +44-20-7351-3843

고기 러버들의 파라다이스 ……③

혹스무어 나이츠브리지 Hawksmoor Knightsbridge

가성비 좋은 저렴한 스테이크 하우스도 좋지만, 런던에서 제대로 된 맛있는 스테이크를 맛보고 싶다면 자신 있게 이곳을 추천한다. 영국을 대표하는 잡지 〈타임아웃Time out〉은 혹스무어의 스테이크를 두고 "고기를 사랑하는 사람들의 파라다이스, 영국 최고의 스테이크"라는 극찬을 쏟아냈다. 맛있게 구워진 스테이크를 두툼하게 썰어 입에 넣으면, 나도 모르게 웃음이 씨익 나온다. 오후 12시부터 3시까지 점심시간에 방문하면 메인 요리와 샐러드가 세트로 구성된 런치 스페셜을 주문할 수 있으며, 일요일에는 런던의 전통 음식 '선데이 로스트'를 맛볼 수 있다. 런던 시내에 총 8개의 지점이 있다.

Picadilly 나이츠브리지역에서 도보 10분 3 Yeoman's Row, London SW3 2AL 월·화요일 17:00~23:00, 수~토요일, 12:00~23:00 (15:00~17:00 브레이크 타임, 토요일 브레이크 없음), 일요일 11:30~20:00 런치스페셜 2코스 £30, 런치스페셜 3코스 £35, 포터하우스 스테이크 100g £12.5, 립아이 스테이크 350g £42 +44-20-7590-9290 thehawksmoor.com

런던에서 만나는 미국 3대 버거 ……④

파이브 가이즈(사우스 켄싱턴점) Five Guys(South Kensington)

영국인들도 즐겨 찾는 버거 체인점. 신선한 재료와 주문 즉시 조리해 고객의 기호에 따라 다양한 토핑을 추가하는 방식으로 유명하다. 런던을 비롯해 영국에 많은 지점이 있다. 특히 사우스 켄싱턴점은 국립 자연사 박물관, 빅토리아 앤 앨버트 박물관 등 여러 명소와 가까워 현지인과 여행자 모두가 많이 찾는다. 땅콩 기름에 튀겨 고소한 감자튀김은 꼭 맛볼 것을 권한다.

Picadilly Circle District 사우스 켄싱턴역에서 도보 1분
43 Thurloe St, South Kensington, London SW7 2LQ
11:00~23:00 베이컨 치즈버거 £14.45, 감자튀김 레귤러 사이즈 £5.25 +44-20-7101-1950 restaurants.fiveguys.co.uk

좋은 품질의 착한 커피 ······⑤

커피 플랜트 Coffee Plant

노팅힐의 포토벨로 로드에 자리한 카페로 1985년 처음 영업을 시작했다. 당시부터 유기농 커피와 공정 무역 커피에 큰 관심을 두고, 생산자에게 정당한 대가를 지불한 품질 좋은 커피를 제공하는 것을 중요한 영업 철학으로 삼고 있다. 에스프레소부터 라테, 필터 커피 등 다양한 커피를 주문할 수 있으며, 25가지 이상의 유기농 및 공정 무역 원두를 판매한다. 포토벨로 로드 마켓이 가장 붐비는 주말에는 빈 자리 찾기가 힘들다.

Circle Hammersmith 레드브로크 그로브역에서 도보 8분 180 Portobello Rd, London W11 2EB
월~목요일 07:30~16:00(금·토요일 ~16:30), 일요일 08:00~15:00 음료 £2.2~ +44-20-7221-8137
coffee.uk.com

덴마크의 커피 문화를 담다 ······⑥

하겐 에스프레소 바

Hagen Espresso Bar(Hagen Chelsea)

공정 무역, 핸드 브루잉, 정교한 추출 방식, 지속 가능성 등 덴마크의 커피 문화를 런던에 소개하기 위해 2015년 덴마크 출신 창립자들이 설립한 카페. 주로 싱글 오리진 커피 원두를 사용해 깊고 풍부한 맛을 자랑하며, 커피 외에도 덴마크식 베이커리와 스낵 등을 맛볼 수 있다. 미니멀리즘을 강조한 깔끔하고 세련된 공간, 자연광을 최대한 활용하여 밝고 아늑한 공간은 덴마크 디자인의 정수를 보여준다.

Picadilly Circle District 사우스 켄싱턴역에서 도보 13분 151 King's Rd, London SW3 5TX
07:00~18:00(토·일요일 08:00~)
음료 £2.6~ thehagenproject.com

AREA ····⑥

메릴본 Marylebone 피츠로비아 Fitzrovia

소호와 코벤트 가든 위쪽에 위치한 메릴본, 피츠로비아 지역은 아름다운 외관의 건물과 예쁜 카페, 여행자의 지갑을 유혹하는 상점 등을 만날 수 있어 여유 있는 하루를 보내기에 더없이 좋은 동네다. 고풍스러운 조지 왕조 시대의 건축물과 함께 아름다운 주택가, 부티크 상점, 고급 레스토랑 등이 모여 있어 런던의 상류층이 많이 모이는 곳이기도 하다. 다른 지역에 비해 볼거리가 많은 동네는 아니지만, 좀 더 고급스럽고 한적한 분위기의 런던을 만나고 싶다면 추천하고 싶은 동네다.

메릴본, 피츠로비아 추천 코스

런던의 클래식한 멋과 감성이 공존하는 지역. 애비 로드와 셜록 홈스 박물관에서 문화적 상징을 체험하고, 던트 북스와 어니스트 버거에서 일상적인 매력을 즐긴다. 월리스 컬렉션과 셀프리지 백화점까지 여유롭게 도보로 이동하면서 여유로운 산책과 감성 여행을 즐기기에 좋다.

예상 소요 시간 7~8시간

애비 로드 횡단보도
비교적 한산한 오전 시간에 둘러보는 것을 추천

버스 12분

세인트 에스프레소
베이커 스트리트를 바라보며 커피 한 잔

도보 2분

셜록 홈스 박물관
명탐정 셜록과 왓슨 박사의 집
셜록 마니아라면 필수!

도보 11분

던트 북스
런던에서 가장 아름다운 서점

도보 4분

점심 식사
홈메이드 방식의 푸짐한 어니스트 버거

도보 5분

모노클 숍 & 모노클 카페
런던을 대표하는 라이프스타일 브랜드

도보 4분

더 월리스 컬렉션
한적한 공간에서 감상하는 클래식한 런던

도보 5분

셀프리지 백화점
런던을 대표하는 라이프스타일 브랜드

도보 7분

저녁 식사
영국을 담은 식탁
박스카 바 앤 그릴

N
E
W
S
0
200m
프림로즈 힐
런던 동물원
리젠트 파크
세인트 존스 우드역
1
애비 로드 횡단보도
애비 로드 숍

메릴본, 피츠로비아
상세 지도
2 메릴본 하이스트리트
4 던트 북스
베이커 스트리트역
1 세인트 에스프레소
2 어니스트 버거
6 모노클 숍
6 바오
본드 스트리트역
5 빌스
4 모노클 카페
2 더 월리스 컬렉션
3 셜록 홈스 박물관
베이커 스트리트 1
셀프리지 백화점 3
막스 앤 스펜서 5
박스카 바 앤 그릴 3
마블 아치역
하이드 파크

비틀스가 건넌 바로 그 횡단보도 ······ ①

애비 로드 횡단보도 Abbey Road Pedestrian Crossing

영국을 대표하는 밴드 비틀스The Beatles 가 1969년 발표한 앨범 〈Abbey Road〉의 앨범 커버 촬영 장소로 유명하다. 네 명의 멤버가 나란히 횡단보도를 걷는 아이코닉한 앨범 커버는 음악 역사상 가장 유명한 앨범 커버로 꼽힌다. 비틀스의 팬뿐만 아니라 많은 여행자들이 횡단보도를 걸으며 비틀스의 앨범 커버와 비슷한 사진을 남기는 곳으로 아마도 세계에서 가장 유명한 횡단보도가 아닐까 싶다. 차들이 다니는 도로이므로 사진 촬영 시 매우 조심해야 하는 것을 잊지 말자. 횡단보도가 있는 길에는 비틀스가 실제로 음반 녹음을 했던 애비로드 스튜디오, 비틀스의 팬들을 위한 굿즈 숍이 있다.

Jubilee 세인트 존스 우드역에서 도보 6분 Abbey Rd., London NW8 9DD

애비 로드 숍 The Abbey Road Shop

비틀스와 애비 로드 스튜디오 관련 상품들을 판매하는 굿즈 숍이다. 비틀스의 앨범, 의류, 액세서리, 포스터, 애비 로드 횡단보도의 이미지를 사용한 다양한 제품을 구입할 수 있다. 단순한 기념품 가게를 넘어서, 전 세계의 음악 팬들이 애비 로드를 방문하며 느끼는 감동과 여운을 즐기는 장소다. 상점으로 진입하는 길의 벽면과 담벼락에는 전 세계의 팬들이 남긴 메시지가 가득하다.

5 Abbey Rd., London NW8 9AA · 09:00~18:00
+44-20-7266-7355 · shop.abbeyroad.com

귀족의 저택에서 만나는
귀족의 수집품 ……②

더 월리스 컬렉션

The Wallace Collection

18~19세기의 회화 작품, 로코코 양식의 가구, 무기와 갑옷 등 화려하고 풍성한 볼거리들이 1776년에 지어진 대저택에 전시되어 있다. 이는 허트포드 후작과 그의 가족들이 수집한 것으로, 이것을 물려받은 그의 넷째 아들 리차드 월리스 경에 의해 나라에 기증되었다. 장식이 많은 가구와 조명, 식기, 장신구, 촛대 등 화려한 전시품뿐만 아니라 월리스 가문이 소유했던 무기와 갑옷, 렘브란트 Rembrandt, 페테르 파울 루벤스Peter Paul Rubens 등 거장의 회화 작품까지 만나 볼 수 있다. 규모는 크지 않지만, 알찬 볼거리를 자랑하는 박물관이다.

Central Jubilee Elizabeth 본드스트리트역에서 도보 7분
Hertford House, Manchester Square, London W1U 3BN
10:00~17:00 +44-20-7563-9500 www.wallacecollection.org

셜록 홈스 박물관

Sherlock Holmes Museum

아서 코난 도일Arthur Conan Doyle의 소설 속에 등장하는 명탐정 셜록과 왓슨 박사가 1881년부터 1904년까지 살았던 집을 재현한 곳으로 문을 열기도 전에 긴 줄이 늘어서는 핫한 박물관이다. '셜록키언Sherlockian'이라 불리는 전 세계의 셜록 홈스 마니아에게는 런던 여행의 이유가 되기도 한다. 소설에 묘사된 것과 같은 스타일로 꾸며져 있어 한 번쯤 들러볼 만한 곳이지만, 규모나 볼거리에 비해 입장료가 다소 비싼 편이니 마니아가 아니라면 1층의 기념품점만 들러도 충분하다.

Bakerloo Circle Hammersmith & City Jubilee Metropolitan 베이커 스트리트역에서 도보 2분
221b Baker St, London NW1 6XE 09:30~18:00
일반 £20, 16세 이상 학생 및 65세 이상 £17, 6세~15세 £14, 6세 미만 무료 +44-20-7224-3688
sherlock-holmes.co.uk

셜록 홈스의 거리 ······ ①

베이커 스트리트 Baker Street

베이커 스트리트는 18세기에 이 거리를 세운 윌리엄 베이커William Baker의 이름을 따서 명명되었다. 아서 코난 도일의 소설에서 221b라는 가상의 주소에 셜록 홈스와 왓슨 박사가 살았던 것으로 묘사되면서 런던에서 가장 유명한 거리 중 하나가 되었다. 원래 고급 주택들이 밀집한 지역이었지만, 관광객의 출입이 많아지면서 현재는 주로 상업 건물이 그 자리를 차지한다. 지하철 베이커 스트리트역은 1863년 생긴 세계 최초의 지하철 '튜브'의 7개 역사 중 하나로 역 앞에 셜록 홈스의 동상이 있다.

Bakerloo Circle Hammersmith & City Jubilee Metropolitan 베이커 스트리트역에서 도보 2분

여유로운 고급 쇼핑가 ······ ②

메릴본 하이스트리트

Marylebone High Street

고급 주택가 메릴본의 쇼핑 거리. 리젠트 스트리트나 옥스퍼드 스트리트에 비하면 작은 규모지만, 이 길을 중심으로 뻗어 나가는 골목마다 예쁜 상점과 카페, 레스토랑 등이 즐비하다. 주말에는 브런치를 즐기는 런더너의 한가로운 모습을 구경하는 것만으로도 여행의 여유를 느낄 수 있다. 런던에서 가장 아름다운 서점 던트 북스를 비롯해 글로벌 브랜드의 플래그십 스토어, 런던의 신진 디자이너 숍 등 구경거리가 많아 즐겁다.

Bakerloo Circle Hammersmith & City Jubilee Metropolitan 베이커 스트리트역에서 도보 7분

런던의 트렌드를 이끄는 곳 ······ ③

셀프리지 백화점 Selfridges

1909년에 설립돼 오랜 역사를 가진 곳으로, 해롯 백화점에 이어 영국에서 두 번째로 큰 규모의 백화점이다. 전 세계 백화점의 창의성과 가능성, 마케팅 등을 평가하는 IGDSIntercontinental Group of Department Stores로부터 '세계 최고의 백화점'이라는 표창을 두 번이나 받았다. 제품의 다양성과 품질 면에서 런던 최고 수준을 자랑하며, 하이엔드 브랜드가 한곳에 모여 있어 구경하는 재미가 쏠쏠하다. '셀프리지 윈도우'라 불리는 예술적인 쇼윈도 디스플레이도 놓치지 말 것.

Central Jubilee Elizabeth
본드 스트리트역에서 도보 5분
400 Oxford St, London W1A 1AB
월~금요일 10:00~22:00,
토요일 10:00~21:00, 일요일 11:30~18:00
+44-20-7160-6222
selfridges.com

런던에서 가장 아름다운 서점 ······ ④

던트 북스 Daunt Books Marylebone

1912년에 문을 연 이래로 런던에서 가장 아름다운 서점이라 평가받는 서점으로 메릴본 하이스트리트의 꽃이라 할 수 있다. 에드워드 시대 건축 양식의 웅장하고 고풍스러운 인테리어, 짙은 색의 목재와 채도가 낮은 녹색으로 꾸며진 서가와 발코니, 커다란 창문을 통해 들어오는 따스한 빛이 어우러져 우아하고 고풍스러운 분위기를 만든다. 매장 중앙에 자리한 오크우드 계단은 던트 북스의 상징. 계단을 둘러싼 서가와 천창, 책을 읽는 사람들까지도 모두 작품처럼 아름답다. 전 세계의 가이드북, 여행 에세이 등 여행과 관련한 책을 비롯해 소설, 사진집, 시집 등 다양한 종류의 책을 취급한다. 북한과 관련된 사진집과 가이드북도 만나볼 수 있어 흥미롭다. 이 서점이 그려진 에코백이 이곳의 베스트셀러 상품이다. 런던 내에 여러 개의 지점이 있으나, 메릴본 지점이 가장 유명하다.

Bakerloo Circle Hammersmith & City Jubilee Metropolitan 베이커 스트리트역에서 도보 6분
84 Marylebone High St, London W1U 4QW
09:00~19:30(일요일 11:00~18:00)
+44-20-7224-2295 dauntbooks.co.uk

식품부터 의류까지 원스톱 쇼핑 ······ ⑤

막스 앤 스펜서 Marks & Spencer

막스 앤 스펜서는 의류, 화장품, 인테리어 소품, 식품 등을 판매하는 영국의 브랜드다. 패션, 인테리어, 식품 등 분야별로 운영되는 곳을 전부 포함해 영국 내 300개 이상의 매장을 운영한다. 그중에서 셀프리지 백화점 앞의 막스 앤 스펜서 매장은 패션, 인테리어, 뷰티, 식품 등 막스 앤 스펜서의 모든 제품을 총망라한 곳으로 메릴본 하이스트리트, 베이커 스트리트, 옥스퍼드 스트리트 등과 가까워 접근성이 좋다. 갓난아기부터 어른까지, 아주 작은 사이즈부터 아주 큰 사이즈까지 다양하게 출시되는 의류와 잡화는 품질과 디자인도 좋아 하나쯤 구입할 만하다. 식품을 판매하는 푸드 홀에서는 선물용으로 좋은 차와 커피, 과자와 여행 중 먹기에 좋은 도시락, 과일, 스콘, 크루아상 등을 판매하니 오가면서 들러보자.

Central Jubilee Elizabeth 본드 스트리트역에서 도보 6분, Central 마블 아치역에서 도보 5분 24 Orchard St, London W1H 6HJ 09:00~21:00(일요일 12:00~18:00)
marksandspencer.com

눈이 즐거워지는 라이프스타일숍 ······ ⑥

모노클 숍 The Monocle Shop

라이프스타일 잡지와 시티 가이드북을 펴내는 영국의 기업 모노클에서 운영하는 라이프스타일숍으로 품질 좋은 의류와 액세서리, 문구류, 생활용품 등을 판매한다. 모노클에서 발간한 책과 잡지는 물론 유명 디자이너와 모노클이 함께 만든 협업 제품도 만나볼 수 있다. 가격이 싼 편은 아니지만, 모노클이 까다롭게 엄선한 제품을 구경하는 것만으로도 눈이 즐겁다. 모노클에서 운영하는 '모노클 카페'와도 가까우니 함께 묶어서 들르면 좋다.

Bakerloo Circle Hammersmith & City Jubilee Metropolitan 베이커 스트리트역에서 도보 8분
34 Chiltern St, London W1U 7QH 11:00~19:00(토요일 ~18:00, 일요일 12:00~17:00)
+44-20-7486-8770
monocle.com

지역과 상생하는 착한 커피 ······ ①

세인트 에스프레소 Saint Espresso

지역의 이웃들에게 좋은 품질의 커피를 제공하겠다는 꿈을 안고 시작한 커피 전문점이다. 유럽 전역의 커피 수입 업체 및 커피 농장과 협력해 가장 좋은 품질의 원두를 정당한 가격에 사들이고, 해크니의 로스터리에서 직접 로스팅한다. 커피를 판매해 수익을 올리는 것을 넘어서, 지역 경제 및 지역 주민들과의 상생을 꿈꾸는 착한 카페라 할 수 있다. 베이커 스트리트와 캠든, 엔젤, 해크니 등에 매장이 있으니 꼭 한 번 들러 착한 커피를 맛보자.

Bakerloo Circle Hammersmith & City Jubilee Metropolitan 베이커 스트리트역에서 도보 1분 214 Baker St, London NW1 5RT 07:00~18:00(주말 08:30~) 음료 £3~ saintespresso.com

아낌없이 주는 버거 ······ ②

어니스트 버거 Honest Burgers

홈메이드 방식의 버거를 전문으로 하는 영국의 체인점이다. 피클과 소스, 로즈마리 소금, 감자칩 등 제공되는 음식의 대부분을 매장에서 직접 만든다. 패티에 사용되는 소고기는 다지지 않고 잘게 잘라 씹는 맛이 좋다. 패티와 채소, 베이컨, 치즈 등 재료를 아낌없이 넣어 하나만 먹어도 배가 몹시 부르다. 시그니처 메뉴인 어니스트 버거Honest Burger가 가장 인기가 좋으며, 채식주의자를 위한 버거도 판매한다. 메릴본, 소호, 노팅힐, 킹스 크로스 등 런던 시내에만 20여 개의 매장이 있다.

Bakerloo Circle Hammersmith & City Jubilee Metropolitan 베이커 스트리트역에서 도보 4분 31 Paddington St, London W1U 4HD 11:00~23:00(일요일 ~22:30) 어니스트 버거 £13, 버팔로 치킨버거 £13.5, 베지테리언 버거 £10 +44-20-4542-4725 honestburgers.co.uk

신념을 담은 식탁 ③

박스카 바 앤 그릴 Boxcar Bar & Grill

영국에서 나고 자란 고기와 생선, 채소, 과일 등으로만 요리한 음식을 판매하는 레스토랑이다. 동물 복지에 대한 윤리를 엄격하게 지키는 농장에서 사육된 소와 돼지, 양, 닭으로 스테이크와 버거를 만들고, 제철을 맞은 채소와 과일을 활용한 샐러드와 수프, 샌드위치 등을 준비한다. 기업이 가진 따뜻한 신념을 닮아 친절하고 밝은 직원들의 서비스에 음식을 먹기도 전부터 기분이 좋아진다. 오후 12시부터 3시까지의 점심시간에는 스타터, 메인, 디저트로 구성된 퀵 런치 세트를 £22에 맛볼 수 있다.

Central 마블 아치역에서 도보 5분
23 New Quebec St, London W1H 7SD
12:00~23:00(일 ~21:00) 월요일
퀵 런치 세트 £22, 비프 버거 £20, 립아이 스테이크 £31
+44-20-3006-7000 boxcar.co.uk

SNS 감성의 예쁜 카페 ······ ④

모노클 카페 Monocle Café

영국의 기업 모노클에서 운영하는 카페. 줄무늬 어닝이 드리워진 카페 앞에서 사진만 찍고 가는 사람들이 있을 정도로 어닝이 드리운 카페의 외관이 SNS에서 유명하다. 뉴질랜드의 유기농 커피 브랜드 올프레스 에스프레소의 원두를 사용한 커피를 맛볼 수 있으며, 커피와 디저트뿐 아니라 카츠샌드와 우동, 커리 등 간단한 일식 메뉴도 판매한다. 영국과 일본이 묘하게 섞인 재미있는 공간이다. 매장 근처의 모노클 숍과 함께 묶어서 둘러보자.

Bakerloo Circle Hammersmith & City Jubilee Metropolitan 베이커 스트리트역에서 도보 8분 18 Chiltern St, London W1U 7QA 월~금요일 07:00~20:00, 토요일 08:00~20:00, 일요일 08:00~19:00 음료 £3.2~ +44-20-7135-2040 cafe.monocle.com

베이커 스트리트의 아침을 여는 식당 ······ ⑤

빌스(베이커 스트리트점) Bill's Baker Street

활기찬 분위기와 풍성한 메뉴로 현지인과 여행자 모두에게 인기가 많은 올데이 브런치 레스토랑이다. 2001년 빌 콜리슨Bill Collison이라는 상인의 작은 청과물 가게에서 시작해 현재는 영국 전역은 물론 동남아시아, 중동 등에 매장을 확장하며 세계적으로 뻗어나가고 있다. 영국 전통 요리를 현대적으로 재해석한 메뉴가 특징이며, 빌스 빅 브런치, 에그베네딕트, 프렌치 토스트, 팬케이크 등과 같은 든든한 조식 메뉴가 특히 인기 있다. 글루텐프리, 비건, 채식 옵션 등 다양한 메뉴를 갖추고 있어 취향과 식단에 따라 취향과 식단에 따라 다양한 선택이 가능하다.

Bakerloo Circle Hammersmith & City Jubilee Metropolitan 베이커 스트리트역에서 도보 2분 119-121 Baker St, London W1U 6RY 영국18 Chiltern St, London W1U 7QA 08:00~22:00(금·토요일 ~23:00) 빌스 빅 브런치 £13.95, 에그 베네딕트 £10.5, 프렌치 토스트 £11.95, 팬케이크 £11.5 +44-20-8054-5400 bills-website.co.uk/restaurants/baker-street

가볍게 즐기는 타이완식 버거 ······ ⑥

바오 BAO

푸드 트럭으로 시작해 SNS 등에서 입소문을 타고 뻗어 나가 런던 시내에 여러 개의 매장을 가진 핫한 맛집이 된 곳이다. 타이완식 샤오츠(간단하게 즐기는 스낵류)를 판매하며 폭신폭신하게 쪄낸 찐빵 사이에 돼지고기, 치킨, 생선 튀김 등을 끼워 먹는 '바오'가 대표적인 음식이다. 그 외에도 닭튀김, 고구마튀김, 꼬치구이 등 대만의 대표적인 거리 음식들을 맛볼 수 있다. 바오 하나는 왕만두보다 약간 작은 크기로 양이 많은 사람이라면 두세 개는 먹어야 배가 부를 정도로 작다. 타이완의 샤오츠가 간식을 뜻하는 것처럼 식사보다는 간식으로 먹는 것을 추천한다.

Central Jubilee Elizabeth 본드 스트리트역에서 도보 3분 56 James St, London W1U 1HF 12:00~22:00(금·토요일 ~22:30) 클래식 포크 바오 £6.5~, 프라이드치킨 바오 £6.75 baolondon.com

AREA ····⑦

킹스크로스 King's cross
캠든 타운 Camden Town
프림로즈 힐 Primrose Hill

런던 시내 중심에서 조금만 북쪽으로 올라가면 만날 수 있는 킹스크로스, 캠든 타운, 프림로즈 힐은 시내 중심과는 조금 다른 여행을 할 수 있는 동네다. 독특하고 펑키한 제품들이 넘쳐나는 캠든 마켓, 고급 주택가의 전망 좋은 언덕 프림로즈 힐, 영화 〈해리포터〉 시리즈에 나오는 킹스크로스역 9와 ¾ 플랫폼 등 런던의 다른 동네와는 다른 독특한 정취와 개성을 가지고 있다.

킹스크로스, 캠든 타운, 프림로즈 힐
추천 코스

감성과 개성이 공존하는 런던 북부. 킹스크로스역과 영국 도서관에서 문학과 상상의 세계를 느끼고, 코얼 드롭스 야드와 리젠트 운하를 따라 산책하며 캠든 마켓으로 이동한다. 프림로즈 힐에서는 런던의 노을을 감상하며 하루를 마무리한다. 천천히 걸으며 여유롭게 즐기기에 좋은 코스다.

예상 소요 시간 8~9시간

킹스크로스역 9와 ¾ 플랫폼
비교적 한산한 오전 시간에 둘러보는 것을 추천

도보 4분

영국 도서관
비틀스, 쇼팽, 레오나르도 다 빈치 등의 진귀한 문서를 소장한 도서관

도보 5분

점심 식사
런더너들이 사랑하는 인도 요리 전문점 디슘

도보 3분

코얼 드롭스 야드
석탄 창고를 개조한 복합 문화 공간

도보 3분

리젠트 운하
낭만적인 운하를 따라 캠든 타운까지 산책(약 25분 코스)

도보 25분 / 지하철 16분

캠든 마켓
개성 넘치는 상점과 다양한 거리 음식 맛보기

도보 15분

프림로즈 힐
해 질 무렵 노을을 내리는 런던의 전경을 감상

도보 15분

저녁 식사
- **포피스 피시 앤 칩스** 레트로한 분위기의 피쉬 앤 칩스 전문점
- **푸레짜 캠든** 건강하고 산뜻하게 즐기는 피자

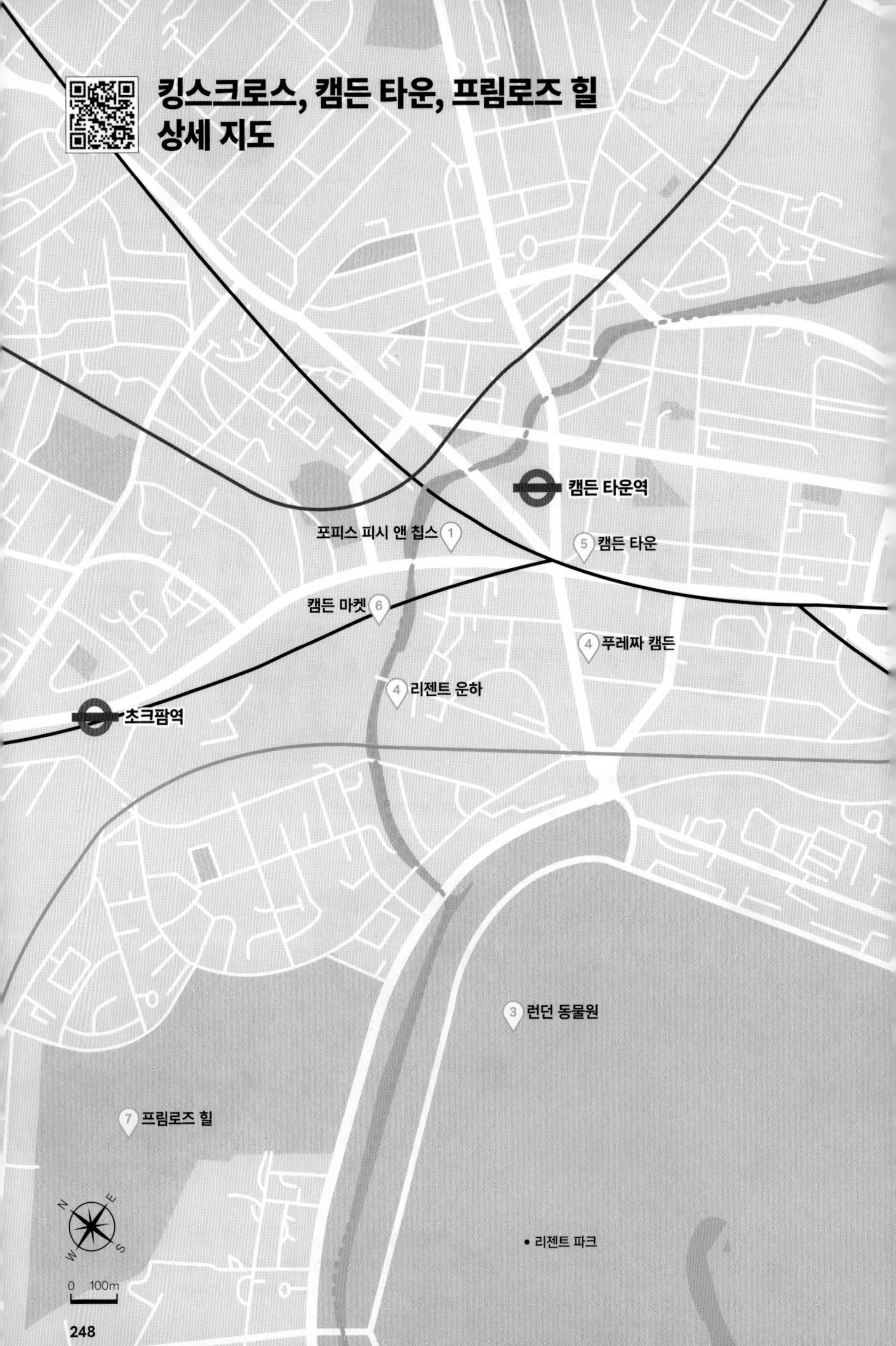
킹스크로스, 캠든 타운, 프림로즈 힐
상세 지도
캠든 타운역
포피스 피시 앤 칩스 1
5 캠든 타운
캠든 마켓 6
4 푸레짜 캠든
4 리젠트 운하
초크팜역
3 런던 동물원
7 프림로즈 힐
• 리젠트 파크
N
E
S
W
0 100m

9 워드 온 더 워터
5 디슘
8 코얼 드롭스 야드
킹스크로스역
킹스크로스역 9와 ¾ 플랫폼 1
세인트 판크라스역
하프 컵 2
영국 도서관 2
스토어 스트릿 에스프레소 3
영국박물관

호그와트 마법 학교로 가는 길 ······①

킹스크로스역 9와 ¾ 플랫폼

King's Cross 9 ¾ Platform

영화 〈해리 포터〉 시리즈에서 호그와트 마법 학교로 가는 기차를 탔던 곳. 주인공 해리가 트롤리를 밀며 벽으로 돌진했던 9와 ¾ 플랫폼이 그대로 재연되어 있다. 원래는 실제 열차가 다니는 플랫폼에 있었지만, 2012년 역사를 리뉴얼하면서 1층의 넓은 곳으로 이전했다. 누구나 영화의 한 장면처럼 사진을 찍을 수 있도록 벽으로 반쯤 들어간 트롤리, 마법 지팡이, 해리가 착용했던 것과 같은 목도리가 준비되어 있다. 뿐만 아니라 목도리를 휘날리며 벽으로 돌진하던 해리처럼, 펄럭거리는 목도리를 연출해 주는 직원이 있어 기념사진을 남기기 좋다. 바로 옆에는 해리 포터와 관련된 제품을 만날 수 있는 해리 포터 기념품점이 있다.

Circle Hammersmith & City Metropolitan Northern Picadilly Victoria 킹스크로스역사 1층

킹스크로스역과 세인트 판크라스역은?

나란히 붙어 있는 킹스크로스역과 세인트 판크라스역은 다른 도시로 이동하거나 다른 나라로 이동할 수 있는 영국의 주요 교통 허브다. 킹스크로스역은 주로 국내 기차와 지하철 서비스를, 세인트 판크라스역은 국제 열차 서비스를 담당한다.

킹스크로스역 King's Cross Station

런던-스코틀랜드(에든버러, 글래스고 등) 및 런던-노스이스트(뉴캐슬, 리즈 등)을 연결하는 런던 노던London North Eastern Railway/LNER의 주요 터미널이다. 지하철 6개의 라인이 정차하는 역으로 런던 전역으로 편하게 이동할 수 있는 역이다.

세인트 판크라스역 St Pancras International Station

런던에서 파리, 브뤼셀 등 국외의 도시로 이동할 때 이용하는 유로스타Eurostar 열차의 출발·도착 지점으로 유럽 대륙으로 이동하는 중요한 기차역이다. 고딕 양식에서 영감받은 웅장하고 화려한 건축물이 눈에 띈다.

박물관 같은 도서관 ······ ②

영국 도서관 The British Library

1973년에 설립된 영국 도서관은 원래 영국 박물관의 도서관이었다. 그러나 그 규모가 점점 방대해지면서 1998년 현재의 세인트 판크라스역 앞으로 이전했다. 다양한 종류의 책과 수십만 권의 정기 간행물, 지도, 도장, 그림, 마이크로필름, 희귀한 원고 등 약 1억 7천만 점 이상의 소장품을 보유한다. 비틀스의 작사 노트, 쇼팽과 바흐의 자필 악보, 레오나르도 다 빈치의 수첩 등 진귀한 가치를 가진 문서도 보관 및 전시한다. 영국 거주자임을 증명할 수 있는 서류가 있어야만 열람증이 발급되기에 여행자의 신분으로 열람실이나 세미나실 등의 공간은 들어갈 수 없지만, 위의 문서를 비롯해 복도나 로비 등 도서관 곳곳에서 열리는 다양한 주제의 전시를 방문자 모두가 무료로 관람할 수 있다. 도서관 안에 위치한 천장까지 뻥 뚫린 시원한 구조의 카페에서도 자유롭게 커피를 마시며 책을 읽거나 노트북 작업이나 공부를 할 수도 있다. 이런 도서관을 일상처럼 자유롭게 드나드는 런던의 시민들이 한없이 부러워지는 공간이다.

Circle Hammersmith & City Metropolitan Northern Picadilly Victoria 킹스크로스 세인트 판크라스역에서 도보 4분
96 Euston Rd, London NW1 2DB 월~목요일 09:30~20:00 (금요일 ~18:00, 토요일 ~17:00), 일요일 11:00~17:00
+44-330-333-1144 bl.uk

연구소이자 동물원 ······ ③

런던 동물원 London Zoo

1828년에 개장한 동물원으로 영국에서 가장 오래된 동물원이다. 공식 명칭은 ZSL 런던 동물원. ZSL은 런던 동물학회Zoological Society of London의 약자다. 동물학회에 의해 운영되고 있어 동물의 보존 및 동물 복지, 환경 보호 등을 연구한다. 아프리카, 아시아, 호주 등 여러 대륙의 테마 존에서 다양한 동물을 관찰할 수 있으며 가족 단위 방문객을 위한 프로그램과 이벤트도 수시로 열린다.

Northern 초크팜역에서 도보 22분/택시 5분
Outer Cir, London NW1 4RY 영국 10:00~17:00
일반 £31.8, 학생 및 65세 이상 £28.6, 3~15세 £20.9, 3세 미만 무료 +44-344-225-1826 londonzoo.org

낭만이 흐르는 운하 ······ ④

리젠트 운하 Regent's Canal

런던 서쪽의 패딩턴에서 시작해 리젠트 파크, 캠든 타운, 킹스크로스, 해크니 등을 지나 동쪽의 라임하우스까지 이어지는 약 14km의 운하다. 1820년에 물류 운송을 목적으로 건설되어 영국 산업혁명의 중요한 역할을 담당했던 유서 깊은 곳이다. 1980년대 이후 대대적인 재개발을 거쳐 과거와 현재가 만나는 낭만적인 산책로가 되었다. 수상 버스와 보트가 유유히 오가며 운하의 낭만을 더한다.

Northern 캠든 타운역에서 도보 5분

독창적인 문화와 예술이 모이는 곳 ······ ⑤

캠든 타운 Camden Town

런던 북서부에 자리한 지역으로 고유의 독창적인 문화와 분위기를 가진 매력적인 여행지다. 커다란 문신을 하거나 피어싱으로 얼굴 구석구석을 장식한 사람, 독특하고 신기한 헤어 스타일과 옷차림으로 시선을 끄는 사람 등 자유분방한 스타일로 거리를 활보하는 펑크족을 많이 만난다. 키치하고 기발한 외관의 상점이 모여 있는 캠든 하이스트리트는 구경하는 것만으로도 즐겁다. 하이스트리트를 중심으로 각기 다른 스타일의 캠든 마켓을 즐길 수 있다. 핑크 플로이드, 블러, 에이미 와인하우스 등 영국의 유명한 뮤지션들이 이곳에서 활동했으며, 현재도 많은 뮤지션들의 활동 무대가 되는 동네로 1년 내내 음악 소리가 끊이지 않는다.

⊖ **Northern** 캠든 타운역 일대

걷기만 해도 즐겁다 ······⑥

캠든 마켓 Camden Market

런던 특유의 자유로움과 펑키한 젊음이 넘쳐나는 캠든 마켓은 근처만 가도 들썩들썩 신이 난다. 주로 젊은 층이 많이 찾는 곳으로 빈티지하고 독특한 제품을 만날 수 있는 스트리트 마켓이다. 하이 스트리트를 중심으로 크게 캠든록 마켓, 인버네스 마켓, 스테이블스 마켓 등으로 구분되는데 마켓마다 저마다의 개성이 뚜렷해 구경하는 재미가 있다. 전 세계의 여행자와 런더너로 붐비는 곳이니 소지품을 잘 챙겨야 한다. 따로 정해진 마감 시간은 없으나 오후 6시에서 8시 사이에 대부분의 상점이 문을 닫으니 여유롭게 둘러보고 싶다면 일찍 움직이는 것을 추천한다.

Northern 캠든 타운역에서 도보 3분
10:00~ camdenmarket.com

캠든록 마켓 Camden rock market

캠든 타운의 독창적이고 반항적인 패션과 문화를 대표하는 곳이다. 록 음악, 펑크, 고스 메탈 등 서브컬처에 중점을 둔 의류와 액세서리 등을 많이 만나볼 수 있다. 가죽 재킷, 밴드 티셔츠, 빈티지 의류를 비롯해 밴드 포스터, 바이닐 레코드 등 음악과 관련된 상품도 판매한다.

인버네스 마켓 Inverness St. Market

원래 과일과 채소를 판매하던 전통 시장이었으나 현재는 기념품, 의류, 액세서리, 스트리트 푸드 등을 판매한다. 캠든의 역사와 전통을 간직한 곳으로, 현지인과 여행자가 어우러져 친근한 분위기의 마켓이다.

스테이블스 마켓 Stables Market

캠든 마켓 중 가장 규모가 큰 마켓으로 과거 마구간과 병원으로 사용되건 건물을 개조해 만들어졌다. 오래된 마구간과 함께 장식된 말 조각상 등이 있어, 시장의 역사적 배경을 느낄 수 있다. 빈티지 의류, 가구, 예술 작품, 수공예품, 골동품 등 구경거리가 많다. 세계 각국의 음식을 파는 부스와 상점도 많아 가장 활기찬 마켓이다.

노을이 물드는 언덕 ······ ⑦

프림로즈 힐 Primrose Hill

프림로즈 힐은 런던의 전경을 여유롭게 조망할 수 있는 작은 언덕의 이름이자 언덕이 있는 동네의 이름이다. 고급 주택과 상점이 즐비한 이 동네는 런던에서 손꼽히는 부촌이다. 동네 사람들에게는 그저 집 근처의 작은 공원일 뿐이지만 여행자들에게는 런던이 한눈에 내려다보는 로맨틱한 언덕이다. 하늘이 붉게 물들기 시작하는 해 질 녘이 되면 여행자들뿐만 아니라 젊은 연인들로 작은 언덕이 꽉 찬다. 약 80m 높이의 정상에 오르면 런던 아이와 더 샤드, 세인트 폴 대성당, 런던 탑 등 런던의 랜드마크가 펼쳐진다. 피크닉 매트와 간식, 음료 등을 준비해 여유를 즐기는 사람도 많다.

⊖ Northern 초크팜역에서 도보 8분
📍 Primrose Hill Rd, London NW1 4NR
📞 +44-300-061-2300 🏠 royalparks.org.uk

과거가 현재가 된 복합 문화 공간 ······ ⑧

코얼 드롭스 야드 Coal Drops Yard

1851~1860년 사이에 지어진 오래된 석탄 창고를 고급스러운 느낌의 상점과 카페, 레스토랑, 갤러리, 아티스트들의 작업실 등으로 개조했다. 2018년 10월에 문을 연 이후 런던의 새로운 명소가 되었다. 다른 시기에 다른 용도로 지어진 2개의 창고를 하나의 지붕으로 연결해 마치 커다란 마당을 가진 쇼핑센터처럼 재구성했다. 에이솝, 폴스미스, 마가렛호웰, 코스, 아페쎄 등 유명 브랜드의 매장을 비롯해 크고 작은 식당과 카페가 모여 있어 쇼핑부터 식사까지 한 번에 즐길 수 있다. 리젠트 운하 바로 옆에 자리해 산책하기에도 좋다.

Circle Hammersmith & City Metropolitan Northern Picadilly Victoria 킹스크로스 세인트 판크라스역에서 도보 8분 Stable St, London N1C 4DQ 10:00~22:00 +44-20-3664-0200 coaldropsyard.com

물 위의 서점 ······ ⑨

워드 온 더 워터 Word On The Water

리젠트 운하에 자리한 수상 서점으로 1920년대의 바지선을 개조해 만들었다. 중고 책과 고전 문학 작품을 비롯해 신간과 잡지, 음반 등이 보트 내외부의 서가를 빼곡하게 채우고 있다. 물 위에 떠 있는 보트 서점이라는 독특한 분위기 덕분에 세계에서 찾아온 여행자들의 발길이 끊이지 않으며, 이따금 라이브 음악 공연, 시 낭독회, 작가와의 만남 등 행사가 열린다.

Circle Hammersmith & City Metropolitan Northern Picadilly Victoria 킹스크로스 세인트 판크라스역에서 도보 5분 Regent's Canal Towpath, London N1C 4LW 12:00~19:00 +44-7976-886982 wordonthewater.co.uk

마지막 한 입까지 맛있다 ······ ①

포피스 피시 앤 칩스 Poppies Fish & Chips

피시 앤 칩스를 만드는 런던의 프랜차이즈 브랜드로 1950년대의 레트로한 분위기를 재현한 식당이다. 그 시절의 소품과 장식으로 식당 내부를 꾸며 구경하는 재미가 있으며, 직원들도 전통적인 유니폼을 입고 손님을 맞는다. 신선한 대구, 가자미 등의 생선에 반죽을 얇게 입혀 바삭하게 튀겨낸 생선튀김이 일품이다. 삶은 완두콩을 으깨어 소금, 후추, 레몬즙 등을 섞은 '가든 피즈(Garden Pees)', 기본으로 제공되는 타르타르소스를 곁들이면 훨씬 더 맛있다. 레스토랑 2층에서는 이따금 라이브 공연이 열린다.

Northern 캠든 타운역에서 도보 3분 30 Hawley Cres, London NW1 8QR
11:00~22:00(목~토요일 ~23:00) 대구(Cod) 피시 앤 칩스(레귤러 사이즈) £18.95, 가든 피즈 £3.5 +44-20-7267-0440 poppiesfishandchips.co.uk

상냥해서 더 맛있는 브런치 ······ ②

하프 컵 Half Cup

킹스크로스역 부근 주택가에 자리한 브런치 식당이다. 잉글리시 브렉퍼스트를 비롯해 프렌치토스트, 와플, 팬케이크, 베이글 등 간단한 식사를 만든다. 메뉴 자체는 특별하지 않지만, 신선한 재료로 정성껏 조리한 접시 위의 음식들이 하나하나 다 맛있다. 현지인들도 좋아하는 곳이라 오전 11시부터 오후 1시까지의 점심시간에는 어느 정도 대기를 감수해야 한다. 매우 바쁜 가게임에도 직원들이 친절하고 상냥해 더욱 기분 좋게 식사를 즐길 수 있는 곳이다. 날씨가 좋은 날에는 가게 앞 노천 테이블에 앉아 런던의 거리를 구경하며 여유를 부려보는 것도 좋다.

Circle Hammersmith & City Metropolitan Northern Picadilly Victoria 킹스크로스 세인트 판크라스역에서 도보 5분 100-102 Judd St, London WC1H 9NT 08:00~16:00(토·일요일 09:00~) 풀 잉글리쉬 브렉퍼스트 £18, 프렌치 토스트 £17, 팬케이크 £16.5 +44-20-8617-7835 halfcup.co.uk

현지인들이 사랑하는 카페 ······ ③

스토어 스트릿 에스프레소

Store Street Espresso

킹스크로스역 근처의 카페로 매일매일 신선하게 로스팅한 커피를 판매한다. 커피와 차, 주스 등의 음료를 비롯해 토스트, 샌드위치 등의 간단한 식사 메뉴도 갖추고 있다. 천장에 창을 내어 자연광이 듬뿍 들어오는 따뜻하고 밝은 느낌의 공간이다. 커피 맛이 좋을 뿐 아니라 직원들이 친절해 현지인들이 무척 좋아하는 카페다. 다른 카페에 비해 이른 시간인 오후 4시에 영업을 종료한다.

Circle Hammersmith & City Metropolitan Northern Picadilly Victoria 킹스크로스 세인트 판크라스역에서 도보 10분
54 Tavistock Pl, London WC1H 9RG
08:00~16:00(토·일요일 09:00~)
음료 £3.3~, 토스트 £4~
storestespresso.co.uk

건강하게 즐기는 피자 ······ ④

푸레짜 캠든 Purezza Camden

식물성 재료 위주로 건강하게 즐길 수 있는 피자를 만드는 피자 전문점이다. 이탈리아어로 '순수함' 또는 '순도'를 의미하는 '푸레짜Purezza'는 이 식당의 정체성을 알 수 있는 단어다. 유기농 통밀가루로 만든 반죽을 48시간 동안 숙성해 만든 도우 그 자체만으로도 요리라고 부를 만큼 맛있다. 클래식한 피자부터 창의적인 비건 피자까지 다양한 메뉴를 선택할 수 있으며 오후 5시 이전에는 7인치 사이즈의 작은 피자, 피자와 곁들이는 스몰 플레이트, 음료나 와인, 맥주 등이 세트로 제공되는 런치 세트를 주문할 수 있다.

Northern 캠든 타운역에서 도보 3분
45-47 Parkway, London NW1 7PN
12:00~22:00(금·토요일 ~22:15, 일요일 ~20:45) 런치 세트 £15, 마르게리타 £13, 블랙 트러플 피자 £16
+44-20-7284-3965
purezza.co.uk/locations/camden

현대적으로 재해석한 인도 요리 ⑤

디슘 Dishoom

전통적인 인도식 카페 문화를 현대적으로 재해석한 인도 음식 레스토랑으로, 런더너들이 사랑하는 브랜드다. 런던 곳곳에 매장이 있으며 거의 모든 매장이 줄을 서야 할 정도로 인기가 좋다. 그중 코얼드롭스야드 근처의 킹스크로스 지점은 복고풍의 인도 카페 스타일을 느낄 수 있는 분위기로 꾸며져 있다. 널찍한 3층 공간에 자리해 테이블이 많고 쾌적하다. 부드럽고 달콤한 커리 치킨 루비Chicken Ruby, 얇은 피 속에 고기와 채소를 다져 넣고 삼각형 형태로 접어 튀긴 사모사Samosa, 짭조름한 새우튀김 프로운 콜리와다Prawn Koliwada 등은 한국인들이 많이 주문하는 메뉴다. 양이 그리 푸짐한 편이 아니라서 밥이나 난 종류를 함께 곁들이는 것이 좋다. 코벤트카든, 쇼디치, 켄싱턴 등에도 지점이 있다.

Circle Hammersmith & City Metropolitan Northern Picadilly Victoria 킹스크로스 세인트 판크라스역에서 도보 8분 5 Stable St, London N1C 4AB
08:00~23:00(금요일 ~24:00), 토요일 09:00~24:00, 일요일 09:00~23:00
치킨 루비 £15.9, 사모사 £6.7~, 프로운 콜리와다 £9.7 +44-20-7420-9321
dishoom.com/kings-cross

PART 4

런던 근교 여행

BRIGHTON
MUSEUM &
ART GALLERY

AREA ···· ①

브라이튼 Brighton
세븐 시스터즈 Seven Sisters

영국 남동부에 자리한 해안 도시 브라이튼과 세븐 시스터즈는 화려하고 활기찬 휴양 도시의 분위기와 자연의 웅장함을 동시에 느낄 수 있는 곳이다. 런더너들이 즐겨 찾는 주말 여행지로 독특한 문화와 예술, 아름다운 자연이 어우러져 여행지로서의 매력이 넘친다. 런던에서 기차로 약 1시간이면 닿는 가까운 거리도 장점으로 꼽힌다.

브라이튼 & 세븐 시스터즈 가는 방법

브라이튼과 세븐 시스터즈로 떠나는 가장 쉽고 빠른 길은 런던 빅토리아역에서 출발하는 기차를 이용하는 것이다. 빅토리아역에서 출발하는 기차를 타면 브라이튼까지 약 1시간 만에 도착한다. 런던 브리지역, 세인트 판크라스역 등 다른 기차역에서 출발하는 것보다 운행 횟수가 더 많고 요금이 저렴하다. 브라이튼에서 세븐 시스터즈까지는 버스를 이용해 이동한다.

런던 ······ **기차** 1시간, £15.2 ······ **브라이튼** ······ **버스** 1시간 10분, £2 ······ **세븐 시스터즈**

빅토리아역 / 브라이튼역 / 이스트딘 버스 쉘터 정류장

런던 ▼ 브라이튼

기차

런던 빅토리아역에서 개트윅 익스프레스Gatwick Express를 타면 약 1시간 만에 브라이튼에 도착한다. 브라이튼으로 가는 가장 빠른 방법이다. 세인트 판크라스역, 블랙프라이어스역, 런던 브리지역에서 출발하는 기차를 이용할 수도 있다. 3명 이상일 경우 그룹 세이브 제도Group Save를 이용하면 전체 요금의 1/3을 할인받을 수 있다. 일행이 부족하거나 혼자일 경우에는 여행 카페를 통해 동행을 구하거나 현장에서 사람을 모아 함께 티켓을 끊는 것도 방법이다.

🏠 nationalrail.co.uk

주요 기차역 운행 정보

	런던 빅토리아역 Gatwick Express	세인트 판크라스역 Thameslink	블랙프라이어스역 Thameslink	런던 브리지역 Thameslink
운행 시간	00:12~00:03 (약 15분 간격)	05:30~23:59 (약 20~30분 간격)	05:30~23:59 (약 20~30분 간격)	05:30~23:59 (약 20~30분 간격)
요금	£7.00~£15.20	£8.00~£40.00	£8.00~£40.00	£8.00~£40.00
소요 시간	약 58분~1시간	약 1시간~1시간 30분	약 1시간~1시간 20분	약 1시간~1시간 15분

* 요금은 예약 시기, 탑승 시간(Off-Peak, Peak), 프로모션, 주중/주말/연휴 등에 따라 변동될 수 있음

버스

시간 여유만 있다면 기차보다 저렴하게 이동할 수 있는 방법이다. 런던 빅토리아역 근처의 빅토리아 코치 스테이션에서 버스를 타면 브라이튼 해변 바로 앞 브라이튼 올드스테인 사우스 Brighton Oldstein South 정류장에 하차한다.

🏠 www.nationalexpress.com

브라이튼에서는 어떻게 다닐까?

브라이튼 내의 명소들은 모두 걸어서 이동하기 좋은 가까운 위치에 있다. 천천히 걸으며 해안 도시의 여유를 느껴보자.

	빅토리아 코치 스테이션 Victoria Coach Station → 브라이튼 올드스테인 사우스 Brighton Oldstein South
운행 시간	02:00~23:59 1시간 간격, 20:30~05:00 2시간 간격
요금	£14~17
소요 시간	약 3시간

브라이튼 ▼ 세븐 시스터즈

브라이튼에서 세븐 시스터즈까지는 버스로 약 1시간 10분 정도 떨어져 있다. 런던에서부터 소요 시간을 계산하면 2시간 이상의 먼 여정이니 여유롭게 움직이는 것이 좋다. 세븐 시스터즈까지 이동하는 동안 만나는 창밖 풍경이 아름다우니 되도록 오른쪽 창가에 앉기를 추천한다.

	브라이튼 → 세븐 시스터즈 버스
노선	12X, 12, 12A(일요일에는 12,12A만 운영)
경로	브라이튼 이스트딘 쉘터East Dean Shelter 정류장 하차 후 도보 2분
요금	일반 £5.3, 어린이 £2.65
소요 시간	약 1시간 10분

브라이튼 & 세븐 시스터즈 추천 코스

브라이튼과 세븐 시스터즈는 왕복으로 약 2시간 30분 거리에 있기 때문에 시간 계획을 잘 세워야 하루 안에 모두 둘러볼 수 있다. 오전 중 브라이튼에 도착할 수 있도록 런던에서 되도록 일찍 출발하는 것이 좋다. 세븐 시스터즈 근처에는 식사할 만한 곳이 마땅치 않으니 브라이튼에서 해결하자.

소요 시간 10시간~

예상 경비 교통비 £41~ + 입장료 £49 + 식비 £25 = 약 £115

참고 사항 3명 이상이 함께 티켓을 구입하면 그룹 세이브 제도Group Save를 적용해 기차 요금의 1/3을 할인받을 수 있어 경제적이다. 주말에는 세븐 시스터즈 바로 앞까지 버스가 운행하니 시간과 체력을 훨씬 절약할 수 있다. 시간 여유가 된다면 브라이튼에 숙소를 잡고 하루 정도 머물며 천천히 여행을 즐기는 것도 좋다.

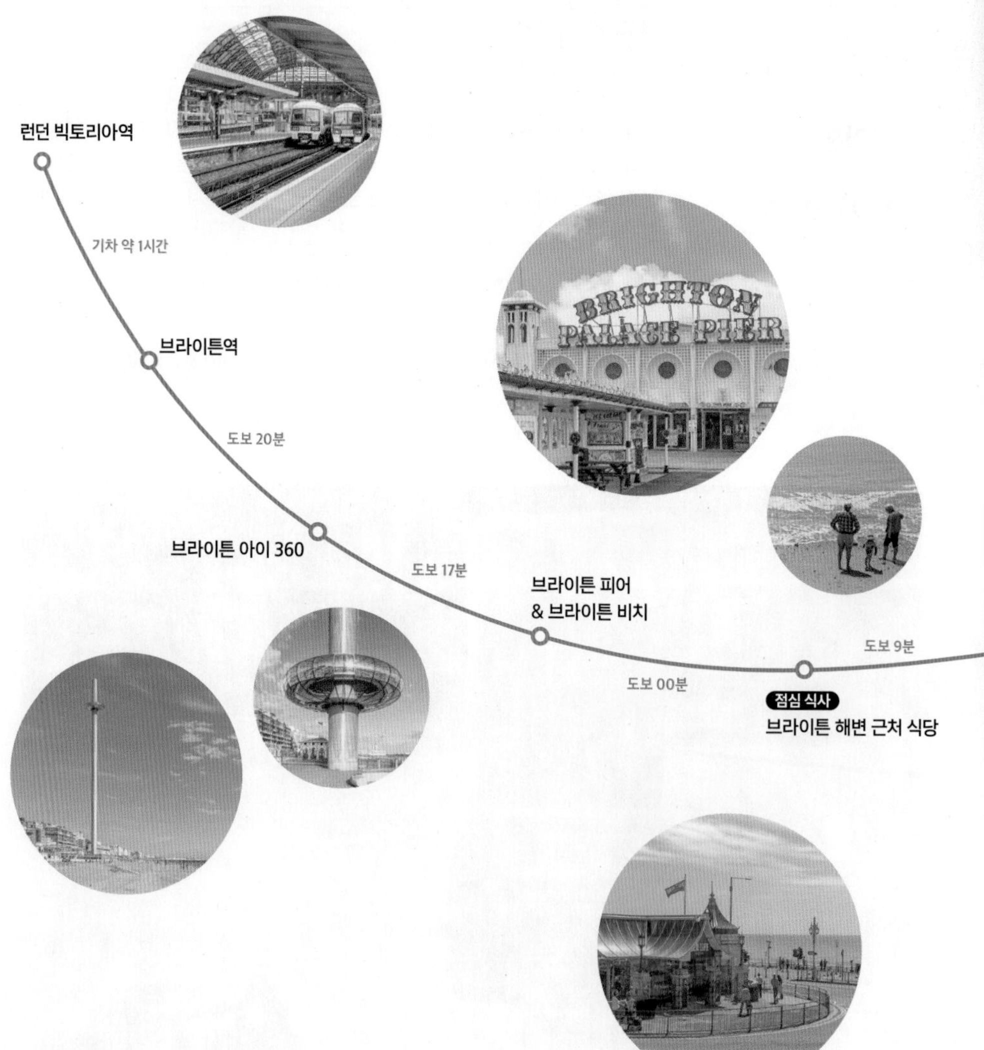

로열 파빌리온
도보 4분
브라이튼 뮤지엄
앤 아트
버스 1시간 10분
세븐 시스터즈
버스 1시간 10분
브라이튼역
기차 1시간
런던 빅토리아역

왕세자의 여름 별장 ······①

로열 파빌리온 Royal Pavillion

19세기 초에 지어진 인도-사라센 건축 양식과 중국풍의 장식이 결합된 궁전이다. 왕세자였던 조지 4세의 여름 별장으로 지어진 궁전으로 독특하고 화려한 건축 양식이 눈에 띈다. 궁전 내부에는 당시 사용했던 공간과 가구, 예술품들이 잘 보존되어 있다. 거대한 돔과 첨탑으로 장식된 외관과 붉은색과 금빛이 가득한 중국풍의 실내 장식을 통해 19세기 초 왕실의 이국적인 취향을 엿볼 수 있는 곳이다.

브라이튼 기차역에서 도보 12분
4/5 Pavilion Buildings, Brighton and Hove, Brighton BN1 1EE 09:30~17:00
일반 £19, 5~18세 £11.5(1년 이내 재방문 시 무료)
+44-300-029-0900
brightonmuseums.org.uk

브라이튼의 역사와 예술 ······②

브라이튼 뮤지엄 앤 아트 Brighton museum & Art

19세기 후반에 설립되어 다양한 역사적, 예술적 전시물을 통해 브라이튼의 과거와 예술적 유산을 보여주는 박물관이다. 고대부터 현대까지 이어지는 다양한 예술 작품과 유물을 소장하고 있어 예술과 문화뿐 아니라 브라이튼의 역사까지 한자리에서 둘러볼 수 있다. 로열 파빌리온 가든 안에 자리하고 있어 로열 파빌리온과 묶어서 둘러보면 좋다. 내부 수리나 특별 전시 준비 기간에는 문을 닫으니 방문 전 홈페이지를 통해 확인해야 한다.

브라이튼 기차역에서 도보 11분 Royal Pavilion Gardens, Brighton and Hove, Brighton BN1 1EE 10:00~17:00 월요일 일반 £9.5, 5~18세 £4.5(1년 이내 재방문 시 입장료 무료) +44-300-029-0900 brightonmuseums.org.uk

브라이튼의 핫플레이스 ······③

브라이튼 피어 & 브라이튼 비치

Brighton Pier & Brighton Beach

원래 부두를 목적으로 지어진 곳으로 1899년에 놀이동산으로 재단장해 개장했다. 브라이튼의 상징적인 관광 명소로 놀이공원과 아쿠아리움, 레스토랑, 카페 등 다양한 시설이 모여 있다. 1년 내내 다양한 문화 행사와 특별 이벤트가 열려 브라이튼에서 가장 활기찬 분위기를 느낄 수 있는 곳이다. 브라이튼 피어 옆의 브라이튼 비치는 휴양을 위한 리조트와 레스토랑 등이 모여 있고, 해양 스포츠와 레저 활동을 즐기는 사람도 많다. 모래사장이 아니라 자갈이 넓게 깔려 있어 다른 곳과는 다른 분위기를 느낄 수 있다.

🚶 브라이튼 기차역에서 도보 20분 📍 Madeira Dr, Brighton BN2 1TW 🕓 10:00~20:00 📞 +44-1273-609361 🏠 brightonpier.co.uk

브라이튼을 한눈에 담다 ······④

브라이튼 아이360 Brighton i360

2016년에 개장한 현대적인 관람차로 브라이튼 해안에 자리하고 있다. 약 162m 높이까지 올라가 브라이튼의 해안선, 바다, 시내 전경까지 한눈에 조망할 수 있다. 날씨가 좋은 날에는 세븐 시스터즈까지 보일 정도로 전망이 좋다. 지상에서 탑승해 관람차 자체가 약 162m 높이까지 움직이며, 관람차 전체가 통유리로 만들어져 막힘없는 시야를 누릴 수 있다.

🚶 브라이튼 기차역에서 도보 18분 📍 Lower Kings Road, Brighton BN1 2LN 🕓 10:30~18:00(계절에 따라 운영 시간이 변경될 수 있으며 홈페이지 확인 필수) £ 일반 £18.5, 4~15세 £9, 60세 이상 £16.5, 3세 이하 무료 📞 +44-333-772-0360 🏠 brightoni360.co.uk

7개의 하얀 절벽 ······ ⑤

세븐 시스터즈

Seven Sisters

브라이튼에서 자동차로 약 45분, 버스로는 1시간~1시간 30분 정도의 거리에 떨어져 있는 곳이다. 사우스다운스 내셔널 파크South Downs National Park 내에 위치해 자연 경관이 뛰어난 곳으로 유명하다. 세븐 시스터즈라는 이름은 해안선을 따라 7개의 절벽(실제로는 8개)이 연결되어 있기 때문이다. 바람, 파도, 비 등으로 인한 지속적인 침식 작용에 의해 지금과 같은 독특한 지형이 만들어졌다. 침식 작용은 현재도 진행 중이며 이로 인해 세븐 시스터즈의 해안선과 절벽은 매일 조금씩 변화하고 있다. 해안선과 하얀 절벽, 주변의 푸른 초원이 어우러진 경관이 아름다워 자연을 감상하기 위해 먼 길을 찾아오는 사람이 많다. 절벽의 높이가 약 60~80미터에 달하고, 난간이 설치되어 있지 않으니 관람 시 각별히 주의해야 한다. 브라이튼에서 세븐 시스터즈로 가는 버스 오른쪽 창가에 앉으면 그림처럼 아름다운 푸른 초원을 감상할 수 있으니 꼭 기억하자.

평일 브라이튼 기차역 앞 버스 정류장 브라이턴 스테이션(Brighton Station, Stop D)에서 12X, 12, 12A 버스 탑승 후 이스트딘 쉘터 개러지(East Dean Shelter)에서 하차(약 1시간 10분 소요)한 뒤 도보 2분 영국 BN20 0AB 이스트본

AREA ····②

옥스퍼드 Oxford
코츠월즈 Cotswolds

세계 최고의 대학 도시 옥스퍼드는 13세기부터 이어진 풍요로운 역사와 웅장한 건축물이 모여 있는 곳이다. 38개의 크고 작은 대학 건물과 학생들이 뿜어내는 활기찬 에너지가 가득하고, 중세 시대의 멋스러움이 도시 곳곳에 묻어난다. 멀지 않은 곳에 위치한 아름다운 전원 마을 코츠월즈와 함께 묶어 하루 코스로 다녀오기 좋으며, 학문과 역사, 전통과 자연이 어우러져 다채로운 매력이 넘치는 여행 코스다.

옥스퍼드 & 코츠월즈 가는 방법

런던 패딩턴역에서 출발해 옥스퍼드를 둘러본 후 코츠월즈로 이동한 뒤 다시 기차를 타고 런던으로 돌아오는 순서로 일정을 짜면 좋다. 여러 개의 마을로 이루어진 코츠월즈 내에는 교통수단이 많지 않고 각각의 마을로 이동이 쉽지 않아 투어 상품이나 렌터카를 이용하는 사람이 많다.

런던 ······ **기차** 약 50분, £33.3 ······ 옥스퍼드 ······ **기차** 약 35분, £13.2 ······ 코츠월즈

빅토리아역 / 브라이튼역 / 모턴 인 마시역

런던 ▼ 옥스퍼드

런던 패딩턴역에서 그레이트 웨스턴 레일웨이Great Western Railway, GWR를 타면 약 50분 만에 옥스퍼드에 도착한다. 빅토리아 코치 스테이션에서 옥스퍼드까지 가는 버스도 있다. 약 2시간~2시간 30분 소요되며 요금은 기차는 £33.3 버스는 £14.5다.

기차 nationalrail.co.uk / 버스 nationalexpress.com

옥스퍼드 ▼ 코츠월즈

옥스퍼드역에서 코츠월즈 북부의 모턴 인 마시역Moreton in Marsh으로 이동하는 것이 가장 쉽다. 버스, 기차 등 대중교통 시설이 가장 많은 마을로 이곳을 기점으로 다른 마을을 둘러보는 것이 좋다. 옥스포드역에서 1시간에 1대꼴로 기차가 있으며, 약 35~40분 정도 소요된다. 요금은 시간대, 좌석 등급에 따라 달리지며 £13.2~£21이다.

옥스퍼드 ▼ 코츠월즈 투어

런던에서 출발하는 전용 차량을 이용해 옥스퍼드와 코츠월즈를 둘러보고 다시 런던으로 돌아오는 투어 상품으로, 여행자들 사이에서는 '옥코투어'라는 별칭으로 불린다. 특히 마을 간 이동이 쉽지 않은 코츠월즈를 여행하기에 매우 편한 방법이다. 오전 8~9시쯤 런던에서 출발해 오후 6~7시쯤 다시 런던으로 돌아오는 일정으로 진행되는 것이 보통이다. 가격은 13만원 정도이며, 주말이나 성수기에는 서둘러 예약하는 것이 좋다.

옥스퍼드와 코츠월즈에서는 어떻게 다닐까?

옥스퍼드 내의 38개 대학을 모두 둘러보는 것은 현실적으로 불가능하다. 크라이스트 처치, 보들리언 도서관 등 대표적인 명소들은 모두 도보로 이동 가능한 거리에 모여 있어 이동이 쉽다. 코츠월즈의 마을들 역시 100개가 넘는 작은 마을을 모두 둘러볼 수 없으므로 모턴 인 마시, 바이버리, 버튼 온 더 워터 등의 대표적인 마을만 둘러본다. 코츠월즈 마을 간의 이동은 버스 또는 택시를 조합해 이용하며, 이동 시간이 꽤 긴 편이므로 시간 계산을 잘해야 한다. 기차와 버스 등 교통수단이 가장 발달한 모턴 인 마시를 중심으로 코스를 짜는 것이 좋다.

옥스퍼드 & 코츠월즈 추천 코스

옥스퍼드와 코츠월즈는 기차와 버스를 이용해 하루에 다녀올 수 있는 전원 여행 코스다. 옥스퍼드는 런던에서 기차로 약 1시간이면 도착하며, 주요 명소들이 도보 거리 내에 모여 있어 오전 일정에 적합하다. 점심 식사 후 코츠월즈의 대표 마을인 바이버리, 버튼 온 더 워터 등 2곳을 선택해 둘러보자. 버스 이동 시간이 긴 편이라 시간 배분이 중요하며, 아침 일찍 출발해 늦지 않게 런던으로 돌아오는 것이 좋다.

소요 시간 10시간~

예상 경비 교통비 £95~ + 입장료 £20.5 + 식비 £25 = 약 £140.5

참고 사항 영국처럼 교통비가 비싼 나라에서는 개인적으로 여행하는 것보다 투어 상품을 이용하는 것이 더 경제적이다. 왕복 기차 요금과 옥스퍼드-코츠월즈 구간 기차 요금, 코츠월즈 내 마을 간 이동 요금 등을 계산해 보면 비용과 시간, 체력을 아끼고 효율적으로 여행할 수 있는 투어 상품 이용을 권하고 싶다.

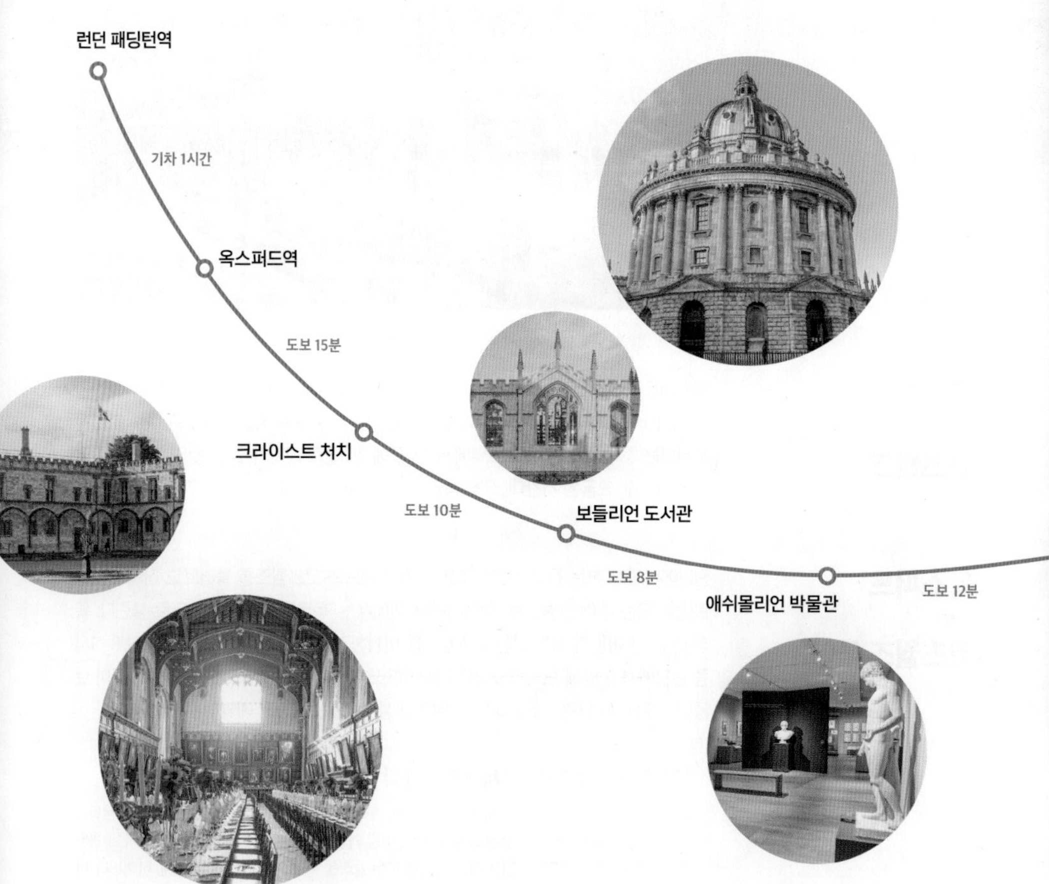

코츠월즈
모턴 인 마시역
버스 40분
점심 식사
옥스퍼드역
근처 식당
모턴 인 마시, 바이버리,
버튼 온 더 워터 중 2곳 선택
(약 4시간 체류)
버스 1시간
버튼 온 더 워터
버스 40분
모턴 인 마시
기차 1시간 40분
런던 패딩턴역

호그와트 마법 학교의 식당 ······①

크라이스트 처치

Christ Church

옥스퍼드 대학 중 가장 큰 규모의 건물로 대성당이자 예배당으로 쓰인다. 12세기 말 노르망디 건축 양식과 르네상스 양식이 어우러진 건축 양식을 살펴볼 수 있으며, 건물 일부는 옥스퍼드 대학의 졸업생이자 런던의 세인트 폴 대성당을 설계한 크리스토퍼 렌Christopher Wren이 설계했다. 크라이스트 처치에서 꼭 둘러봐야 할 곳은 영화 〈해리 포터〉 시리즈 속 호그와트 마법 학교의 식당으로 등장한 그레이트 홀이다. 화려한 스테인드글라스와 길게 뻗은 테이블이 영화 속 그대로다. 실제로 학생들과 교직원을 위한 식당으로 사용하고 있어 점심시간에는 입장할 수 없으니 시간을 잘 맞춰 방문해야 한다. 고풍스러운 건물 앞 넓은 잔디밭과 공원도 아름답다.

옥스퍼드 기차역에서 도보 15분 · St Aldate's, Oxford OX1 1DP · 09:30~16:30
일반 £18, 5~17세 £15, 18세 이상 학생 및 65세 이상 £16.5, 5세 미만 무료
+44-1865-276150 · chch.ox.ac.uk

영국의 모든 책이 모이는 곳 ······ ②

보들리언 도서관 Bodleian Library **예약 필수**

런던 영국 도서관에 이어 영국에서 두 번째로 큰 규모의 도서관이다. 돔 형태의 건축물이자 도서관의 열람실로 사용되는 래드클리프 카메라Radcliffe Camera, 영화 〈해리 포터〉 시리즈의 호그와트 도서관으로 등장했던 듀크 험프리 도서관Duke Humfrey's Library, 옥스퍼드 대학에서 가장 오래된 강의실 디비니티 스쿨Divinity School 등의 건축물로 구성되어 있다. 이곳의 가장 큰 특징은 영국에서 출판되는 모든 책의 사본을 소장할 수 있는 법적인 권리를 갖고 있다는 것이다. 이는 옥스퍼드 대학이 방대한 장서를 소유함으로써 더 깊이 연구하고 성장하는 중요한 요소가 된다. 현재 소장하고 있는 도서는 약 1,300만 권에 이르는 것으로 추정된다.

옥스퍼드 기차역에서 도보 18분
Broad St, Oxford OX1 3BG 월~금요일 09:00~16:00
30분 투어 £10, 60분 투어 £15(11세 이상부터 참여 가능)
+44-1865-277094 visit.bodleian.ox.ac.uk

영국에서 가장 오래된 공공 박물관 ······ ③

애쉬몰리언 박물관 Ashmolean Museum

1683년에 설립된 박물관으로 예술, 고고학, 고대 문명 등과 관련된 유물을 소장 및 전시하고 있다. 앨리아스 애쉬몰Elias Ashmole이라는 학자가 고고학 및 자연사에 대한 방대한 자료를 옥스퍼드 대학교에 기증한 것을 계기로 설립된 박물관이다. 고대 이집트, 그리스, 로마의 유물, 중세, 르네상스, 동양 미술, 현대 미술 작품 등이 주요 컬렉션으로 꼽힌다. 2009년 대대적인 리모델링을 통해 클래식한 건축 양식과 현대적인 실내 디자인이 어우러진 박물관으로 거듭났다.

옥스퍼드 기차역에서 도보 12분
Beaumont St, Oxford OX1 2PH
10:00~17:00 무료
+44-1865-278000 ashmolean.org

시간이 멈춘
아름다운 전원 마을 ⋯⋯ ④

코츠월즈 Cotswolds

옥스퍼드에서 서쪽으로 약 45km 떨어진 곳에 위치한 코츠월즈는 약 300m 높이의 언덕에 100여 개 이상의 마을이 모여 있는 지역이다. 고즈넉한 마을 길을 따라 시간이 멈춘 것 같은 아름다운 풍경이 이어진다. 1966년 도시 전체가 특별 자연 미관 지역Area of Outstanding Natural Beauty(AONB)으로 지정되어 마을의 아름다움과 고유문화를 보호받고 있다. 마을끼리의 이동 거리가 길고, 이동 수단이 많지 않으니 여러 마을을 둘러보기보다는 1~2개 마을을 선택해 여유롭게 둘러보는 것이 좋다. 여행자들이 많이 찾는 버튼 온 더 워터, 바이버리 등을 둘러보고 기차를 탈 수 있는 모턴 인 마시로 돌아오는 일정을 추천한다. 시간 여유가 된다면, 코츠월즈의 아름다운 전원에서 하룻밤 묵으며 주변 마을을 천천히 둘러보는 것도 좋겠다.

🚶 **옥스퍼드에서** 옥스퍼드 기차역에서 모턴 인 마시행 기차 이용(요금 £ 13.2, 약 35분 소요) / **런던에서** 패딩턴역에서 모턴 인 마시행 기차 이용(요금 £ 49, 약 1시간 30분 소요)

리얼 가이드

코츠월즈 대표 마을

① 버튼 온 더 워터 Bourton on the Water Best

'코츠월즈의 베니스'라는 별명을 갖고 있는 곳으로, 마을을 가로지르는 작은 강과 아기자기한 다리가 있는 풍경으로 유명하다. 미니어처 빌리지, 철도 박물관 등이 있어 가족 단위로 즐기기 좋다.

🚶 모턴 인 마시에서 버스(801번)로 약 20분 소요

② 바이버리 Bibury Best

코츠월즈에서 가장 아름다운 마을 중 하나로, 특히 전통적인 석조 주택들이 유명하다. 코츠월즈의 여행자들이 가장 많이 찾는 곳으로 코츠월즈의 상징적인 이미지를 만날 수 있는 곳이다.

🚶 버튼 온 더 워터에서 택시로 약 20분(모턴 인 마시에서 출발할 경우 약 40분 소요 / 대중교통은 이동 시간이 너무 오래 걸려 추천하지 않는다.)

③ 채핑 캠든 Chipping Campden

중세 건축물이 잘 보존된 마을로, 오래된 길드홀과 시장 건물이 인상적인 마을이다. 코츠월즈 웨이 하이킹 코스의 시작점으로 잘 알려져 있다.

🚶 모턴 인 마시에서 버스(Stagecoach Midlands 1번)로 약 35분 소요

④ 스노우즈힐 Snowshill

아름다운 코츠월즈 언덕 위에 자리한 작은 마을로, 스노우즈힐 매너Snowshill Manor라는 역사적인 건물이 유명하다. 풍경을 감상하며 조용하고 한적한 시간을 보내기 좋다.

🚶 모턴 인 마시역에서 택시로 약 20분 소요

⑤ 모턴 인 마시 Moreton in Marsh Best

코츠월즈 마을들로 이동하는 주요 거점이 되는 시장 마을로, 매주 열리는 전통 시장이 유명하다. 다양한 카페와 상점들이 있어 즐길 거리가 많고, 다른 마을에 비해 교통이 편리하다. 코츠월즈 여행이 끝나면 이곳에서 기차를 타고 런던으로 갈 수 있다.

🚶 **옥스퍼드역에서** 기차로 약 35분 / **런던 패딩턴역에서** 기차로 약 1시간 30분 소요

AREA ···· ③

케임브리지 Cambridge

런던에서 북동쪽으로 90km 떨어진 곳에 위치한 케임브리지는 화려한 건축물과 유구한 역사, 대학생들의 활기찬 에너지로 채워진 매력적인 도시다. 도시의 중앙을 흐르는 리버캠River Cam을 따라 세인트존스, 킹스, 트리니티 등을 비롯한 수십 개의 칼리지가 모여 있다. 아이작 뉴턴Isaac Newton이 중력의 법칙을 완성하고 스티븐 호킹Stephen Hawking이 블랙홀 및 시간의 본질에 대한 이론을 확립했으며, 크릭Crick과 왓슨Watson이 DNA를 발견한 학문의 도시. 고풍스러운 골목을 걸으며 세월이 흘러도 변치 않는 케임브리지만의 분위기를 느껴보자.

케임브리지 가는 방법

킹스크로스역 또는 리버풀 스트리트역에서 기차를 타고 이동한다. 빅토리아 코치 스테이션에서 운행하는 버스도 있지만, 기차와 요금이 비슷하고 시간이 2~3배 더 소요되므로 추천하지 않는다. 크리스마스 시즌과 4~6월 중순까지는 각 대학이 문을 닫는 시기이니 방문 전 홈페이지를 통해 개방 시간을 확인해야 한다.

런던 ······ **기차** 약 1시간 20분, £30.5 ······ 케임브리지

킹스크로스역, 리버풀 스트리트역 → 케임브리지역

런던 ▼ 케임브리지

킹스크로스역과 리버풀 스트리트역에서 케임브리지로 가는 기차를 운행한다. 리버풀 스트리트역보다 킹스크로스역에서 출발하는 기차가 더 많으니 참고하자. 리버풀 스트리트역에서 출발하는 기차의 경우 중간에 환승해야 하는 경우도 있으니 티켓 구매 시 환승 여부를 반드시 확인해야 한다.

🏠 nationalrail.co.uk

	킹스크로스역 Thameslink Great Northern	리버풀 스트리트역 Greater Anglia
운행 시간	04:59~01:05(약 15분 간격)	05:10~23:58(약 30분 간격)
요금	£8.00~£35.00	£11.00~£30.00
소요 시간	약 48분~1시간 20분	약 1시간 10분~1시간 31분

* 요금은 예약 시기, 탑승 시간(Off-Peak, Peak), 프로모션, 주중/주말/연휴 등에 따라 변동될 수 있음

케임브리지에서는 어떻게 다닐까?

케임브리지는 도시 규모가 크지 않기 때문에 대부분의 주요 관광지와 대학 건물들을 도보로 이동하며 둘러볼 수 있다. 킹스 칼리지, 트리니티 칼리지를 비롯해 펀팅Punting을 즐길 수 있는 강변도 모두 도보로 이동 가능하다.

케임브리지 추천 코스

케임브리지는 고풍스러운 칼리지들과 리버캠 풍경이 어우러진 대학교 도시로, 런던에서 당일치기 여행이 가능하다. 킹스칼리지, 트리니티 칼리지, 세인트존스 칼리지 등 주요 명소들이 도보 거리 내에 있어 여유롭게 산책하듯 둘러볼 수 있다.

소요 시간 7시간~

예상 경비 교통비 £61~ + 입장료 £36 + 펀팅 체험 약 £40 + 식비 £25 = 약 £162(※킹스, 세인트존스 등 각 칼리지를 모두 입장할 경우)

참고 사항 킹스 칼리지 채플, 세인트존스 칼리지, 트리니티 칼리지 등 모든 칼리지를 다 입장할 필요는 없다. 추천하고 싶은 방법은 가장 대표적인 킹스 칼리지만 입장하고, 나머지는 외관과 정원 등을 둘러보고 리버캠 근처를 산책하는 것이다. 펀팅 체험을 통해 보트를 타고 리버캠 주변의 유서 깊은 건물들과 칼리지들을 구경하는 것도 케임브리지를 여행하는 또 하나의 방법이다.

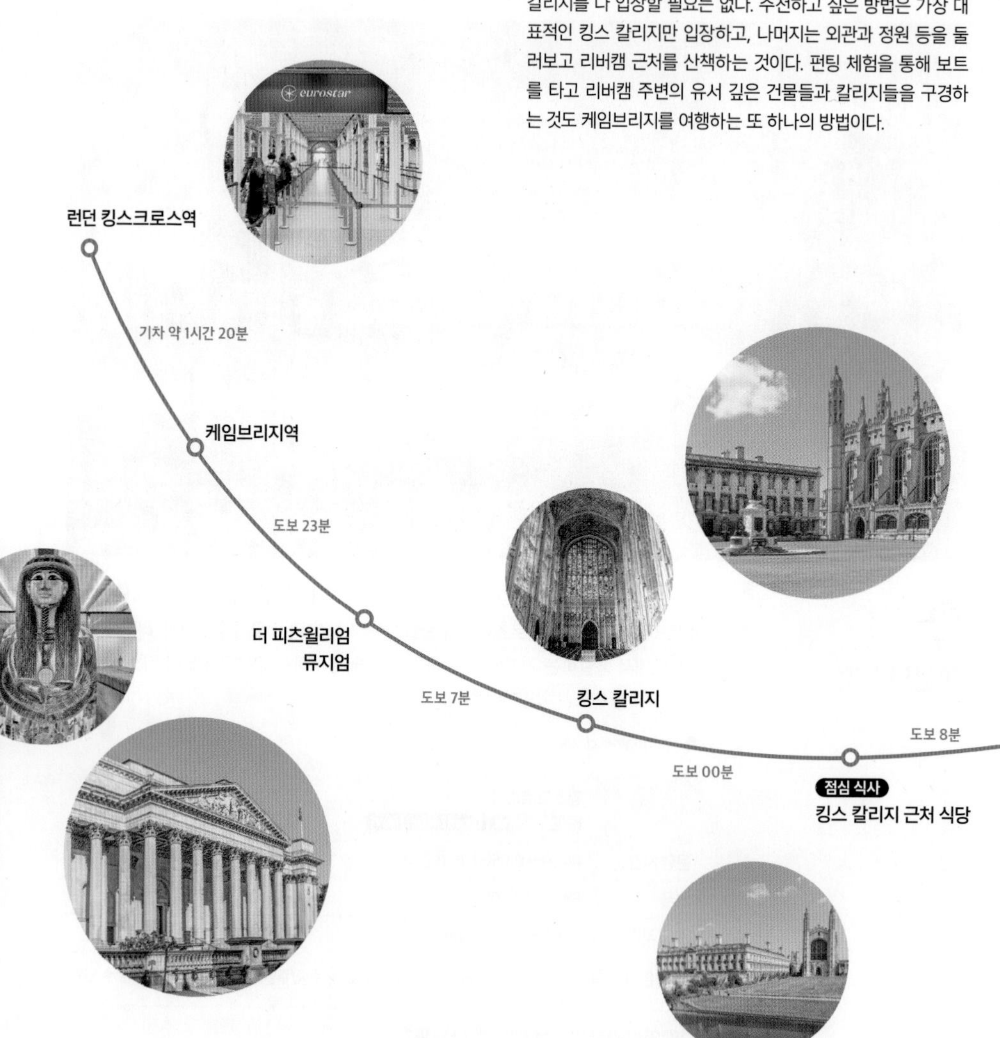

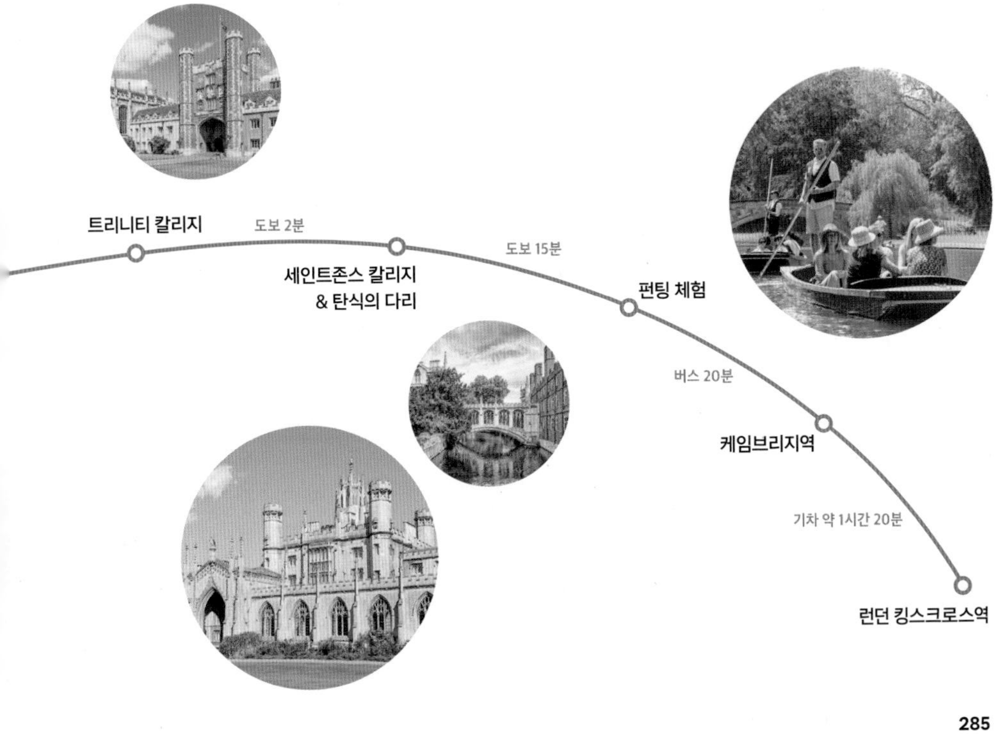

트리니티 칼리지

도보 2분

세인트존스 칼리지
& 탄식의 다리

도보 15분

펀팅 체험

버스 20분

케임브리지역

기차 약 1시간 20분

런던 킹스크로스역

위대한 유산 ······①

킹스 칼리지 채플 King's College Chapel

케임브리지에서 가장 유명한 칼리지로, 1441년 헨리 6세에 의해 설립되었다. 고딕 건축의 걸작이라 평가받는 킹스 칼리지 채플은 케임브리지 대학의 상징으로 꼽힌다. 우아한 곡선 형태의 천장과 천장을 가득 메운 섬세한 석조 장식, 엄청난 높이의 스테인드글라스로 유명하다. 킹스 칼리지 채플 못지않게 유명한 것은 채플의 합창단이다. 이곳에서 정기적으로 공연을 진행하며, 특히 매년 크리스마스이브에 열리는 '나인 레슨스 앤 캐롤스Nine Lessons and Carols(9개의 성경 구절 낭독과 캐럴 합창)' 공연은 BBC를 통해 전 세계에 방송될 정도로 대표적인 행사다. 1918년에 시작되어 현재까지 계속되는 유구한 전통이자 유산이다.

킹스 칼리지는 리버캠 강변에 위치해 있어, 펀팅을 하며 아름다운 풍경을 감상할 수 있는 곳으로도 잘 알려져 있다. 배를 타고 강에서 바라보는 킹스 칼리지의 풍경은 가까이서 보는 것과는 또다른 아름다움을 선사한다. 펀팅을 하지 않더라도 리버캠 주변을 걸으며 킹스 칼리지 풍경을 눈에 담아볼 것을 추천한다.

🚶 케임브리지 기차역에서 도보 30분, 버스 U1·U2 Universal, A the Busway 등을 타고 20분
📍 King's Parade, Cambridge CB2 1ST 🕓 월~토요일 09:30~16:30(운영 시간이 변동될 수 있으며 홈페이지 캘린더를 통해 확인 필수) ⊗ 일요일 £ 일반 £17, 학생 또는 어린이(5~17세) £14.5, 5세 미만 무료(토요일은 주말 요금 £0.5 추가) 📞 +44-1223-331212
🏠 www.kings.cam.ac.uk/chapel

거장의 작품들이 한자리에 ······ ②

피츠윌리엄 박물관 Fitzwilliam Museum

케임브리지 대학교에서 운영하는 박물관으로, 1816년 피츠윌리엄 자작이 모교에 기증한 컬렉션을 보관하기 위해 건립된 박물관이다. 고대 이집트 유물, 그리스와 로마의 고전 조각, 르네상스 미술 작품 등 방대한 컬렉션을 감상할 수 있다. 특히 윌리엄 터너William Turner, 오귀스트 르누아르Auguste Renoir, 클로드 모네Claude Monet, 빈센트 반 고흐Vincent van Gogh, 렘브란트Rembrandt, 프란시스코 고야Francisco Goya 등 거장들의 작품도 감상할 수 있다. 동양의 가구, 의류, 식기, 도자기 등도 둘러볼 수 있으며 그 중 고려청자가 특히 눈에 띈다.

케임브리지 기차역에서 도보 23분 Trumpington St, Cambridge CB2 1RB
10:00~17:00(일요일 12:00~) 월요일 +44-1223-332900
fitzmuseum.cam.ac.uk

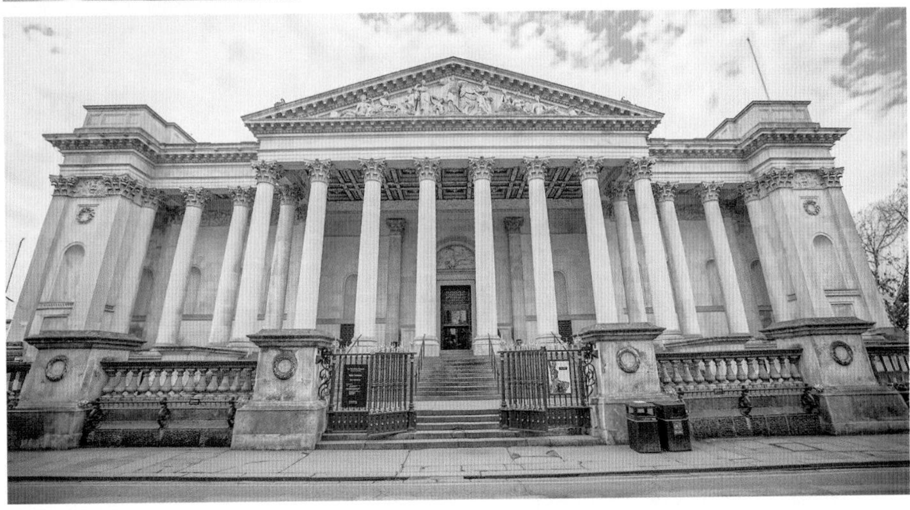

명사들의 모교 ······ ③

트리니티 칼리지 Trinity College

케임브리지 중심부에 자리한 가장 큰 규모의 칼리지로 1546년에 설립되었다. 아이작 뉴턴과 프란시스 베이컨, 찰스 왕세자를 비롯해 역대 영국 총리 9명, 노벨상 수상자를 30명 이상 배출한 명문 중의 명문이다. 웅장한 건축물과 넓은 정원, 특히 세인트 폴 대성당을 설계한 크리스토퍼 렌이 지은 '렌 도서관'이 유명하다.

케임브리지 기차역에서 도보 30분 영국 CB2 1TQ Cambridge
10:00~17:00 가이드 투어 일반 £5, 12세 미만 무료 / 잔디밭과 렌 도서관 무료 입장 가능(렌 도서관 운영 시간 월~금 12:00~14:00, 토 10:30~12:30) +44-1223-338400 trin.cam.ac.uk

캠퍼스 안에 강이 흐른다 ······ ④

세인트 존스 칼리지

St John's College

〈로빈슨 크루소〉의 저자 대니얼 데포Daniel Defoe, 〈은하수를 여행하는 히치하이커를 위한 안내서〉의 저자 더글러스 애덤스Douglas Adams, 영국의 총리(1997~2007)였던 토니 블레어Tony Blair 등을 배출한 케임브리지의 명문이다. 고딕 양식과 튜더 양식이 결합된 고풍스러운 건축물로 리버캠을 사이에 두고 캠퍼스가 나뉘어 있다. 두 캠퍼스는 '탄식의 다리Bridge of Sighs'로 연결되어 있는데, 이는 이탈리아 베네치아에 위치한 '탄식의 다리'를 본떠 만들어져서 붙은 이름이다.

🚶 케임브리지 기차역에서 도보 30분
📍 St John's College, St John's St., Cambridge CB2 1TP 🕓 10:00~16:00 (일정 기간에만 개방되며 홈페이지를 통해 일정 확인 필수) £ 일반 £15, 학생 및 어린이 £8, 12세 미만 무료
📞 +44-1223-338600 🏠 joh.cam.ac.uk

케임브리지를 더 낭만적으로 즐기는 방법, 펀팅 Punting

©Scudamore's Punting Company

펀팅Punting은 나무 보트를 타고 리버캠을 따라 케임브리지의 여러 칼리지와 건축물, 경치를 즐기는 투어 프로그램이다. 강물 위를 유유히 떠다니며 낭만적인 시간을 보낼 수 있어 여행자들에게 인기가 높다. 보트는 전통 그대로 긴 막대기를 이용해 강바닥을 밀어내는 100% 수동 방식으로 움직인다. 보트 크기에 따라 최대 12인까지 탑승할 수 있으며, 1~2명의 가이드가 함께 탑승해 보트를 움직이며 주요 건축물과 케임브리지에 대해 설명해준다. 여행자가 직접 보트를 움직일 수 있는 프로그램도 있지만, 체력 소모도 심하고 안전상의 이유도 있어 추천하지는 않는다. 리버캠 주변에 수많은 펀팅 업체들이 영업 중이니 꼼꼼히 비교해 보고 선택하자.

©Lets Go Punting Cambridge

추천 펀팅 업체

렛츠고펀팅 케임브리지 Lets Go Punting Cambridge

세인트존스 칼리지에서 도보 7분(리버캠 상류) Landing Stage, Thompsons Ln, Cambridge CB5 8AG 09:00~19:00 1인당 £30~60(방문 날짜와 계절에 따라 요금이 변동될 수 있으며 홈페이지 확인 필수) +44-1223-651659 letsgopunting.co.uk

스큐다모어 펀팅 컴퍼니 Scudamore's Punting Company

더 피츠윌리엄 뮤지엄에서 도보 7분(리버캠 하류) Mill Ln, Cambridge CB2 1RS 09:00~20:00 1인당 £30~60(방문 날짜와 계절에 따라 요금이 변동될 수 있으며 홈페이지 확인 필수) +44-1223-359750 scudamores.com

AREA ···· ④

바스 Bath
스톤헨지 Stonehenge

런던에서 서쪽으로 약 156km 떨어진 서머싯주에 위치한 바스는 규모가 작고 볼거리들이 모여 있어 가볍게 여행하기 좋은 도시다. 로마 제국이 영국을 지배하던 당시에 지은 야외 목욕탕 로만 바스, 스테인드글라스가 아름다운 바스 사원, 영화 〈레 미제라블〉의 촬영지로 유명한 펄트니 다리 등 역사적인 유적지와 고풍스러운 건축물을 보기 위해 찾는 사람이 많다. 약 1시간 30분 거리에 있는 스톤헨지와 묶어 함께 여행할 수도 있다.

바스
가는 방법

패딩턴 역에서 기차를 타고 이동한다. 런던에서 바스까지 가장 빠르게 이동하는 방법이다. 빅토리아 코치 스테이션에서 출발하는 버스도 있지만, 시간은 기차에 비해 약 2배 정도 더 소요된다.

런던 ········ **기차** 약 1시간 20분, £25~ ········ 

패딩턴역 

바스 스파역

런던 ▼ 바스

기차

패딩턴역에서 바스 스파역까지 30분 간격으로 운행하는 기차를 이용할 수 있다. 출발 시간에 따라 약 1시간 15분~1시간 40분 정도 소요되며 요금은 £25부터다.

🏠 nationalrail.co.uk

	패딩턴역 Great Western Railway
운행 시간	05:23~00:14(약 30분 간격)
요금	£25~£100 (예약 시점에 따라 요금 변동)
소요 시간	약 1시간~1시간 20분

버스

빅토리아 코치 스테이션에서 바스까지 30분 간격으로 고속버스를 운행한다. 교통 상황에 따라 약 2시간 30분~3시간 정도 소요된다.

🏠 nationalexpress.com

	빅토리아 코치 스테이션
운행 시간	07:00~00:30
요금	£13~£21 (출발 시간에 따라 요금 변동)
소요 시간	약 2시간 30분~3시간

바스에서는 어떻게 다닐까?

바스는 약 9만 명의 인구가 거주하는 작은 도시다. 로만 바스, 바스 사원, 빅토리아 아트 갤러리 등 주요 관광지들이 가까운 곳에 모여 있어 천천히 걸으며 둘러볼 수 있다. 스톤헨지와 함께 묶어 여행할 계획이라면, 오전 11시 이전에 바스에 도착하도록 계획을 세우는 것이 좋다.

바스
추천 코스

로만 바스 유적과 조지안 건축이 어우러진 바스는 하루 동안 역사와 풍경을 동시에 즐길 수 있는 도시다. 바스 스파역에서 도보로 이동 가능한 주요 명소들이 가까이 모여 있어 효율적인 여행이 가능하다. 시간과 교통비를 절약하고 싶다면 스톤헨지와 함께 둘러보는 당일 투어 상품을 고려하는 것도 추천한다.

소요 시간 7시간~

예상 경비 교통비 £50~ + 로만 바스, 빅토리아 아트 갤러리, 바스 사원 입장료 £42 + 식비 £25 = 약 £117

참고 사항 영국은 기차 요금이 매우 비싼 나라이므로, 바스와 스톤헨지를 함께 여행할 계획이라면, 두 도시를 묶은 투어 상품을 이용하는 것이 더 경제적이다. 관광지 입장료 포함 여부, 투어 코스 등에 따라 상품의 가격이 상이하니 꼼꼼히 비교해 보고 고르는 것이 좋다. 전용 버스를 타고 런던에서 출발해 바스, 스톤헨지를 둘러보고 다시 런던으로 돌아오므로 시간과 체력을 아낄 수 있는 장점이 있으며, 전문 가이드의 설명을 들을 수 있어 역사에 관심이 많은 사람에게 추천한다.

런던 패딩턴역

기차 약 1시간 20분

바스 스파역

도보 24분

로열 크레센트

도보 15분

빅토리아 아트 갤러리

도보 2분

펄트니 다리

점심 식사

강변에서 점심 식사

도보 3분

바스 사원

도보 2분

로만 바스

도보 6분

바스 스파역

기차 약 1시간 20분

런던 패딩턴역

Bath Spa

고대 로마의 공중목욕탕 ······ ①

로만 바스 Roman Baths

고대 로마 제국 시절에 건설된 온천 목욕 시설로 로마인들이 영국을 점령했던 약 1세기경 세워졌다. 과거 로마인들은 목욕탕을 단순한 청결 유지의 수단이 아닌 사교와 휴식, 치료를 위한 공간으로 활용했다. 온천을 기반으로 다양한 목욕 시설과 사원 등을 만들고 작은 도시를 이루었으며, 고대 로마 목욕탕 중 가장 훌륭히 보존된 목욕탕으로 꼽힌다. 커다란 수영장 형태의 그레이트 배스Great Bath, 고대 로마인들이 사용했던 유물과 목욕 시설, 생활 모습 등이 전시된 박물관, 종교적인 의식을 행했던 신전과 사원, 뜨거운 물이 솟아나는 핫스프링 등의 시설로 이루어져 있다. 유적지로 보존되며 관리하는 곳으로, 발을 담그거나 수영이나 목욕을 하는 등의 행위는 엄격하게 금지되어 있으니 주의해야 한다.

바스 스파 기차역에서 도보 7분 Abbey Churchyard, Bath BA1 1LZ 09:00~18:00 12월 25, 26일 일반 £25.5, 19세 이상 학생 및 65세 이상 £24.5, 6~18세 £18.5, 6세 미만 무료(주말은 £2.5 추가) +44-1225-477785 romanbaths.co.uk

전통 고딕양식의 아름다운 성당 ······ ②

바스 사원 Bath abbey

종교 개혁과 헨리 8세의 수도원 해산으로 파괴되었다가, 1611년 엘리자베스 1세의 명령으로 완공되었다. 전통 고딕양식을 간직한 건축물로 천장의 화려한 석조 장식과 아름다운 스테인드글라스, 건물 서쪽 벽면의 돌계단을 오르내리는 천사 조각으로 특히 유명하다. 파이프 오르간과 성가대의 음악회와 합창 공연이 수시로 열리고 있으니, 방문 전 홈페이지를 통해 공연 일정을 확인해 볼 것을 추천한다.

바스 스파 기차역에서 도보 8분 영국 BA1 1LT Bath, 바스 월·화·목·금요일 10:00~17:00, 수요일 10:00~14:00, 토요일 10:00~18:00 일요일
일반 £7.5, 학생 £6.5, 어린이(5~15세) £4, 5세 미만 무료
+44-1225-422462 bathabbey.org

레미제라블의 촬영지 ······ ③

펄트니 다리 Pulteney Bridge

바스를 가로지르는 에이번강River Avon위에 자리한 아름다운 다리로 18세기 후반에 건설되었다. 아치형의 수문과 계단식으로 만들어진 수로의 풍경이 이색적이다. 다리 위에는 양쪽으로 상점들이 줄지어 있으며, 다리 위에 서 있으면 다리 위가 아니라 평범한 거리에 서 있는 것처럼 느껴지는 독특한 구조의 다리다. 영화 〈레미제라블〉에서 자베르 경감이 강물 위로 몸을 던지는 장면이 촬영된 장소로도 유명하다.

바스 스파 기차역에서 도보 9분
Bridge St, Bath BA2 4AT

빅토리아 여왕을 기리는 미술관 ……④

빅토리아 아트 갤러리 Victoria Art Gallery

빅토리아 여왕의 이름을 딴 미술관으로 빅토리아 여왕의 즉위 60주년인 1897년에 공사를 시작해 1900년에 개관했다. 개관 이래로 현재까지 바스 시민과 여행자들에게 무료로 개방되고 있다. 고전과 현대 미술 작품을 다양하게 감상할 수 있으며, 회화, 조각, 도자기, 판화 등 그 장르도 다양하다. 바스의 풍부한 문화유산과 전통을 엿볼 수 있는 곳으로 바스의 문화적 랜드마크 역할을 담당하고 있다.

바스 스파 기차역에서 도보 9분 Bridge St, Bath BA2 4AT
10:30~17:00 월요일 +44-1225-477233
victoriagal.org.uk

30채의 주택이 연결된 건축물 ……⑤

로열 크레센트
Royal Crescent

18세기 중반 영국의 귀족들과 부유층을 위한 별장으로 지어진 건축물로 현재는 사람들이 거주하는 주택으로 사용되고 있다. 총 30채의 주택이 반달 모양의 곡선 형태로 연결되어 있으며, 그 길이가 무려 150m에 달해 카메라에 담기지 않을 정도다. 건물 1층에는 당시 귀족들의 생활을 엿볼 수 있는 박물관 1호 '로열 크레센트 1호No1.Royal Crescent'가 있으며, 건물 중 일부는 호텔로 운영하고 있다. 박물관이나 호텔 방문을 하지 않더라도 건물 앞의 넓은 잔디밭은 누구나 자유롭게 이용할 수 있다.

바스 스파 기차역에서 도보 22분 The Royal Crescent, Royal Cres, Bath BA1 2LX
+44-1225-428126 월요일 No1. Royal Crescent 박물관 입장료 일반 £16, 학생(학생증 제시 필수) 및 65세 이상£14.5, 18세 미만 무료

REAL PLUS

영국의 미스터리 랜드마크

스톤헨지 Stonehenge

스톤헨지는 세계적으로 손꼽히는 고고학 유적지로 그 역사와 기원을 명확히 알 수 없을 정도로 오래되고 신비로운 곳이다. 가장 초기의 구조물은 기원전 약 3000년경, 그 후 기원전 약 2500년경에 현재와 같은 형태로 완성되었다고 추정될 뿐, 언제 어떻게 누가 세웠는지에 대해서는 아직도 정확히 밝혀진 바가 없다. 드넓은 솔즈베리 평원 위에 놓인 거대한 돌무더기가 더 신비롭고 성스러운 이유다. 유네스코 세계문화유산으로 지정되었으며 셀 수 없이 많은 고고학자, 순례자, 철학자, 역사학자를 비롯한 수많은 여행자들이 찾아온다. 스톤헨지만 단독으로 여행하는 것보다는 인근의 바스와 함께 묶어 하루 코스로 다녀오는 것을 추천한다. 스톤헨지로 가는 버스 운행이 일찍 끝나는 편이므로 런던, 스톤헨지, 바스 순서로 여행한 후 다시 런던으로 돌아오는 코스를 짜는 것이 좋다.

솔즈베리 기차역에서 버스로 약 40분 · Salisbury SP4 7DE · 봄·가을·겨울(11/1~3/31) 09:30~19:00, 여름(4/1~10/31) 09:00~20:00 · 일반 £25~28.5, 5~17세 £16~17.3, 18세 이상 학생 및 65세 이상 £22~25.9, 5세 미만 무료 · +44-370-333-1181 · english-heritage.org.uk

스톤헨지 여행 방법

스톤헨지 여행은 스톤헨지 방문자 센터Stonehenge Visitor Centre에서 시작된다. 솔즈베리역을 오가는 버스의 승하차 지점도 방문자 센터 근처에 있다. 방문자 센터에서 스톤헨지까지는 무료 셔틀버스를 타고 이동하면 된다. 그늘이 없는 드넓은 초원이라 한여름에는 모자나 양산, 겨울에는 따뜻한 옷과 머플러 등을 준비하는 것이 좋다. 볼거리가 매표소 옆의 작은 박물관과 스톤헨지뿐이라 여유롭게 둘러봐도 1시간~1시간 30분이면 충분하다.

기차 예약 nationalrail.co.uk

런던 ▸ 솔즈베리 ▸ 스톤헨지

① **워털루역** Waterloo ········ **기차** 1시간 30분, £27 ········ **솔즈베리역** Salisbury

워털루역 South Western Railway
06:35~23:40(1시간 20분 간격으로 운행) £27~30

② **솔즈베리역** Salisbury ········ **버스** 35분, 스톤헨지 투어버스 ········ **스톤헨지** Stonehenge

스톤헨지 투어버스 이용하기

솔즈베리역에서 출발해 스톤헨지까지 직행으로 이동하는 버스를 이용하면 시간을 절약하며 편하게 여행할 수 있다. 일반버스 X2번을 이용하는 방법도 있지만, 일일 운행 횟수가 적어 배차간격이 매우 긴 것이 단점이다. 스톤헨지 투어Stonehenge Tour 버스를 이용하면 왕복 버스, 스톤헨지 입장권, 솔즈베리 도시의 근원이라 불리는 고대 유적지 올드사룸Old Sarum, 1386년에 설립된 솔즈베리 대성당Salisbury Cathedral까지 둘러볼 수 있다. 솔즈베리 역과 스톤헨지를 왕복하는 버스만 이용하는 것도 가능하다.

요금

코스	성인	어린이(5~15세)	가족(성인2명&어린이 3명까지)
버스	£17	£11.5	£46.5
버스+스톤헨지 입장권+올드사름	£34~35.5	£22.5~23.5	£102~108
버스+스톤헨지 입장권+올드사름+솔즈베리 대성당	£40.5~42	£27.5~28.5	£116~120

예약 홈페이지 gosouthcoast.digitickets.co.uk * 여행 시기에 따라 요금 차이 있음

바스 ▸ 솔즈베리 ▸ 스톤헨지

① **바스 스파역** Bath Spa ········ **기차** 1시간, £23.1 ········ **솔즈베리역** Salisbury

바스 스파역 Great Western Railway
05:16~00:08(약 1시간 간격으로 운행되며 소요 시간은 약 55분~1시간 20분) £23.1

② **솔즈베리역** Salisbury ········ **버스** 35분, £17 ········ **스톤헨지** Stonehenge

스톤헨지 투어버스
10:00~16:00(1시간 간격) 소요시간 약 35분 £17

AREA ····⑤

해리 포터 스튜디오

Harry Potter Studio

런던 북부 왓포드Watford 지역에 있는 해리 포터 스튜디오는 실제 영화가 촬영된 주요 세트장과 스튜디오를 둘러볼 수 있는 곳이다. '워너브라더스 스튜디오 투어 런던-더 메이킹 오브 해리포터Warner Bros. Studio Tour London-The Making of Harry Potter'라는 매우 긴 공식 명칭을 갖고 있지만, 보통 '해리 포터 스튜디오'라는 별칭을 사용한다. 촬영 세트를 비롯해 영화의 공간을 재현해 놓은 테마 공간이 알차게 꾸며져 있다. 해리 포터 시리즈를 한 편이라도 본 적이 있다면, 매우 흥미롭게 둘러볼 수 있는 여행지다.

해리 포터 스튜디오 가는 방법

유스턴역에서 기차를 타고 왓포드 정션 역으로 이동한 후, 셔틀버스를 타면 해리포터 스튜디오 앞까지 갈 수 있다. 기차가 아닌 오버 그라운드를 이용해 왓포드 정션까지 가는 방법도 있지만, 기차와 요금이 같고 시간은 2배 이상 소요되므로 추천하지 않는다. 런던에서 출발해 다시 런던으로 돌아오는 셔틀버스+입장권 통합 투어 상품도 많다.

런던 ······ **기차** 약 20분, £12.8 ······ **왓포드 정션** ······ **셔틀버스** 약 15분(무료) ······ **해리포터 스튜디오**

유스턴역 / 왓포드 정션역

런던 ▼ 해리 포터 스튜디오

기차 + 셔틀버스

유스턴역에서 왓포드 정션역까지 기차를 타고 이동한 후 셔틀버스를 타면 해리 포터 스튜디오 앞에 도착한다. 같은 요금이지만 2배 이상의 시간이 소요되는 오버그라운드와 혼동하지 않도록 주의해야 한다. 왓포드 정션역에는 해리 포터 셔틀버스 승강장 안내가 매우 크게 잘 되어 있다. 셔틀버스 탑승 시에는 입장권 예약 후 받은 E-Ticket이나 예약 페이지를 보여주면 된다.

🏠 nationalrail.co.uk

	유스턴역 West Midlands Railway
운행 시간	05:04~23:30(약 15~20분 간격)
요금	£12.8
소요 시간	약 20분

왕복 셔틀버스

런던에서 출발해 해리 포터 스튜디오 관람을 마친 후 다시 런던으로 돌아오는 왕복 셔틀버스와 해리 포터 스튜디오 입장권을 묶어서 판매하는 패키지 상품을 이용할 수 있다. 셔틀버스만 단독으로 예약할 수는 없으며, 티켓이 매우 빨리 매진되므로 서둘러 예약해야 한다. 예약은 마이리얼트립, 클룩 등 여행 플랫폼에서 할 수 있다.

	런던 킹스크로스역 정류장
운행 시간	운행사 및 상품별로 다름
요금	약 160,000~180,000원
소요 시간	약 1시간

해리 포터 스튜디오 입장권 예약하기

입장권이 빨리 매진되는 인기 명소이므로, 여행 일정이 정해졌다면 미리미리 예약하는 것이 좋다. 원하는 날짜와 시간, 인원수에 맞추려면 최소 3개월 전에 예약하는 것이 안전하다. 예약은 공식 홈페이지를 통해 할 수 있으며, 이메일로 전송받은 E-Ticket을 현장에서 실물 티켓으로 교환해 입장하면 된다. 예약할 때 입장 시간을 설정해야 하며, 설정한 시간에 맞추어 입장할 수 있다. 기념품으로 간직할 수 있는 해리 포터 여권을 받으려면 키오스크가 아닌 창구에서 티켓을 교환해야 한다.

Studio Tour Dr, Leavesden, Watford WD25 7LR 09:30~20:00(09:30~18:30까지 30분 간격으로 입장 예약) 일반 £56 어린이(5~15세) £45, 4세 이하 무료
+44-800-640-4550 wbstudiotour.co.uk

〈해리 포터〉 시리즈 바로 읽기

1997년 처음 출간되어 67개의 언어로 번역되며, 전 세계에서 4억 5천만 부 이상 판매된 〈해리 포터〉 시리즈는 21세기 최고의 판타지 소설로 평가받는다. 원작 소설의 메가 히트에 힘입어 2001년 〈해리 포터와 마법사의 돌〉을 시작으로 총 8편의 영화 시리즈로 제작되었으며, 수많은 명장면과 명대사를 남겼다. 남녀노소를 불문하고 전 세계의 해리 포터 팬덤으로부터 절대적인 지지를 받는 세계적인 작품이라 할 수 있다.

해리 포터 스튜디오 주요 공간

영화 제작사인 워너 브라더스에서 운영하는 공식 스튜디오는 영국과 미국 단 2곳이며 그중 실제 영화 촬영에 사용된 세트와 스튜디오를 둘러볼 수 있는 곳은 영국뿐이다. 전 세계의 해리 포터 마니아 중에는 오로지 해리 포터 스튜디오를 방문하기 위해 런던을 찾는 사람도 많다. 중국 베이징과 일본 오사카, 미국 캘리포니아 등에도 해리 포터를 테마로 한 공간이 있지만, 워너 브라더스가 아닌 유니버셜 스튜디오에서 운영하는 곳으로 해리 포터를 테마로 꾸며진 테마파크다. 규모가 꽤 큰 편인 데다가, 영화 속 장면을 그대로 옮겨온 것처럼 섬세하고 알차게 꾸며져 있어 꼼꼼히 둘러보려면 약 3~4시간이 소요된다.

그레이트 홀 Great Hall

영화 속에서 자주 등장하는 호그와트의 주요 연회장. 크리스마스, 핼러윈, 추수감사절, 새해 등 특별한 시즌에는 시즌에 맞는 테마로 화려하게 세팅된다.

교수실, 기숙사, 집 등 다양한 세트장

스네이프 교수의 마법약 교실, 덤블도어의 교장실, 그리핀도르 기숙사, 해리가 살던 집, 해그리드의 오두막 등 영화 속 여러 장소들이 실제 영화 촬영 세트로 재현되어 있다.

다이애건 앨리 Diagon Alley

마법사들이 마법 도구와 책을 사는 다이애건 앨리 세트도 투어의 하이라이트 중 하나다. 그리핀도르 기숙사의 공동실과 각종 마법 상점들을 볼 수 있으며, 마법사의 세계로 들어간 것 같은 기분을 느낄 수 있다.

호그와트 익스프레스 Hogwarts Express

영화에서 해리 포터와 친구들이 호그와트로 가는 기차인 호그와트 익스프레스 열차의 실제 세트. 실제로 움직이지는 않지만, 기차 내부에 들어가 볼 수 있다. 킹스크로스역의 9와 ¾ 승강장 세트도 설치되어 있다.

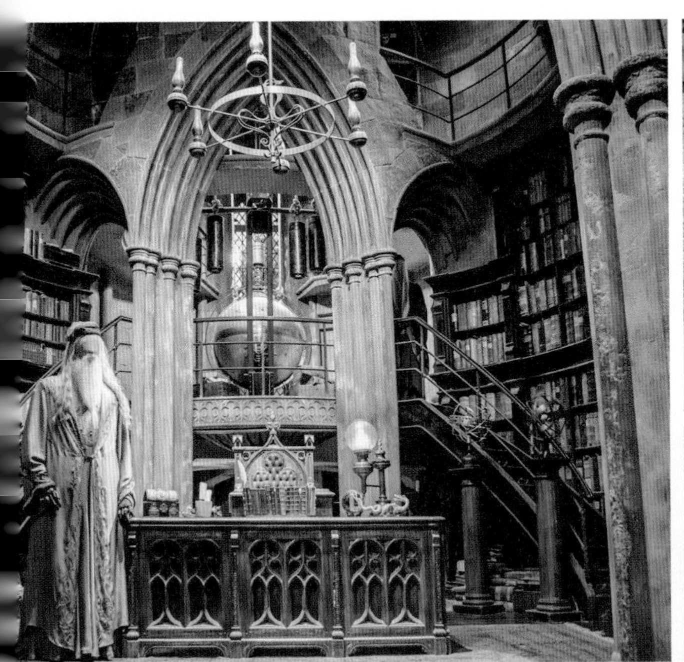

9¾
HOGWARTS EXPRESS

berry
SAMSUNG Galaxy Watch
Stay connected longer
Boots
GAP

PART 5

실전에 강한 여행 준비

한눈에 보는 여행 준비

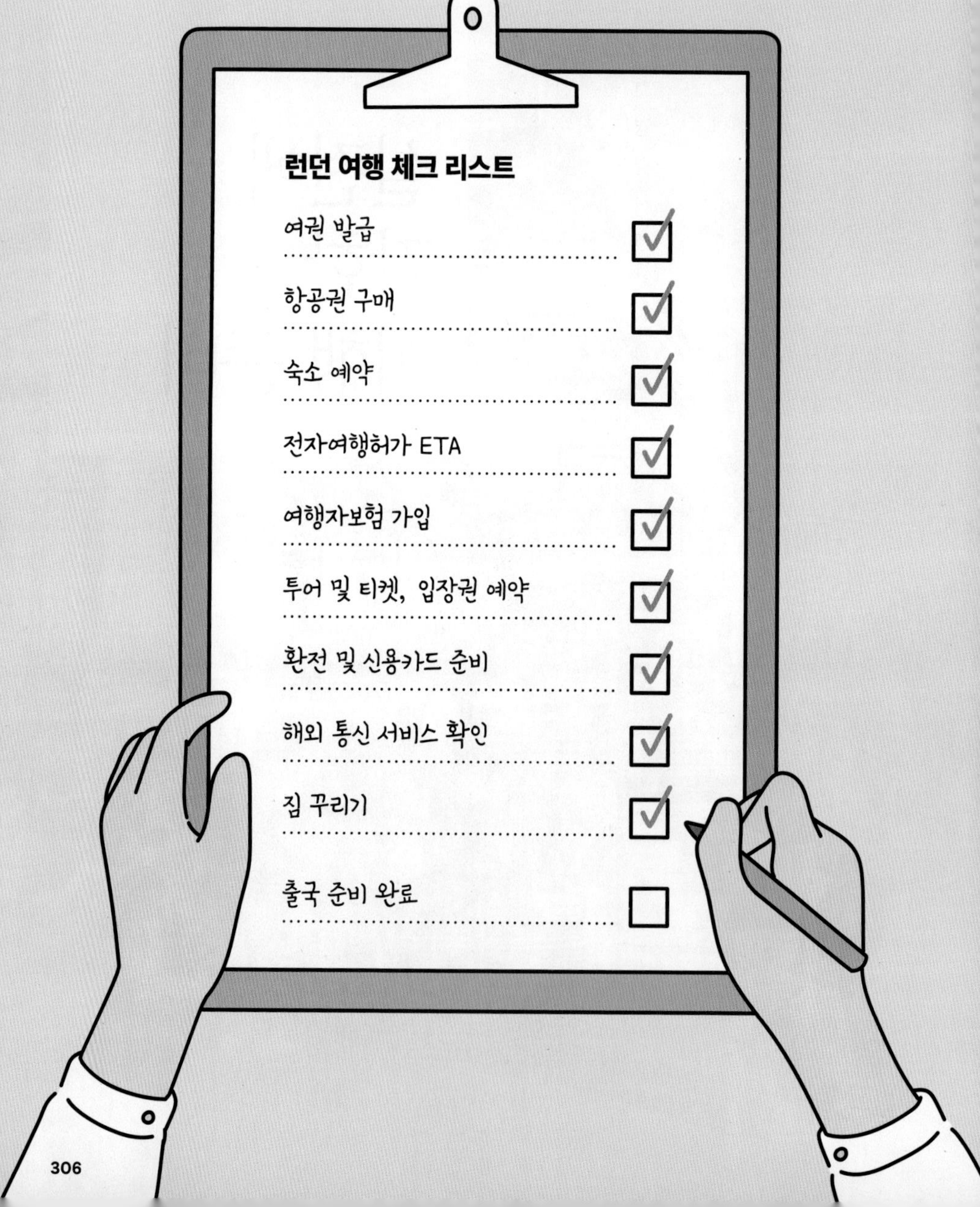

런던 여행 체크 리스트
여권 발급
항공권 구매
숙소 예약
전자여행허가 ETA
여행자보험 가입
투어 및 티켓, 입장권 예약
환전 및 신용카드 준비
해외 통신 서비스 확인
짐 꾸리기
출국 준비 완료

01

여권 발급

- 발급 시 신분증, 여권용 사진 1매(6개월 이내 촬영, 규격 준수) 지참 후 전국 시·도·구청 여권과 또는 외교부 여권과에서 신청
- 발급 비용은 10년 복수 여권 기준 53,000원
- 발급까지 최대 2주가 소요되므로 여유 있게 신청
- 대리발급 불가(미성년자의 경우 법정대리인 신청 가능)

🏠 외교부 여권 안내 passport.go.kr

02

항공권 구매

- 한국-런던 직항 노선은 대한항공, 아시아나항공에서 운항 중
- 영국항공 직항 노선은 코로나19 여파로 운항 중단
- 항공사 홈페이지, 항공권 가격 비교 플랫폼 및 앱, 온오프라인 여행사 등을 통해 구매 가능

🏠 **항공권 가격 비교 플랫폼**
스카이스캐너 skyscanner.co.kr
네이버 항공권 flight.naver.com
인터파크 투어 tour.interpark.com
카약 kayak.co.kr

03

숙소 예약

- 호텔 예약 비교 플랫폼 및 앱, 온오프라인 여행사, 구글맵, 호텔 공식 홈페이지 등을 통해 예약 가능
- 숙소 형태 및 위치에 따라 숙소 요금, 교통비, 이동 시간 등 차이 발생
- 예약 시 구글맵과 호텔 예약 비교 사이트의 후기를 꼭 확인할 것
- 무료 취소 옵션을 적절히 활용하면 유연한 여행 계획 가능

🏠 **숙소 가격 비교 플랫폼**
부킹닷컴 booking.com
아고다 agoda.com
호텔스닷컴 kr.hotels.com
호텔스컴바인 hotelscombined.co.kr
에어비앤비 airbnb.co.kr

04

전자여행허가 ETA

- 2025년 1월부터 영국 입국 시 최소 3일 전 전자여행허가 ETA 필수
- 영국 정부 공식 홈페이지 또는 공식 'UK ETA' 앱을 통해 신청
- 수수료는 £16이며 한 번 승인 받으면 2년간 유효(기간 내 여러 번 입국 가능)

🏠 **전자여행허가 ETA 신청**
www.gov.uk 또는 UK ETA 앱 다운로드(애플, 안드로이드 동일)

05

여행자보험 가입

- 여행 중 발생할지 모를 사고, 질병, 도난, 분실, 파손 등에 대해 보상해 주는 일회성 보험
- 온라인 또는 공항 내 여행자보험 데스크에서 가입 가능
- 보상 조건, 한도, 물품 파손 보상 여부 등 확인 필수

여행자보험 상품 비교 플랫폼 투어모즈 tourmoz.com

06

투어 및 티켓, 입장권 예약

- 기차표, 명소 입장권, 뮤지컬 티켓 등 사전 예약 시 할인 혜택 여부 확인
- 런던 근교 여행 시 투어 상품 이용이 더 유리한 경우가 많음
- 개별 구매, 현장 구매, 포함 내역, 후기 등을 꼼꼼히 확인할 것

예약 관련 플랫폼
티켓마스터 ticketmaster.co.uk(뮤지컬 티켓 예매)
히스로 익스프레스 heathrowexpress.com
더 트레인 라인 thetrainline.com(기차 노선 운행 일정 비교 검색)
마이리얼트립 myrealtrip.com
클룩 klook.com
케이케이데이 kkday.com

07

환전 및 신용카드 준비

- 영국은 한국보다 신용카드 사용이 더 자유로운 편
- 소규모 상점, 시장, 벼룩시장 등에서도 신용카드 사용 가능
- 컨택트리스 기능이 있는 신용카드는 영국 내에서 교통카드로 사용 가능
- 신용카드, 체크카드 등의 비중을 높이고 최소한의 현금만으로도 여행 가능
- 트래블월렛, 트래블로그 등 여행용 체크카드 사용 추천

예시) 한화 20만 원을 환전·체크카드·신용카드로 사용할 경우

	한국 시중 은행 환전	트래블 체크카드(런던 ATM 인출)	신용카드 해외 결제
환산 금액	약 £116~117	약 £118~119	약 £117~118
환율	은행 고시 환율+수수료 (보통 1.5~2%)	환율 우대 or 실시간 시세 적용 (수수료 없음)	카드사 매입 환율 (일반적으로 우대 있음)
수수료	보통 1.5~2%(은행에 따라 우대 가능)	별도 수수료 없음 (단, 일부 ATM 출금 시 수수료 발생)	해외 이용 수수료 0.5~1%+ 브랜드 수수료 1.1%
장점	공항에서 수령 가능하며 현금으로 바로 사용 가능	실시간 충전 후 ATM 인출 가능, 편리함	대부분의 해외 매장에서 편리하게 결제 가능
환불 여부	남은 현금 환전 시 환율 차이로 인한 손해 발생 가능	잔액 환불 가능 (일부 수수료 부과 가능)	해당 없음
도난/분실 시	현금은 분실 시 보상 불가	앱을 통해 카드 잠금 및 정지 가능	카드사 신고 시 즉시 정지 및 피해 보상 가능

08

해외 통신 서비스 확인

- 해외에서 스마트폰을 자유롭게 사용하려면 해당 국가의 통신망을 이용할 수 있도록 해외 통신 서비스 선택 필요
- 유심USIM, 이심eSIM, 통신사에서 제공하는 로밍 서비스를 비롯해 와이파이 도시락 등 다양한 선택지를 비교해 보고 선택
- 유심이나 이심을 사용할 경우 스마트폰이 언락폰Unlocked인지 확인 필요(통신사 앱 또는 고객센터에서 확인 가능)
- 런던 현지에서 유심USIM/이심eSIM을 구입할 경우
  - 히스로 공항 : T2/T3/T5 도착층 WHSmith, Sim Local 부스, Travelex 환전소
  - 개트윅 공항 : South Terminal WHSmith, Sim Local 자판기, Travelex 환전소
  - 공항 편의점, 기차역, 시내의 대형 슈퍼마켓(테스코, 세인즈버리 등)

유심USIM vs 이심eSIM vs 로밍Roaming 비교

	유심USIM(물리적 유심칩)	이심eSIM(내장형 디지털 칩)	로밍Roaming
사용 방법	기존 유심을 제거한 후 현지 통신사의 유심으로 교체	유심 교체 없이 QR코드 스캔으로 설치	통신사 로밍 서비스 자동 혹은 수동 설정
장점	• 저렴하며 다양한 요금제 선택 가능 • 현지 번호로 전화/문자 사용 가능	• 유심 교체 없이 즉시 사용 가능 • 저렴하며 데이터 속도 우수 • 한국 번호 및 현지 번호 모두 사용 가능	• 한국 번호 그대로 사용 가능 • 유심 교체 및 별도 설정 없이 자동 연결
단점	• 한국 번호로 전화/문자 수신 불가 • 유심 분실 위험 및 교체 번거로움	• 최신 기기만 지원(iPhone XS 이후, Galaxy S23/Z4 시리즈 이후 모델)	• 요금이 비쌀 수 있음 • 요금 폭탄 위험(사용량/요금 확인 필수)
구입처	• 온라인: 한국에서 사전 구매 가능(택배/공항 수령) • 오프라인: 현지 공항 매장, 자판기 등	• 온라인: QR코드와 설정 방법 제공 • 오프라인 판매처가 드물어 온라인 추천	• 온라인: 통신사 앱 또는 고객센터 • 오프라인: 공항 내 통신사 데스크

영국의 대표적인 통신사

통신사	타입	특징
EE	유심USIM / 이심eSIM	영국 최대 통신사로 속도가 빠르지만 요금이 다소 비싼 편. 단기 여행자에게는 비추천
Vodafone	유심USIM / 이심eSIM	유럽 여행에 최적화되어 있어 여러 국가를 도는 여행자에게 추천
Three	유심USIM / 이심eSIM	가성비가 좋아 유튜브나 지도를 자주 사용하는 데이터 중심 사용자에게 인기
Lycamobile	유심USIM / 이심eSIM	초저가형으로 통화 중심, 짧은 체류 또는 통화 위주 사용자에게 적합
O2	유심USIM / 이심eSIM	안정적인 서비스와 다양한 혜택으로 현지인 및 장기 체류자들이 많이 사용

09

짐 꾸리기

- 각 항공사별 수하물 규정 확인
- 런던의 날씨는 변화가 잦은 편이므로 얇은 옷과 두꺼운 옷, 외투, 우비, 우산 등 다양한 상황에 대비하여 준비
- 220V~240V를 지원하는 전자제품은 런던에서 그대로 사용 가능. 다만, 플러그 모양이 한국과 다르기 때문에 여행용 멀티 플러그 준비
- 육가공품, 과일, 씨앗류 등은 대부분의 국가에서 반입 금지 품목으로 지정하고 있으니 주의

한국에서 런던까지 출입국 절차

한국에서 출국할 때

① 탑승 수속	• 출발 2~3시간 전까지 항공사 카운터에서 수속 • 여권, 항공권 제시 후 위탁 수하물 부치기 • 온라인 체크인+사전 좌석 지정 시 대기 시간 단축
② 환전 & 로밍	• 공항 내 환전소에서 포켓 머니 환전 • 로밍 신청 or 해외 유심/이심 수령 가능
③ 보안 검색	• 액체류 100ml 이하 지퍼백에 넣기 • 노트북, 보조배터리 꺼내서 트레이에 올리기 • 보조배터리 충전 단자에 전기테이프 붙인 후 지퍼백에 넣기 (기내 반입 수하물)
④ 출국 심사	• 자동 출국 심사대에서 여권 스캔+지문 or 얼굴 인식 • 모자, 선글라스, 마스크 등은 미리 벗어두기
⑤ 면세점 쇼핑 & 탑승 게이트 이동	• 면세점 쇼핑 가능, 사전 예약 물품 수령 • 탑승 시간에 맞춰 게이트로 이동
⑥ 탑승	• 항공권과 여권 제시 후 기내 탑승 • 좌석 착석, 안전벨트 착용 후 출국 완료

런던(히스로 공항) 입국할 때

① 히스로 공항 도착 & 입국 심사	• 전자여권+11세 이상이면 자동 입국 게이트(E-Gate) 사용 가능 • 자동 심사 안 될 경우 입국심사관과 인터뷰(여행 목적, 체류일, 숙소 등) • 입국 도장 없음, 입국 카드 작성 불필요
② 수하물 찾기	• 전광판에서 수하물 벨트 번호 확인 후 이동 • 수하물 카트 무료
③ 세관 신고(Customs)	• 면세 범위 초과 물품이 없다면 'Nothing to declare' 통로로 통과 • 신고할 물품 있는 경우 'Goods to declare' 통로에서 세관 신고
④ 런던 시내로 이동	• **히스로 익스프레스** 패딩턴역까지 15분(약 £25) • **지하철 피커딜리 라인** 약 50분(약 £6) • 공항버스, 택시/우버도 이용 가능 • 시내 도착 후 숙소 체크인 또는 여행 시작

 스마트한 여행을 만들어주는 스마트폰 앱

교통&지도

구글맵

시티매퍼

Tfl Go

트레인라인

내셔널레일

우버

볼트

구글맵 Google Maps

- 전 세계적으로 가장 많이 사용되는 지도 앱으로, 도보 및 대중교통 경로 안내에 탁월
- 오프라인 지도 저장 기능으로 데이터 없이도 활용 가능

시티매퍼 Citymapper

- 대중교통(지하철, 버스, 도보, 자전거 등) 경로를 실시간으로 안내
- 엘리베이터 위치, 환승 시간, 요금까지 상세히 안내해주는 여행자에게 특화된 교통 앱

Tfl Go 런던 교통국 공식 앱

- 런던의 대중교통(지하철, 버스, 오버그라운드, 트램 등) 실시간 정보 확인
- 오이스터 카드 잔액 확인 및 충전 가능

트레인라인 Trainline & 내셔널레일 National Rail

- 영국 전역의 기차표 검색 및 예약/열차 시간표/운행 정보 등

우버 Uber & 볼트 Bolt

- 택시를 검색하고 예약할 수 있는 앱
- 우버는 여행자가, 볼트는 현지인들이 많이 사용

맛집 검색 & 예약

오픈테이블

딜리버루

우버이츠

오픈테이블 Open Table

- 런던 내 레스토랑을 검색 및 예약할 수 있는 앱
- 리뷰 확인과 평점 남기기 가능

딜리버루 Deliveroo & 우버이츠 Uber Eats

- 현지인들이 사용하는 음식 배달 앱
- 숙소로 음식을 배달하거나 픽업 주문 가능

티켓 및 투어 예약

투데이틱스 & TKTS

뮤지컬, 연극 등의 공연 티켓 검색 및 예매

마이리얼트립 & 클룩 & 케이케이데이

근교 투어, 시내 투어, 픽업 및 샌딩 서비스, 유심, 이심 등 여행 전반에 필요한 서비스를 구입 및 예약

기타

왓츠앱

아큐웨더

해외안전여행

구글번역

왓츠앱 Whatsapp

현지인과 의사소통이 필요할 경우(숙소 예약, 투어 이용 등)

아큐웨더 Accu Weather

- 강수 확률, 자외선 지수, 체감온도, 실시간 강수 예보 등 디테일하고 정확한 날씨 정보 제공
- 최대 45일의 날씨 예측 가능/런던처럼 날씨 변화가 많은 도시에서 유용

해외안전여행

- 외교부에서 운영하는 공식 앱
- 여행 중 발생하는 여러 상황에 대하여 대처 방법을 검색하거나 영사관으로 연결 가능

구글번역 & 파파고

영어-한국어 실시간 번역 앱/카메라와 마이크 기능을 활용하면 훨씬 더 편리하게 이용 가능

입장권 & 투어 상품 BEST 10

인기 관광지가 많고 해야 할 것도 많은 런던 여행에서는 부지런한 여행자가 훨씬 더 풍성하고 효율적인 여행을 할 수 있다. 주요 입장권과 투어 상품은 오픈과 동시에 빠르게 마감되기도 하니 예약 시기를 확인해 스트레스 없는 여행을 즐겨보자.

01

해리포터 스튜디오 Harry Potter Studio(Warner Bros. Studio Tour)

- 영화 〈해리포터〉 시리즈의 세트와 소품 등을 직접 체험할 수 있는 스튜디오
- 당일 입장 불가, 인기 폭발의 여행지라 2~3개월 전 예약 필수
- 공식 홈페이지(wbstudiotour.co.uk)에서 예약 또는 마이리얼트립, 클룩, 케이케이데이 이용

02

런던 아이 London Eye

- 템스강 위의 대형 관람차, 야경과 일몰 시간대가 특히 인기
- 줄이 매우 길어 사전 예약 시 패스트트랙 이용 가능
- 공식 홈페이지(londoneye.com)에서 예약

03

웨스트민스터 사원 Westminster Abbey

- 영국 왕실 대관식과 결혼식이 열리는 고딕 양식의 건축물
- 입장 인원 제한, 사전 예약 시 오디오 가이드 포함
- 공식 홈페이지(westminster-abbey.org)에서 예약 또는 런던패스 이용

04

세인트 폴 대성당 St. Paul's Cathedral

- 돔 천장과 전망대가 인상적인 런던 대표 대성당
- 온라인 예약이 저렴하고 동선 계획에도 효율적
- 공식 홈페이지(stpauls.co.uk)에서 예약 또는 런던패스 이용

05

런던 타워 & 타워 브리지 Tower of London & Tower Bridge

- 영국 왕실의 역사와 보석이 담긴 유서 깊은 유적지
- 성수기엔 입장 대기 길고, 콤보 티켓으로 절약 가능
- 공식 홈페이지(hrp.org.uk)에서 예약 또는 클룩, 런던패스 이용

06 웨스트엔드 뮤지컬 West End Theatre

- 〈레 미제라블〉, 〈라이온킹〉, 〈위키드〉 등 인기 공연은 2~3주 전 좌석이 매진돼 조기 예약 필요
- 티켓마스터(ticketmaster.co.uk), 투데이틱스(todaytix.com/?location=london), 오피셜 런던 시어터(officiallondontheatre.com), 당일 할인 티켓 TKTS 구매 가능

07 스카이 가든 Sky Garden

- 런던 시내를 한눈에 내려다볼 수 있는 무료 전망대+실내 정원
- 무료지만 100% 사전 예약제, 특히 해질녘 시간대 빠르게 마감
- 공식 홈페이지(skygarden.london)에서 예약

08 EPL 경기 관람 English Premier League Match

- 토트넘, 첼시 등 런던 연고 팀의 홈경기를 직접 관람할 수 있는 기회
- 인기 경기일 경우 수 주 전부터 매진, 일정 맞추려면 빠른 예매 필수
- 각 구단 홈페이지 토트넘(tottenhamhotspur.com), 첼시(chelseafc.com), 아스널(arsenal.com)에서 예약 또는 마이리얼트립, 클룩 이용

09 옥스퍼드, 케임브리지, 스톤헨지 등 근교 투어 상품

- 런던에서 당일치기로 다녀오는 인기 버스투어 패키지
- 좌석이 한정되어 있으며, 조기 마감되는 경우가 많아 사전 예약 추천
- 기차표가 비싸기 때문에 개별 여행보다 투어 상품 이용이 더 저렴한 편
- 마이리얼트립/클룩/케이케이데이에서 예약

10 히스로 익스프레스

- 90일 전 예약 시 £10, 최소 하루 전 예약 시 £20
- 공식 홈페이지(heathrowexpress.com) 또는 히스로 익스프레스 앱에서 예약

장소 & 상품별 예약 타임라인

여행 2~3달 전
- **해리포터 스튜디오** 원하는 날짜와 시간대를 확보하려면 최대한 빨리 예약할 것
- **히스로 익스프레스** 45일 전 예약하면 £25에서 £10으로 할인

여행 4~8주 전
- **웨스트엔드 뮤지컬** 인기 작품은 빠른 예매 필요
- **EPL 경기 티켓** 손흥민 선수가 있는 토트넘 경기는 빠른 예매 필요
- **애프터눈 티 예약** 더 리츠, 포트넘 앤 메이슨 등 인기 레스토랑은 빨리 예약이 마감되므로 서두를 것

여행 2~3주 전
- **런던 아이** 해 질 무렵 시간대 인기 많음/**웨스트민스터 사원** 입장 시간대 지정 예약
- **세인트 폴 대성당** 미리 예매하면 가격 할인
- **런던 탑 & 타워 브리지** 입장 대기 시간 단축

여행 1~2주 전
- **근교 투어** 버스 좌석 제한 있음, 날짜 선점 필요
- **스카이 가든** 인기 시간대는 조기 마감되므로 빠른 예약 필요

여행 경비 절약 노하우

꼼꼼히 계획하고 철저히 준비한다면 물가가 비싼 도시로 유명한 런던도 알뜰하게 여행할 수 있다.
환율과 수수료를 체크하고, 교통비를 절감하는 동선을 짜고,
무료입장이 가능한 미술관과 박물관을 적극적으로 활용해 똑똑한 여행을 즐겨보자.

01
파운드 환율 & 결제 수수료

- 한국에서 환전 시 환율이 불리하므로 소액 환전만 권장
- 여행용 체크카드 사용 시 수수료가 낮고 환율도 유리함
- 현금 사용이 불가한 매장이 많아 신용카드 필수

02
교통비

- Zone 1~2에 숙소 예약 시 교통비 절감 가능
- 도보로 이동 가능한 코스를 확인하고 동선을 최적화하면서 교통비 절약
- 오이스터 카드 또는 비접촉식 카드 사용 시 일일 요금 상한제 자동 적용

£ **Zone 1~2** 약 £8.50
£ **Zone 1~6** 약 £14.90

03
입장료

- 입장료가 무료인 박물관과 미술관이 많음
- 입장료가 전반적으로 높은 편이므로 사전 조사와 할인 이용 추천
- 런던패스, 2for1 할인 등 활용 가능

04
식비

- 식비가 비싼 편이므로 샌드위치, 도시락 등으로 대체하는 등 절약 방법 찾아보기
- 한인민박의 경우 조식과 석식을 제공하거나 라면, 토스트 등을 제공하는 곳이 많으므로 식비 절약에 유리
- 고급 레스토랑 일부는 10~15% 팁 포함

05
숙박비

- Zone 1~2를 벗어나는 숙소는 상대적으로 요금이 저렴. 교통비+숙박비를 계산해 보고 좀 더 효율적인 방안 선택
- 중급 호텔 1박 평균 £150~180
- 성수기 및 주말 요금 상승폭 큼

06
팁 문화

- 일반 식당 및 펍은 팁 없음(요금에 봉사료 포함)
- 미슐랭 레스토랑, 일부 고급 레스토랑은 10~12.5% 자동 청구 또는 권장

숙소 위치 추천 지역 TOP 4

런던은 워낙 넓은 도시인 데다가 거리별로 교통비가 다르기 때문에 숙소 위치가 매우 중요하다. 도심 위주로 여행할 것인지 또는 옥스퍼드, 브라이튼 등 근교 여행지 포함 여부 및 다른 유럽 도시로의 이동할 것인지 여부에 따라 숙소 위치를 정하는 기준이 달라진다. 구글맵, 호텔 예약 플랫폼 등을 통해 후기를 꼼꼼하게 확인하는 것은 기본, 일정과 예산에 따라 장단점을 비교해 보고 최적의 숙소를 찾아보자.

① 킹스크로스역, 세인트판크라스역 주변

- 유로스타, 내셔널레일 등 근교 이동 및 주변 유럽국으로 이동할 경우 편리
- 히스로 공항 이동 시 지하철 피커딜리 라인으로 환승 없이 이동 가능
- 케임브리지, 요크, 에든버러 등의 도시로 이동할 때 편리
- 지하철 6개 노선 환승 가능
- 런던 중심부 및 사우스워크, 쇼디치, 캠든 타운 등 남서, 북서 지역과 접근성이 좋음
- 투숙객이 많은 지역이라 가성비 좋은 호텔과 호스텔, 한인민박 등이 많음

② 사우스뱅크 지역

- 런던 아이, 빅 벤, 테이트 모던, 세인트폴 대성당, 버로우 마켓 등 남부 핵심 스폿 도보 이동 가능
- 템스강변 산책, 야경 감상 등에 편리하며 템스강 북부를 바라보는 전망이 좋음
- 윈저, 포츠머스 등 영국 남서부 도시로 이동할 때 편리 (워털루역 이용)
- 워털루역 지하철 4개 노선 환승으로 교통 편리
- 주요 번화가에 비해 비교적 조용하고 쾌적

③ 빅토리아역 주변

- 지하철 3개 노선 환승 가능
- 버킹엄 궁전, 세인트제임스 파크, 웨스트민스터 등 도보 이동 가능
- 고풍스러운 건물이 많아 클래식한 런던의 분위기를 즐길 수 있음
- 브라이튼, 세븐 시스터즈 등 영국 남부 근교 도시로 여행이 편리
- 빅토리아 코치 스테이션을 이용하면 히스로 공항, 개트윅 공항, 스탠스테드 공항 및 파리, 브뤼셀, 암스테르담으로 이동하는 버스 이용 편리

④ 패딩턴역 주변

- 지하철 4개 노선 환승 가능
- 히스로 공항 접근이 가장 편리함(히스로 익스프레스)
- 하이드 파크, 노팅힐, 옥스퍼드 스트리트 등 도보 이동 가능
- 조용하고 한적한 거리, 가성비 좋은 숙소 많은 편
- 옥스퍼드, 바스, 코츠월즈 등 근교도시로 이동 편리

일정별 테마별 추천 여행 코스

COURSE ①
런던 핵심 3박 4일 코스

DAY 1

런던 랜드마크 탐방

오전 시간을 활용해 웨스트민스터 도보 여행

- **버킹엄 궁전** 근위병 교대식 시간 맞춰서 이동
- **세인트 제임시스 파크**
- **웨스트민스터 사원** 외관 중심
- **빅 벤 & 국회의사당**

도보 15분

- **점심 식사** 사우스뱅크 버로우 마켓 or 엘리엇츠 추천

도보 20분

템스강 산책과 미술관 여행을 동시에

- **타워 브리지** 외관 중심

도보 15분

- **테이트 모던**

도보 5분

- **밀레니엄 브리지**
- **세인트 폴 대성당** 외관 중심

지하철 10분

- **내셔널 갤러리** 2시간 정도 관람 추천

도보 5분

- **저녁 식사** 소호 or 차이나타운 추천

도보 5분

- **웨스트엔드 뮤지컬 감상** 〈레 미제라블〉, 〈오페라의 유령〉, 〈맘마미아〉, 〈라이온킹〉, 〈위키드〉, 〈알라딘〉 등

DAY 2

박물관 & 노팅힐

오전 시간을 활용해 켄싱턴 도보 여행

- **빅토리아 앤 알버트 박물관**
- **국립 자연사 박물관 or 과학 박물관**
- **하이드 파크 산책**
- **점심 식사**
  빅토리아 앤 알버트 박물관 카페 or 근처 브런치 카페

버스 20분

노팅힐에서 도보 여행과 저녁 식사까지

- **노팅힐 거리** 컬러풀한 거리에서 기념사진 남기기
- **포토벨로 로드 마켓** 금·토요일 추천
- **더 노팅힐 북 숍** 영화 〈노팅힐〉 속 서점 탐방
- **저녁 식사** 노팅힐 펍 or 레스토랑

지하철 20분

- **템스강변** 템스강, 런던 아이 등 야경 감상

DAY 3

영국박물관 & 소호

- **영국박물관** 관람 시간 2시간 이상으로 잡는 것을 추천

도보 3분

- **점심 식사** 영국박물관 근처 피시 플레이스 추천

도보 20분

- **쇼디치 & 브릭레인 마켓**
- **저녁 식사** 쇼디치 피자 이스트 or 피자필그림스 추천
- **스카이 가든** 야경 감상

DAY 4

소호 & 코벤트 가든 & 프림로즈 힐

- **코벤트 가든** 거리 공연, 노천 테이블
- **소호** 쇼핑
- **점심 식사** 코벤트 가든 또는 소호

도보 20분

런던 대표 쇼핑 스트리트 & 명소 릴레이 탐방

- **옥스퍼드 스트리트**

도보 3분

- **리젠트 스트리트**

도보 8분

- **셀프리지 백화점**

도보 10분

- **포트넘 앤 메이슨**

지하철 20분

- **프림로즈 힐** 노을 감상

COURSE ②
런던 시내 & 근교 7박 8일 일정

* 런던 핵심 3박 4일 코스에 이어서

DAY 4

브라이튼 & 세븐 시스터즈 당일치기 여행 (기차+버스)

- **런던 → 브라이튼**

기차 1시간

- **브라이튼** 해변 & 부두 산책
- **점심 식사**
브라이튼 피어 주변 or 브라이튼역 주변 식당 추천

버스+도보 1시간 30분

- **세븐 시스터즈** 해안 절벽 산책 및 기념사진 촬영

버스+도보 1시간 30분

- **브라이튼 → 런던**

기차 1시간

- **저녁 식사** 브라이튼에서 출발하기 전 기차역 주변 식당 or 런던 복귀 후 식사

DAY 5

해리포터 스튜디오 & 런던 북부

- **런던 유스턴 → 왓포드 정션**

버스+도보 1시간 30분

- **워너브라더스 해리포터 스튜디오**
마법사의 거리, 호그와트 세트, 기숙사 등 체험 등 투어 약 4시간 소요
- **점심 식사**
스튜디오 내 식사 or 왓포드 정션역 주변 식당 추천

셔틀버스+기차+지하철 1시간 10분

- **캠든 타운** 캠든 마켓과 캠든 하이스트리트 둘러보기

지하철 5분

- **영국 도서관**

지하철 5분

- **저녁 식사** 디슘(킹스크로스점) 추천

DAY 6

옥스퍼드 & 코츠월즈 당일치기 여행

- **런던 → 옥스퍼드**

  기차 1시간

- **옥스퍼드 대학 캠퍼스 투어**
  크라이스트 처치, 보들리언 도서관 등
- **점심 식사** 옥스퍼드 대학 근처 식당

  버스 2시간

- **코츠월즈 투어** 버튼 온 더 워터, 바이버리 등 마을 산책

  기차 1시간 40분

- **저녁 식사** 런던 복귀 후 시내에서 식사

DAY 7

코벤트 가든 & 소호

- **코벤트 가든** 거리 공연, 노천 테이블
- **소호** 쇼핑
- **점심 식사** 코벤트 가든 또는 소호

  도보 20분

런던 대표 쇼핑 스트리트 & 명소 릴레이 탐방

- **옥스퍼드 스트리트**

  도보 3분

- **리젠트 스트리트**

  도보 8분

- **셀프리지 백화점**

  도보 10분

- **포트넘 앤 메이슨**
- **애프터눈 티 즐기기**
  포트넘 앤 메이슨, 스케치 더 갤러리, 더 리츠 추천

  지하철 20분

- **프림로즈 힐** 노을 감상

DAY 8

체크아웃 & 이동

- **체크아웃 후 짐 보관**
- **아침 식사** 리젠시 카페 잉글리시 브렉퍼스트 추천

  지하철 20분

- **테이트 브리튼**

  도보 15분

- **세인트 제임스 파크**
- **공항 이동** 히스로 공항 이동 시 지하철 1시간,
  개트윅 공항 이동 시 지하철+기차 1시간 20분

COURSE ③
오직 하루! 런던 일일 여행 코스

오전 09:00~12:00

웨스트민스터역에서 트래펄가 광장 근처로 이동하면서 도보 1~3분 거리의 핵심 명소 훑기

- **버킹엄 궁전** 근위병 교대식 시간 맞추기
- **세인트 제임스 파크** 가볍게 아침 산책
- **웨스트민스터 사원**
  빅 벤, 국회의사당까지 외관 중심으로 빠르게 훑어보기
- **템스강 산책** 런던 아이 건너편에서 기념사진 찍기

도보 7분

오후 12:00~15:00

최적의 동선 따라 도보로 이동

- **점심 식사** 소호 or 코벤트 가든에서 식사
- **내셔널 갤러리** 명화 위주로 1~1.5시간 압축 관람
- **트래펄가 광장** 기념사진 찍기

도보 7분

오후 15:00~18:00

레스터 스퀘어역에서 세인트 폴/밀레니엄 브리지로 이동

- **영국박물관**
  로제타 스톤, 파르테논 조각 등 핵심만 빠르게 훑기
- **피커딜리 서커스** 레스터 스퀘어까지 묶어서 둘러보기
- **리젠트 스트리트** 쇼핑 & 인증사진

도보 7분

오후 18:00~20:00

- **밀레니엄 브리지** 다리 건너기
- **세인트 폴 대성당** 외관 감상
- **테이트 모던**

도보 7분

저녁 20:00~

- **저녁 식사** 버로우 마켓 근처의 아담한 레스토랑 엘리엇츠 or 템스강 근처 펍
- **템스강변** 야경 보며 강변 산책으로 여행 마무리

COURSE ④
아이와 함께 하는 5박 6일 가족여행 코스

DAY 1
런던 도착 & 런던 시내 탐방

- **오전** 도착 후 숙소 체크인
- **오후** 레스터 스퀘어(레고 스토어, 엠앤엠즈 월드) → 피커딜리 서커스 산책
- **저녁** 햄리스(장난감 백화점) 방문 후 주변 식사

DAY 2
박물관 데이

- **오전** 국립 자연사 박물관 관람, 사우스 켄싱턴 거리 산책
- **점심 식사** 박물관 내 카페 또는 주변 식당
- **오후**
과학 박물관에서 운영하는 WonderLab 유료 체험 추천
- **저녁 식사** 숙소 근처에서 간단한 식사 및 휴식

DAY 3
클래식 런던 & 공원 산책

- **오전** 버킹엄 궁전 & 근위병 교대식 → 세인트 제임스 파크 산책
- **점심 식사** 템스강 근처 레스토랑
- **오후** 런던 아이(외관) & 빅 벤 → 템스강변 산책
- **저녁 식사** 사우스뱅크 or 소호 근처

DAY 4
해리 포터 데이

- **오전** 킹스크로스역 9와 3/4 플랫폼
- **오전~오후**
해리 포터 스튜디오(왓포드까지 기차+셔틀버스로 이동)
- **오후** 스카이 가든 야경 감상
- **저녁 식사** 숙소 근처에서 저녁 식사

DAY 5
옥스퍼드 또는 케임브리지 당일치기 여행

- **OPTION 1**
오전~오후
케임브리지 : 킹스 칼리지 채플, 트리니티 칼리지, 펀팅 등 (기차로 약 1시간 소요)
- **OPTION 2**
오전~오후
옥스퍼드 : 크라이스트 처치 칼리지, 보들리안 도서관, 마켓 산책 등(기차로 약 1시간 20분 소요)
- **저녁 식사** 런던 복귀 후 저녁 식사

DAY 6
박물관 & 쇼핑

- **오전** 영국박물관 핵심 전시 관람
- **점심 식사** 영국박물관 근처 피시 플레이스 추천
- **오후** 리젠트 스트리트에서 쇼핑+하이드파크 or 그린파크 공원 산책
- **공항 이동** 히스로 공항 이동 시 지하철 1시간, 개트윅 공항 이동 시 지하철+기차 1시간 20분

찾아보기

명소

쇼핑

맛집

찾아보기